Markus Schwemmle / Kristin Schwemmle (Hg.)

Systemisch beraten und steuern live 2

Methoden und Best Practices im Einzel- und Teamcoaching

Mit 31 Abbildungen und 3 Tabellen

Vandenhoeck & Ruprecht

Bibliografische Information der Deutschen Nationalbibliothek

Die Deutsche Nationalbibliothek verzeichnet diese Publikation in der Deutschen Nationalbibliografie; detaillierte bibliografische Daten sind im Internet über http://dnb.d-nb.de abrufbar.

ISBN 978-3-525-40336-5

ISBN 978-3-647-40336-6 (E-Book)

Printed in Germany.
Satz: Punkt für Punkt GmbH · Mediendesign, Düsseldorf
Druck und Bindung: ⊕ Hubert & Co., Göttingen

Gedruckt auf alterungsbeständigem Papier.

Inhalt

Bernd Schmid

Geleitwort

In diesem Band finden die Leser eine Fülle von Berichten aus der Praxis, Konzepte und Vorgehensweisen sowie Reflexionen über Prozesse, Bezugsrahmen, Besonderheiten der Arbeitsfelder und persönliche Stellungnahmen zu Fragen unserer Zeit.

Der Schwerpunkt liegt in diesem Band auf der Seite der individuellen Professionalisierung und der Umsetzung von systemischen Modellen in wirksame Erfahrungsräume im Einzel- und Teamcoaching. Der darauffolgende Band »Systemisch beraten und steuern live 3« beschäftigt sich mit Praxisfällen aus dem Change Management und der Führungskräfteentwicklung.

Man kann den hier vertretenen Professionellen über die Schulter schauen, sich ihre Erfahrung und ihre Ansichten nahebringen lassen. Die dabei erlebte Vielfalt entspricht dem Institut für Systemische Beratung (ISB) Wiesloch und dem Netzwerk systemische Professionalität und setzt so den regen Austausch in den Regionalgruppen und im Netzwerk fort. Dies geschieht im Geiste der ISB-Lernkultur: Die entwickelten und gelehrten Konzepte wie auch methodischen Vorgehensweisen werden als Beispiele behandelt, in denen sich situative Klugheit und Kreativität spiegeln: Wie könnte man es diesmal machen und warum? Welche Ansätze haben welche Implikationen und Konsequenzen? Was bedeutet dabei die spezielle Situation im Arbeitsfeld vor dem Hintergrund aktueller Entwicklungen? Wie passt das alles zur Persönlichkeit derer, die damit Wirklichkeiten schaffen, die Prozesse steuern? Wie erzählen sie sich selbst bei allen fachlichen Ausführungen? Wie befragen sie damit die Kultur unseres Wirtschaftens?

All das entspricht der Vielfalt und Lebendigkeit der Lern- und Professionskultur, die gepflegt werden soll. Intelligente und kontextsensible Lösungen anstatt fertige Vorstellungen und Lösungen. Auf den lebendigen Prozess der Steuerung kommt es an, auf »handwerklich« solides Arbeiten im Zusammenspiel mit Intuition und Erfahrung. Die

Autoren verweisen oft auf Beschreibungen und Steuerungskonzepte des ISB, bringen aber genauso Erfahrungen aus anderen Quellen und die eigene Originalität zur Geltung. Das ist ein Ansporn, sich anzueignen, was passt, das eigene Repertoire und den eigenen Stil damit anzureichern und beiseite zu lassen, was im Moment keine Kraft entwickelt.

Dabei wünsche ich allen Freude am Austausch und Inspiration für die eigene Professionalität.

Bernd Schmid

Susanne Ebert und Thorsten Veith

review your position

Professionelle Standortbestimmung mit Formen von Spiegelung, Portfolio- und Flyer-Arbeit

> »Mich zog es schon als Kind immer auf die Bühne. Spaß hatte ich besonders dabei, wenn ich Menschen etwas zeigen, etwas präsentieren konnte und ein Lächeln in den Gesichtern erkennbar war.«

> »Als Kind wollte ich immer Anwalt werden. Ich wollte mich für Gerechtigkeit unter den Menschen einsetzen.«

> »Es machte mir schon immer viel Spaß, gemeinsam mit anderen etwas zu gestalten, die Bühne zu bereiten, dass andere sich auf ihr bewegen konnten. Allein mag ich nicht auf der Bühne stehen, um eine One-Man-Show zu machen. Da sind andere viel besser als ich, aber gemeinsam etwas zu inszenieren und für das Ganze zu stehen, erfüllt mich mit Freude.«

> »Ich möchte nur Stücke aufführen, mit denen ich mich identifizieren kann. Daher bin ich nicht für alles zu haben. Eine für mich sinnvolle Inszenierung kann ich mit großem Engagement begleiten. Wenn mir die Story keinen Sinn macht, dann werde ich ziemlich energie- und lustlos.«

So können Fragmente einer professionellen Standortbestimmung und beruflicher Orientierung auf einer ganz persönlichen Ebene aussehen. Vor oder neben der Bilanzierung eigener Kompetenzen (Portfolio-Arbeit), der Identifikation der eigenen Kernkompetenzen (Flyer-Arbeit) und der intuitiven Rückmeldung durch andere (Spiegelung) können mit Hilfe metaphorischer (Theatermetapher) und imaginativer Arbeit (seelische Bilder) professionelle Identitäten geschärft werden, die eine Standortbestimmung und Orientierung möglich machen.

Hintergrund: Lebenslanges Lernen

> »Wir sind immer die Ruine von gestern
> und die Baustelle für morgen;
> nie das fertige Haus.«
>
> Bernd Schmid

Berufskarrieren verändern sich. Rollen und Funktionen werden zunehmend komplexer und eher kernprägnant anstatt randscharf formuliert. Das heißt, es werden zwar die Rahmenbedingungen und Eckdaten eines Job-Profils bestimmt, es gibt jedoch wenig Orientierung für die Ausgestaltung der Rolle. Die Menschen sind auf der Suche nach ihrer professionellen Identität und nach Entwicklungsperspektiven. Häufig merken sie an einem Punkt in ihrem Arbeitsleben, dass der alte Job, vielleicht auch die gegenwärtige Organisation, nicht zu ihrer eigentlichen beruflichen Identität passt.

Neben diesen eher individuellen Fragestellungen und Orientierungswünschen geben die Veränderungen am Arbeitsmarkt, die Schnelllebigkeit von Organisationen und der permanente Wechsel von Teams und Jobs die Notwendigkeit vor, flexibel zu sein, ständig dazuzulernen. Es kommt immer häufiger zu Richtungswechseln und Neuentscheidungen wie auch zu Brüchen im Lebenslauf. Es entstehen »gleichsam Bausätze biografischer Kombinationsmöglichkeiten« (Beck, 1986, S. 21). Lebenslanges Lernen ist schon längst zu einer der Maxime der Gegenwart und Zukunft erklärt worden.

Lernen findet nicht nur in institutionellen Lernumgebungen, sondern auch im informellen Rahmen statt. Lebenslanges Lernen in institutionalisierten Formen ist weder realisierbar noch finanzierbar, noch ist es zu wünschen. Gerade in informellen Lernkontexten entdecken viele für sich sinnvolle und bedeutende Lernthemen.

Ansätze zu einer bildungspolitischen Reform in diesem Sinne sind im Lissabon-Prozess der Europäischen Union angelegt, in dem informelle, nicht institutionalisierte Lernkontexte und -prozesse einen bedeutenderen Stellenwert erfahren sollen. Hier wurde in den vergangenen Jahren mit dem Europäischen Qualifikationsrahmen (EQR)[1] ein

---

1 Z. B. http://ec.europa.eu/education/pub/pdf/general/eqf/leaflet_de.pdf

System entwickelt mit dem Versuch einer Anerkennung von informell und durch Berufserfahrung erworbener Kompetenzen.

Zum Verständnis lebenslangen Lernens gehört ein Blick auf die sich verändernden Umwelten der Individuen und die zunehmende Komplexität in der Organisations-, Professions- und Privatwelt, wie sie im Drei-Welten-Modell der Persönlichkeit (Schmid u. Caspari 1994) beschrieben sind, sowie den daraus erwachsenden Anforderungen an fachliche Qualifikation und Persönlichkeitsentwicklung. Die zunehmende Komplexität beruflicher Tätigkeiten, Verantwortungen und der Arbeitsorganisationen, die Balance zwischen den verschiedenen Lebenswelten der Person sowie eine rasch voranschreitende Veralterung personenbezogener Wissensbestände haben auch das Verständnis von Lernen und die Art, Lernen zu gestalten, verändert. Die parallel zur Veralterung des Wissens verlaufende enorme Wissensentwicklung führt dazu, dass »die Kultur des Vorbereitungs- und Behaltenslernens grundlegend in Frage« (Arnold u. Schüßler, 1998, S. 65) gestellt wird. Zugrunde liegt der Gedanke, dass eine einmal abgeschlossene Karriere in Schule, Lehre oder Studium und das dabei zusammengetragene Wissen und die erworbenen Kompetenzen nicht ausreichen für den immer rascheren gesellschaftlichen und technologischen Wandel der modernen Gesellschaften. Mit diesem Lern- und Weiterbildungsbedarf steigt der Wunsch nach Orientierung bei vielen Menschen, unabhängig von ihrem Bildungs- oder Berufsabschluss.

In diesem Beitrag möchten wir Arbeitsformen vorstellen, um berufliche Orientierung und Standortbestimmung in jeder Phase im Berufsleben möglich zu machen, die bisherige Berufs- und Kompetenzentwicklung zu bilanzieren und sich auf neue Ziele und Aufgaben hin auszurichten.

Menschen versuchen sich häufig auf die eine oder die andere Weise zu orientieren – entweder eher durch rationales Abwägen und Analysieren oder sie verlassen sich auf ihre Intuition und entscheiden »aus dem Bauch heraus«. Dabei muss es nicht der eine oder andere Weg sein. In dem Dialogmodell der Kommunikation (Abb. 1) wird eine Verbindung zwischen bewusst-methodischen und unbewusst-intuitiven Zugängen beschrieben.

Die Konzepte, die wir nun vorstellen möchten und für eine berufliche Standortbestimmung vorschlagen, verbinden die beiden

Ebenen miteinander. Sie beziehen auf der unbewusst-intuitiven Ebene metaphorische und imaginative Elemente und auf der bewusst-methodischen Ebene Bilanzierung und Reflexion bisheriger beruflicher Entwicklung und zukünftiger beruflicher Handlungsfelder ein.

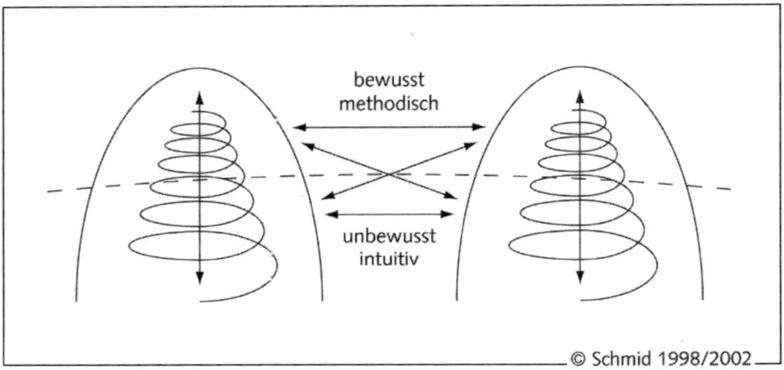

Abbildung 1: Dialogmodell der Kommunikation

»Intuition und rationale Analyse können sich nicht gegenseitig ersetzen. Beide spielen eine wichtige Rolle und sollten gemeinsam zum Einsatz kommen. Die Wahrscheinlichkeit, dass wir eine Situation richtig bewertet haben, ist am größten, wenn Intuition und kritische Reflexion zu ähnlichen Ergebnissen kommen und einander ergänzen. Die Grenzen sowohl des intuitiven als auch des analytischen Urteils machen die überragende Rolle der Sprache bzw. eines klärenden Gespräches deutlich. Intuition ist ohne Sprache möglich, aber nur die Sprache versetzt uns in die Lage, uns explizit über intuitive Wahrnehmungen zu verständigen« (Bauer, 2005, S. 34).

Zum Aufbau dieses Beitrags

Am Anfang des Artikels stellen wir die Theatermetapher vor. Sie kann bei der Analyse sowie der Weiter- und Neuentwicklung beruflicher Situationen hilfreich sein. Die Theatermetapher wird mit ihren Elementen und möglichen Fragen zum Einsatz in der beruflichen Standortbestimmung vorgestellt.

Danach beschreiben wir die Arbeit mit seelischen Bildern. Sie kann Aufschluss geben über handlungsleitende oder auch -hemmende Motive in der beruflichen Entwicklung.

Für die Arbeitsform der Spiegelung, also der intuitiven Rückmeldung zu persönlichen Stilen und Wirkungen durch andere, stellen wir ein konkretes Design vor, angereichert durch Hintergrundinformationen.

Während die Arbeit mit der Theatermetapher und mit seelischen Bildern auf innere Motive und interne Prozesse in der professionellen Identitätsfindung Bezug nimmt, fokussieren die Portfolio- und die Flyer-Arbeit eher auf eine Bilanzierung der bisher erworbenen Kompetenzen sowie der individuellen Besonderheiten und persönlichen Qualitäten. Auch hier werden wir Hintergründe und konkrete Arbeitsproben darstellen.

Die vorgestellten Elemente eignen sich für die Anwendung in Seminaren, im Coaching, in Reflexions- und Führungsworkshops.

Theatermetapher

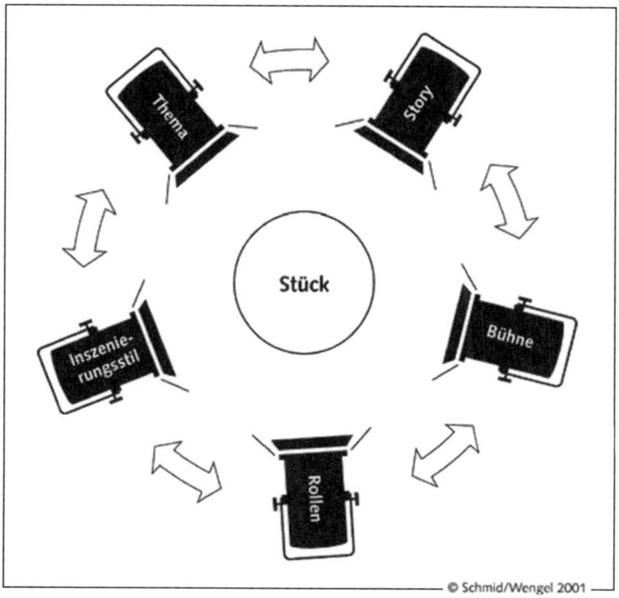

Abbildung 2: Perspektiven der Theatermetapher

Die Theatermetapher knüpft an ein allgemeingültiges Kulturwissen an. Mit dem Theater verbinden die meisten Menschen etwas Positives und die Metapher als solche wird schnell verstanden. Sie beschreibt die Dimensionen Thema, Story, Bühne, Rollen und Inszenierungsstil. Damit kann sie für die Beschreibung von Berufs- und Organisationswirklichkeiten sowie von beruflichen Präferenzen und Stilen verwendet werden (vgl. Schmid u. Wengel, 2000).

Folgende Fragen können in Bezug auf die Theatermetapher gestellt werden (Schmid, 2000):

- Wie heißt das Stück, in dem du spielst?
- Auf welche Bühnen zieht es dich?
- Auf welche Bühnen wirst du bevorzugt von anderen eingeladen?
- Welches sind die Stücke, in denen du vorzugsweise mitspielst?
- Sind andere Menschen ein wichtiger Teil der Story?
- Passen diese Storys auf diese Bühnen, fühlst du dich auf diesen Bühnen wohl oder wären andere passender?

Diese Fragen können zum Beispiel in die folgende Anwendungsübung einfließen, die sich für die Arbeit in Kleingruppen eignet:

Anwendungsübung Theatermetapher ▸ 60 Min.

2er-/3er-/4er-Gruppen finden sich (A, B, C, D)

- Ein(e) Protagonist(in) aus der Runde erzählt über sich im Spiegel seiner/ihrer Professionalität, im Modell (mit den Begriffen) der Theatermetapher.
  - Auf welchen Bühnen, in welchen Stücken spiele ich?
  - Auf welche Bühnen und in welche Rollen zieht es mich, welche werden mir angetragen?
  - Was ist mein Inszenierungsstil?
  - Welche Themen, welche Storys?
  - Eine beispielhafte Begebenheit/Situation/Erlebnis (im beruflichen/privaten Kontext) ist ...

- Die anderen agieren als aufmerksame Sparringspartner und Zuhörer.
  - Fragen
  - Verstehen wollen
  - Resonanz geben
  - ...

  } mit Elementen der Theatermetapher

Je 10 Minuten Austausch zu jeder Person + 15 Minuten Prozess-Feedback und gemeinsames Resümee (z. B. zu: »Was spricht mich bei der Theatermetapher an?«).

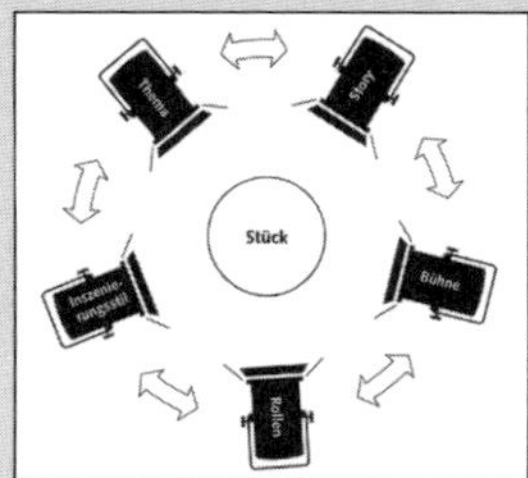

Abbildung 3: Perspektiven der Theatermetapher (© Schmid/Wengel 2001)

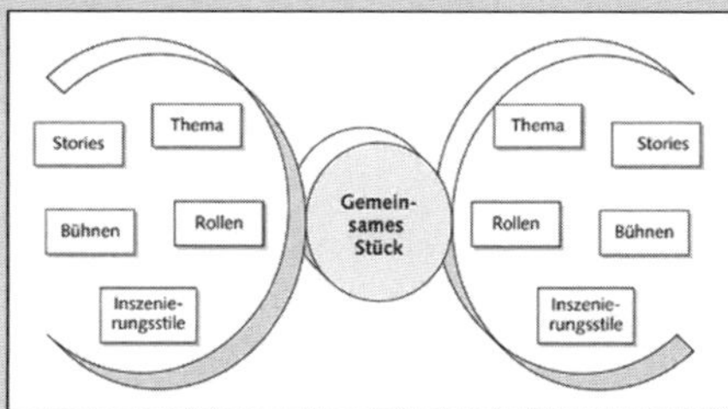

Abbildung 4: Integration von Inszenierungen mit Hilfe der Theatermetapher (© Schmid/Wengel 2001)

Autoren: V. Köhninger/T. Veith – Quelle: Institut für Systemische Beratung Wiesloch – www.isb-w.de

Seelische Bilder

»Im Hintergrund professioneller Arbeit und beruflicher Identität wirken seelische Bilder. Sie bestimmen mit, welche Rollen und beruflichen Szenarien wir aufsuchen, mit gestalten und als schicksalhaft oder sinnvoll empfinden. Um zu verstehen, zu welchen Rollen wir neigen beziehungsweise auf welche Bühnen und in welche Aufführungen es uns zieht, ist es gut, den eigenen Vorrat an seelischen Bildern zu erkunden« (Schmid, 2005):

- Was wolltest du einmal werden, als du klein warst? Hast du dazu noch Bilder im Kopf?
- Welche Bilder kommen dir spontan zu deiner heutigen beruflichen Situation?
- Was fällt dir bei einem Vergleich der Bilder auf?

Fragen rund um Professionalität und individuelle Lebensentwürfe begegnen uns im Coaching und in der Beratung vielfältig. Wovon sind Lebensentwürfe geprägt?

- Von der Wesensart dieser Menschen,
- von Talenten und Ambitionen,
- von Ausstattungen und Aufträgen durch die Familie,
- vom Lebensgefühl und von den Lebensstilen des Milieus, in denen man aufgewachsen ist, und durch prägende Lebenserfahrungen,
- die oft in Schlüsselerlebnissen und inneren Bildern verdichtet sind.

Die Arbeit mit seelischen Bildern kann Hinweise auf vergangene Entscheidungen, gegenwärtig erlebte Situationen und auch zukünftige Richtungen geben.[2]

Spiegelung

Als Spiegelung bezeichnen wir einen didaktischen Ansatz (vgl. Meyer, Veith, Weidner u. Wingels, 2009, S. 139 ff.), bei dem Menschen zu ihrer Gesamtwirkung als Person oder zu Teilaspekten ihrer Wirkung nach außen und dadurch initiierten Assoziationen bei anderen Personen intuitiv Rückmeldung erhalten.

Ziel von Spiegelung ist es, die Wirkung des persönlichen Stils des Gespiegelten in nichtwertender und ressourcenorientierter Weise zurückzumelden. Dies geschieht durch Metaphern und Bilder, um ihm damit diese Außenwahrnehmung als Perspektivenanreicherung für seine persönliche Entwicklung anzubieten.

Spiegelungsübungen haben (besonders in der Bildung, Weiterbildung und Qualifizierung) als didaktisches Mittel die Funktion, dem Bedürfnis nach professioneller und persönlicher Rückmeldung und der Reflexion persönlicher Entwicklung nachzukommen. Zudem werden durch die Spiegelung in der Gruppe (in der Regel vier Personen) der Zugang und Umgang mit intuitiven Urteilen geschult. »Dabei bleibt

2 Weitere Informationen und Anwendungsübungen finden Sie als kostenlosen Download unter http://www.systemische-professionalitaet.de/isbweb/content/view/316/346/

offen, über wen diese Bilder etwas erzählen: über den Intuierenden, über den, der Gegenstand der Intuition ist, oder darüber, wie beide sich in einem Bild treffen und wie sich aus den verschiedenen Kulturen beider Menschen ein gemeinsames Bild von Wirklichkeit entwickeln kann. Intuition trägt damit – im Guten wie im Schlechten – zur Gestaltung einer Kommunikationsbeziehung und deren Wirklichkeiten bei« (Schmid u. Caspari, 1999). Damit kann Spiegelung als didaktisches Mittel nicht nur konkret in der Lernsituation einen Beitrag leisten, sondern gleichzeitig zur Entwicklung von Lernkultur beitragen. Je nach Schwerpunkt der Spiegelungsübung kann dieses Arbeiten eine Schärfung der professionellen Rolle in beruflichen Zusammenhängen und die Sensibilisierung für unbewusst wirkende Annahmen unterstützen.

Wir möchten auch hier ein Beispiel für ein Spiegelungsdesign in Kleingruppen anbieten. Die Wahl der sogenannten Spekulationssphären (s. u.) ist dabei variabel. Die hier gewählten beziehen erneut die Theatermetapher mit ein.

Spiegelungsübung Märchen, Film, Theaterstück ▸ 60 Min.

Spekulationssphären

Welche Art von Inszenierung fällt mir zu dir ein?

1. Folgendes Theaterstück, Film, Märchen (real/erfunden) fällt mir zu dir ein ...
2. Beschreibe die Szenerie und worum es darin geht ...
3. In folgender Rolle sehe ich dich in diesem Stück ...
4. Ich könnte mir vorstellen, in deinem Stück folgende Rolle zu spielen ...

Wichtig: Nicht nur die Sätze ergänzen, sondern die impliziten Bilder vom Gegenüber und von sich selbst deutlich machen.

4 Gruppen: A, B, C, D

1. ▸ 2–3 Min.

B, C und D betrachten A und die Fragen (Spekulationssphären) still.

Haltung: Entspannt, unzensiert, doch taktvoll und den anderen würdigend.

2. ▸ 10 Min.

B spekuliert in lockerer Folge den Fragen entlang über A. A hört zu, muss nichts auf sich beziehen und gibt keinen Kommentar. Dann spekuliert C, danach D. B kann auch an C oder D weitergeben und ergänzen.

3. ▸ je 10 Min.

Nun ist B, danach C bzw. D an der Reihe, sich bezüglich der Fragen betrachten zu lassen (Schritte wie oben).

4. ▸ 15 Min.

A, B, C und D tauschen sich über die gemachte Erfahrung bei der Übung aus (innere Vorgänge und Beziehungserleben). Dabei geht es *nicht* vorrangig darum, Spekulationen zu bestätigen oder zu korrigieren.

Autor: Dr. B. Schmid – Quelle: Institut für Systemische Beratung Wiesloch – www.isb-w.de

Systemische Portfolio- und Flyer-Arbeit, Kompetenzportfolio

An erfahrungsbedingtem Lernen im Lebensvollzug setzen Lern- und Reflexionsformen wie Kollegiale Beratung, Flyer-Arbeit und die systemische Portfolio-Arbeit an.

Der Portfolio-Ansatz hat mehrere Zielrichtungen und findet mittlerweile in unterschiedlichen Bildungsinstitutionen Eingang, vom Kindergarten bis zur Schule, Universität und Unternehmen. Die Portfolio-Idee lehnt sich an Entwicklungen im Bildungsbereich an, vor allem auf die eingangs beschriebene Initiative der Europäischen Union.

Eine Umsetzungsform der Portfolio-Arbeit ist von Hauenstein und Hemmerle (2008) beschrieben. »Im Sinne des lifelong learnings haben Jugendliche, insbesondere aber auch Erwachsene, das immer stärker in der Gesellschaft wahrgenommene Bedürfnis, dass ihre ›Lebenskompetenzen bilanziert‹ werden. Patchwork-Karrieren und Portfolio-Worker sind nicht mehr Einzelfälle. Rein formelles Lernen wird nicht mehr isoliert in die Waagschale des beruflichen und schulischen Werdegangs gelegt« (Hauenstein u. Hemmerle 2008, S. 184 f.). Mit dieser Form der Selbstreflexion und Dokumentation als Erstellung eines eigenen Kompetenzprofils wird versucht, diese Lücke zu schließen.

An die eigene Aufarbeitung von Praxissituationen schließt sich eine Peer- und Fremdbetrachtung an. Dieser Prozess soll zu einer äquivalenten Anerkennung sogenannter learning outcomes, das heißt der wirksamen Ergebnisse informeller Lernprozesse, führen.

Kompetenzen, Erfahrungen und Wissen sind in unserer Gesellschaft »Zahlungsmittel« auf einem Karriere- und »Wissensaktienmarkt« (Kösel 1996, S. 90 f.).

Wir nutzen die systemische Flyer- und Portfolio-Arbeit für Kompetenzbilanzierung nicht in einem sehr technischen Sinne, sondern nehmen die Reflexion von Berufserfahrungen als Ausgangspunkt für Standortbestimmung und berufliche Weiterentwicklung.

Bei einem Portfolio handelt es sich in unserem Zusammenhang um die Dokumentation, Aufbereitung und Reflexion von Lebens-, Berufspraxis- und Lernerfahrungen. Portfolios im Sinne einer »Sammel- oder Leistungsmappe« bündeln Lern- und Arbeitsprozesse und Lernergebnisse (learning outcomes).

Zur Portfolio-Arbeit gehören mehrere Schritte:

- das Auswählen subjektiv relevanter Berufs- und Lebensereignisse, die eine Lernerfahrung für das Portfolio im Sinne eines Lebenspanoramas darstellen (Beispiele können sein: ein Projekt im Unternehmen, eine Weiterbildung, das ehrenamtliche Engagement in einem Verein, ein persönliches Lebensereignis),
- die differenzierte Beschreibung und Dokumentation dieser Erfahrungen entlang bestimmter Kategorien (Thema/Inhalt, Prozess, Kompetenzen, Weiterentwicklungen/Erkenntnisse),
- die Reflexion als Kernelement der systemischen Portfolio-Arbeit im Dialog mit anderen (Resonanz in Tandems, Kleingruppen oder einer Seminargruppe).

Die Portfolio-Arbeit wird durch folgende Aspekte charakterisiert:

- Lernprozess und Lernergebnis werden miteinander verbunden.

- Lernen und Kompetenzreflexion ist am Subjekt und den gemachten Erfahrungen ausgerichtet.
- Selbstreflexivität und Resonanz von anderen in relevanten Bezugsgruppen werden verknüpft.
- Kompetenz- und Ressourcenorientierung stehen im Fokus.
- Identitätsbildung und professionelles Kompetenzreview werden zusammen gedacht und betrachtet.

Die Flyer-Arbeit ist von den gleichen Aspekten getragen, verläuft jedoch im Arbeitsprozess mit Einzelnen und Gruppen in anderer Art. In der Flyer-Arbeit schärfen Personen ihr eigenes professionelles Profil und konturieren es im Dialog mit anderen. Das Arbeitsergebnis kann ein Flyer sein, in dem Antworten gegeben werden auf Fragen wie:

- Welche Begabungen und Stärken nehme ich an mir wahr?
- Was habe ich anzubieten?
- Was passt zu mir? Zu was und zu welchen Themen passe ich?
- Wofür stehe ich?
- In welchen Kontexten laufe ich zur Höchstform auf?
- Was macht mich und meinen Arbeitsstil aus?
- Was sind meine Kernkompetenzen?
- Wofür stehen meine Erfahrungen?
- Womit kann man sich speziell an mich wenden?

Wenn wir hier von Flyer sprechen, kann in der konkreten Umsetzung Einzelner tatsächlich eine Art Faltflyer oder Flugblatt entstehen, andere verwenden ein Flipchart-Papier zur Visualisierung ihrer Kernkompetenzen, Talente und Neigungen.

Die Idee dahinter ist einprägsam: Ich stehe auf einem Marktplatz: Was würde auf meinem Banner oder meinem Flyer stehen, was würde ich mit meinem Flyer transportieren wollen, was will ich den anderen von mir vermitteln und mitgeben, was macht mich aus?

Fazit

Professionelle Identitätsentwicklung hat wesentlich mit dem Prozess des Abgleichens von Innen- und Außenwahrnehmung und Spiegelung in relevanten Bezugs- und Professionsgruppen zu tun. Mit den beschriebenen metaphorischen und imaginativen Zugängen sind sowohl innere als auch äußere Wahrnehmungen in Bezug auf die eigene Person und die professionelle Identität abbildbar. In der Flyer- wie auch in der Portfolio-Arbeit findet dieser Abgleich in einem Prozess statt, der zur Standortbestimmung und Neuorientierung dienen kann oder Perspektiven für eine Weiterentwicklung aufwirft.

Wir beobachten, dass diese Arbeit zu dem Ziel führen kann, im Unternehmen eine neue Rolle und Funktion einnehmen und eine Neupositionierung vornehmen zu wollen, oder die Grundlage einer Ausrichtung als Freiberufliche/r bildet.

Literatur

Arnold, R., Schüßler, I. (1998). Wandel der Lernkulturen. Ideen und Bausteine für ein lebendiges Leben. Darmstadt: Wiss. Buchgesellschaft.

Bauer, J. (2005). Warum ich fühle, was du fühlst. Intuitive Kommunikation und das Geheimnis der Spiegelneuronen. München: Hoffmann und Campe.

Beck, U. (1986). Risikogesellschaft – Auf dem Weg in eine andere Moderne. Frankfurt a. M.: Suhrkamp.

Hauenstein, U., Hemmerle, A. (2008). ipf-Q – Kompetenz-Portfolio-System. Neue Wege im Qualitätsmanagement für lebenslanges Lernen. Norderstedt: Books on Demand.

Kösel, E. (1996). Modellierung von Lernwelten – Eine Möglichkeit für lebendiges Lehren und Lernen. In R. Arnold (Hrsg.), Lebendiges Lernen (S. 88–104). Baltmannsweiler: Schneider-Berlag Hohengehren.

Meyer, S., Veith, T., Weidner, I., Wingels, R. (2009). Systemische Didaktik und Lernkultur. In B. Schmid, M. Schwemmle (Hrsg.), Systemisch beraten und steuern live (S. 125–150). Göttingen: Vandenhoeck & Ruprecht.

Schmid, B. (2000). 230 Fragen zu Seelischen Bildern. Institutsschrift Nr. 904 des ISB-Wiesloch, online abrufbar unter: www.isb-w.de

Schmid, B. (2005). Seelische Bilder und berufliche Wirklichkeiten. Institutsschrift Nr. 98 des ISB-Wiesloch, online abrufbar unter: www.isb-w.de

Schmid, B., Caspari, S. (1994). Das Drei-Welten-Modell der Persönlichkeit. Institutsschrift Nr. 74 des ISB-Wiesloch, online abrufbar unter: www.isb-w.de.

Schmid, B., Caspari, S. (1999). Intuition in der professionellen Begegnung, Institutsschrift Nr. 22 des ISB-Wiesloch, online abrufbar unter: www.isb-w.de

Schmid, B., Gérard, C. (2008). Intuition und Professionalität – Systemische Transaktionsanalyse in Beratung und Therapie. Heidelberg.

Schmid, B., Wengel, K. (2000). Die Theatermetapher. Institutsschrift Nr. 37 des ISB-Wiesloch, online abrufbar unter: www.isb-w.de

Die Autoren

Susanne Ebert, Diplom-Pädagogin, ist Fachbereichsleiterin Didaktik und Bildungsprogramme am Institut für Systemische Beratung Wiesloch. Verschiedene Projekte und Tätigkeiten in Bildungs- und Wirtschaftskontexten als Seminar- und Projektleiterin, Beraterin und Moderatorin.
Derzeitige Themen- und Arbeitsschwerpunkte: Coaching, Kollegiale Beratung, systemische Didaktik und Lernkultur, systemisches Kompetenzportfolio sowie der demografische Wandel und lebensphasenorientierte Personalentwicklung.
E-Mail-Kontakt: ebert@isb-w.de

Thorsten Veith M. A. ist Geschäftsführer des Instituts für Systemische Beratung Wiesloch. Lehrbeauftragter an verschiedenen Universitäten, Berater und Teamcoach im Profit- und Non-Profit-Bereich. Seminar- und Workshopleiter (u. a. Beraterausbildung für Junior Professionals, Lernwerkstatt zur Berufs- und Karriereorientierung).
Arbeitsschwerpunkte: Arbeitsplatznahe Lern- und Qualifizierungssysteme, Kollegiale Beratung und Kooperationskultur, systemische Didaktik und Lernkultur, systemisches Kompetenzportfolio. Laufende Dissertation am Institut für Medizinische Psychologie des Universitätsklinikums Heidelberg zum Thema »Gesundheitsentwicklung bei Führungskräften«.
E-Mail-Kontakt: veith@isb-w.de

Markus Schwemmle und Richard Schneider

Performance-Coaching – mit der Verbindung aus systemischen Methoden und Körper- und Stimmarbeit zum bewussten Auftreten

Wie es zu diesem Beitrag kam und an wen er sich richtet

Dieser Beitrag soll all jene inspirieren, die in Training, Beratung und Coaching auf die Frage stoßen, was der konkrete Nutzen davon sein kann, sehr betont die Stimme und den Körper in die Arbeit mit systemischen Methoden zu integrieren, und wie dies gehen kann.

Die Frage nach dem Ob hatten wir uns unabhängig voneinander schon mit Ja beantwortet, als wir uns 2009 im Rahmen eines Ausbildungscurriculums des ISB Wiesloch zum ersten Mal trafen. Aus unterschiedlichen Richtungen kommend arbeiteten wir in teilweise sehr ähnlichen Kontexten schon einige Zeit mit verschiedenen Körper- und Stimmübungen in Trainings- und Coaching-Settings. Beim Reden über unsere Erfahrungen und Aha-Erlebnisse stellten wir fest, dass das Thema des persönlichen Auftritts ein Kernthema unserer jeweiligen Arbeit ist. Zusammen mit unseren Klienten suchen wir nach konkreten Antworten auf die Frage, welche Wirkungsquellen man für einen gelungenen Auftritt nutzen kann.

Spannend ist für uns als Coaches[1] und Trainer dabei, welche Quellen sich immer wieder deutlich anbieten und was wir an Resonanzen bei unseren Klienten beobachten und nutzen können, um als Wegbegleiter durch eine sinnvolle Verknüpfung verschiedener Methoden Verhaltenserweiterungen anstoßen helfen.

Aus der Perspektive eines systemisch arbeitenden Coaches:

1 Aus Gründen der Lesbarkeit beschränken wir uns im Folgenden auf die männliche Bezeichnung, meinen damit aber selbstverständlich auch zum Beispiel weibliche Coaches, Trainerinnen und Klientinnen.

In meiner Arbeit als Coach bin ich es gewohnt, mit Menschen über ihre so genannten Schwierigkeiten, Probleme oder Hürden zu sprechen. Der Zugang dazu ist also in erster Linie verbal, jemand »erzählt« seine Problemgeschichte. Ich bin nun über Jahre im Reden über etwas trainiert und habe mir ein Repertoire an Interventionen angeeignet, die sich auch vor allem auf der verbalen Ebene abspielen, damit das »Reden über« in ein möglichst »zieldienliches Reden über« übergeht und sich nach einem Coaching möglichst in einem Lösungsraum wiederfindet.

Und natürlich gibt es da Interventionen, die den ganzen Körper einbeziehen. Es ist bedauerlich, dass bei vielen Berufsgruppen der Körper eine so untergeordnete Rolle spielt. In vielen Organisationen wird der höchstens mit Anzug und Krawatte oder einem Kostüm verkleidet. Die Arbeit an einem Computer reduziert den Körpereinsatz auf schlichtes Vor-sich-Hinstarren und den Einsatz der Fingerspitzen auf einer Tastatur. Also wird vom Hals abwärts der hübsch gekleidete ganze große Rest auf einem Bürostuhl geparkt und alles scheint sich im Kopf abzuspielen. Viele Klienten sind sich ihrer Möglichkeiten zur Selbststeuerung über ihren Körper nicht bewusst und haben die Selbstregulation regelrecht verlernt. Also entwickelte ich während meiner Coachings immer bessere Möglichkeiten, den Körper mit einzubeziehen.

Ein Beispiel: In vielen Coaching-Prozessen ist es hilfreich, eine Metaperspektive einzuführen, mit der sich der Klient anschließend identifizieren kann. Damit kann er zum Beispiel Umdeutungen (»Reframings«) durchführen. Mit dieser Interventionsform stellt sich früh die gedankliche Erkenntnis ein: »Ich bin nicht mein Symptom«. Das ist für viele Klienten eine enorme Erleichterung. Während der Exploration solcher ungeliebter Verhaltensmuster lässt sich jedoch beobachten, dass Klienten gar nicht anders können, als ihren Körper zu benutzen. Spricht jemand davon, dass er sich klein fühlt, dann sinkt er förmlich zusammen. Erzählt jemand von Ärger und Wut, dann verändert sich die Körperspannung sichtbar, die Schultern werden nach vorne gezogen und eine aufrechte Sitzposition wird eingenommen. Als Coach bin ich in so einem Prozess nicht mehr auf verbale Erklärungen angewiesen, denn spätestens bei einem Blick in das Gesicht meines Gesprächspartners wird mir klar, dass er dort eine ganz eigene Geschichte erzählt und mir viel mehr Information bietet, und das auch noch in einer höheren Geschwindigkeit.

Markus Schwemmle

Mit der Brille des mit sprecherzieherischen Methoden arbeitenden Coaches betrachtet:

Im Kern meiner Arbeit als Sprecherzieher und Trainer für kommunikative Kompetenzen kann ich sowohl mit Schauspielern oder Sprechern als auch mit Erwachsenen verschiedener Ausbildungs- und Berufsrichtungen in Organisationen arbeiten. Bei diesen weitgefächerten Teilnehmergruppen wird mir immer wieder der unterschiedliche Stellenwert von Körper- und Stimmarbeit für professionelle Sprecher und Schauspieler auf der einen, und für in Unternehmen tätige Menschen auf der anderen Seite bewusst.

Darsteller als »professionelle Performer« feilen stetig an ihren körpersprachlichen Ressourcen und entwickeln damit bewusst Choreografien, die nach und nach zu unbewussten Ressourcen werden. Das heißt, durch Training entsteht gezielt ein Körpererleben, das in Auftrittssituationen leicht abrufbar ist und damit auch eine innere Haltung wachruft und stärkt. Somit gibt es Rückkopplungen in alle Richtungen: Der Körper spricht aus der Seele und die Seele hört dem Körper beim Sprechen zu. Beides wird im Handeln sichtbar.

Menschen, die gerade in ein betriebliches Berufsleben eingetaktet sind, nutzen demgegenüber häufig nur einen begrenzten Teil ihrer persönlichen Wirkungsquellen. Sie kennen deren Weite auch meist nicht und suchen sie oft erst dann schmerzlich, wenn sich eine alltägliche seelische Belastung auf Körper und Stimme niederschlägt.

Zwar wird gerade in Unternehmen die überzeugende Performance auf den Unternehmensbühnen für den Projekt-, Leistungs- und Geschäftserfolg immer zentraler. Dennoch erfahren die Menschen hier noch zu wenig Unterstützung. Körper- und Stimmarbeit sind oft nur Beiwerk in Kommunikationsseminaren oder stehen in der Luxusecke, mit der sich ein Mitarbeiter in seiner Freizeit beschäftigen sollte.

Auf der anderen Seite sind sehr viele Trainer und Coaches in Unternehmen tätig. Jedoch verstehen die meisten Coaches (aus welcher Schule auch immer) sich oft als Experten, die von Unternehmen und den funktionsbedingten Fragestellungen deren Mitarbeiter etwas verstehen. Oder man trifft Trainer, die sich als reine Körpersprache- und Stimmexperten verstehen, die von einer Organisation dann auf dieses Feld beschränkt betrachtet werden. Dabei bietet gerade die Verbindung dieser Arbeitsfelder ungeheures Potenzial.

Richard Schneider

Was bedeutet Performance?

Für eine Erläuterung der Arbeit im Performance-Coaching legen wir als Erstes eine Grundlage mit der Definition von Performance. Unter Performance verstehen wir einen persönlichen, situationsbezogenen und intentionalen Auftritt.

Im Fokus steht also ein Mensch mit seinen Kompetenzen und seiner Persönlichkeit. Beim Auftritt verwendete Medien oder die Rahmengestaltung sind hier lediglich hilfreiches Beiwerk und können aber als Schlüssel zu bewussten Handlungen dienen und Anker beim Üben sein.

Wesentlich ist bei der Performance, dass die auftretende Person kognitive und emotionale Kompetenzen (Wissen, Fähigkeiten und Fertigkeiten) bewusst einsetzt. Dabei ist gerade der emotionale Aspekt für unsere Coaching-Arbeit wesentlich, da emotionale Impulse die Absicht des Klienten in ihrer Wirkung fördern oder behindern können (man denke an das Phänomen des Lampenfiebers).

Der Blick auf die örtlichen und zeitlichen Gegebenheiten, auf die Empfänger des Auftritts und auf den Gesamtkontext, in dem der Auftritt steht, bringt oft nützliche Erkenntnisse. Hier stecken viele wesentliche emotionale Anker, die wir für die Arbeit nutzen können.

Überblick über die Systematik des Performance-Coachings

Wenn wir also von Performance-Coaching sprechen, meinen wir damit die umfassende, integrative Begleitung eines Klienten, basierend auf sprachlichen, stimmlichen und körpersprachlichen Beobachtungen und einem umfassenden Repertoire an systemischen Handlungskonzepten und Übungsangeboten aus der Körper- und Stimmarbeit.

Aus unseren Erfahrungen in der Performance-Arbeit haben wir eine Systematik entwickelt, die auf drei Ebenen wirkt (s. Abb. 1):

I. Auf der ersten Ebene geht es um die Erfahrungen und Kompetenzen des Coaches. Er benötigt für diese umfassende Arbeit ein Erfahrungs- und Methodenspektrum, das Elemente aus der systemischen Arbeit und aus der Körper- und Stimmarbeit enthält. Erst im Rahmen der Selbsterfahrung mit diesen Methoden erhält der

Coach eine Vorstellung der Wirkungsweisen und Möglichkeiten, die sie für seine Arbeit bieten.

Gerade die Körper- und Stimmarbeit bildet hier den Fokus. Sie ist Coaches meist weniger vertraut, als es kognitive Methoden oder das Arbeiten im Raum und an visuellen Hilfsmitteln sind. Außerdem benötigen Körper- und Stimmmethoden einiges an Übung, um deren Wirkungsmöglichkeiten zu spüren und sie sicher vermitteln zu können.

II. Mit diesen Erfahrungen ausgestattet kann der Coach auf der zweiten Ebene beherzt an eine ganzheitliche und methodisch gesicherte Arbeit mit seinem Klienten herangehen.

III. Letztendlich soll es dem Klienten damit auf der dritten Ebene gelingen, sein Handlungsspektrum in Auftrittssituationen durch das Nutzen unterschiedlicher Wirkungsquellen effektiv zu erweitern.

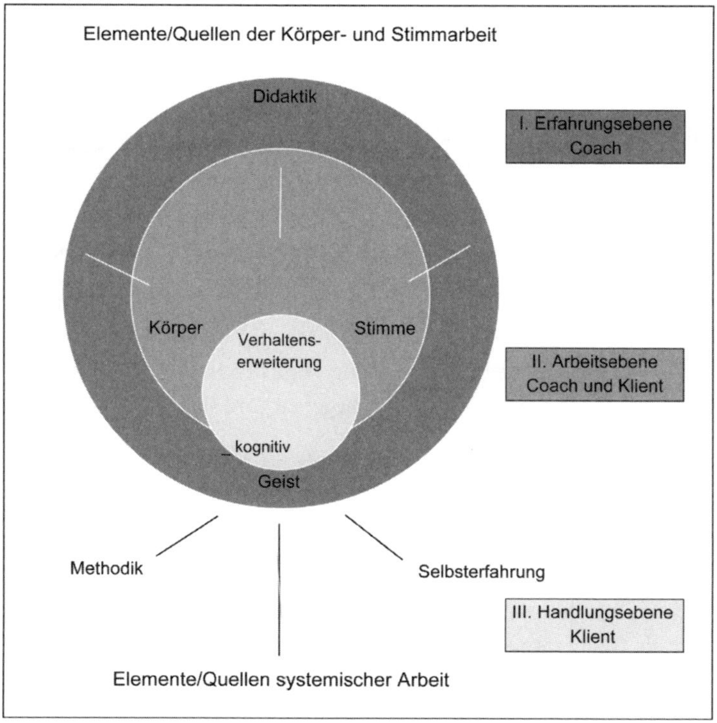

Abbildung 1: Überblick zur Systematik des Performance-Coachings

Was Performance-Coaching nicht ist

Ein Performance-Coach muss aus unserer Sicht weder Psycho- oder Körpertherapeut, Logopäde oder ausgebildeter Sprecherzieher sein. Vielmehr liegt der Fokus darauf, dem ausgebildeten Coach einen fundierten theoretischen und praktischen Hintergrund für die Arbeit an Körper, Stimme und Geist zu verschaffen. Damit soll es dem Coach gelingen, das Bindeglied zwischen den drei genannten Welten zu schaffen und diese in einen für den Klienten natürlichen und hilfreichen Kontakt zu bringen.

Die professionelle Stimmarbeit beim Sprecherzieher oder Logopäden beispielsweise ist hingegen darauf abgestimmt, mit dem Phänomen Stimme selbst zu arbeiten. Der Anlass ist also die Stimme und die Arbeit richtet sich fokussiert auf deren Behandlung.

Wie arbeitet Performance-Coaching?

Im Performance-Coaching geht es darum, die Stimme zu nutzen, um bezogen auf die Coaching-Zielsetzung in kürzerer Zeit eine wesentlich tiefgreifendere Veränderung zu bewirken und einen profunderen Lösungszustand herzustellen. Stimme ist also mehr ein Vehikel, das sinnvoll und ergänzend genutzt werden kann.

Performance-Coaching ist für uns außerdem die praktische Expedition in die Wirkungsfelder eines Menschen. Und diese Reise beginnt mit der Frage, was der Coach benötigt, um sich in diese Wirkungsfelder Geist, Körper und Stimme zu begeben und sich dort erst einmal selbst wohl zu fühlen.

I. Erfahrungsebene des Coaches: Selbsterfahrung, Methodik und Didaktik

Wer als Coach arbeitet, hat im Rahmen seiner Ausbildungsrichtung viel an sich gearbeitet und somit viele Interventionen selbst erlebt, die er später einsetzt – stammen sie aus dem systemischen Bereich, aus NLP-, gestalttherapeutischer, psychodramatischer Sicht oder einer weiteren Aus- und Weiterbildungsrichtung, die einen zum Coaching befähigt. Interessanterweise spielen körperliche und stimmliche Aspekte hier zwar hin und wieder eine Rolle (sei es beim Probehandeln in einer psychodramatischen Szene, bei systemischen Aufstellungen oder dem Rapport beim NLP), jedoch meist nur ansatzweise oder als Impulsgeber und Begleiter für die weitere Arbeit mit Worten.

Die Selbsterfahrung: Körper und Stimme erleben im Wechselspiel mit dem Geist

Viele Coaches wissen oft selbst nicht genau, wozu ihr Körper und ihre Stimme fähig sind. Wie viel Spannung kann ich in einzelnen Körperbereichen aufbauen oder gezielt abbauen? Wie laut, hoch oder deutlich kann meine Stimme klingen? Wie verhelfe ich ihr dorthin? Wie wirkt meine Stimme auf meine Stimmung? Es fehlt die Erfahrung, wie der gezielte Einsatz dieser Elemente sie emotional und kognitiv beeinflussen und damit auch ihr Handeln steuern kann. Demnach fällt dann auch der Griff nach Interventionen aus diesen Bereichen in der Arbeit mit Klienten schwer. Angelesenes Wissen über Stimm- und Körperarbeit vermittelt noch kein Gefühl dafür, welches Potenzial in der Arbeit damit steckt. Selbsterfahrung ist die Grundlage dafür, zu spüren, wie die Arbeit in diesen Feldern wirken kann, welche methodischen Zugänge möglich sind und wie das didaktisch sinnvoll geschieht.

Die Methodik: Bilder, Körperanker, Arbeit mit inneren Anteilen

In vielen Gesprächen mit Schauspielern und Regisseuren, mit Schauspieltrainern, mit Stimmtherapeuten und Gesangslehrern wurde uns bewusst: Es gibt eine Vielzahl an möglichen Diagnose- und Interventionsmöglichkeiten im Bereich Körper und Stimme. Eine Herausforderung ist es, aus dieser Vielzahl die für sich wirkungsvollsten Möglichkeiten auszuwählen, die dann auch mit der systemischen Arbeit gut korrespondieren.

Letztendlich geht es am Ende darum, für den jeweiligen Klienten stimmige Interventionen zu finden. Der Coach leitet Aktivitäten und Vorschläge an, um beim Klienten lösungsorientierte, zieldienliche Verhaltensmuster zu etablieren. Eine ganze Reihe solcher Interventionen dreht sich zum Beispiel darum, einen gewünschten Zielzustand zu imaginieren, also vorstellen zu lassen. Imaginationen sind, in einer bestimmten Art und Weise angeleitet, an und für sich schon äußerst wirkungsvoll. Dabei lässt sich oft an Klienten beobachten, dass sie sich auch körperlich in einer bestimmten Art und Weise verhalten. Körperspannung, Mimik und Gestik werden spontan eingesetzt. Man könnte doch denken, dass das gar nicht nötig ist, schließlich ist die ganze Arbeit mental. So begannen wir, Imaginationen mit bewusster Körperarbeit zu kombinieren, denn aus einer Vorstellung wird ohnehin eine mit körperlichem Verhalten gefestigte »Ganzkörperimagination«.

Das Vorgehen hat viele Vorteile: Während man sich noch so schön den zu erreichenden Zielzustand vorstellt, ist bei angespannter und »alter« Körperhaltung die Erreichung des Ziels noch meilenweit entfernt. Da kann man sich vorstellen, was man will – der Körper ist mit seiner Physiologie schneller und mächtiger. Man könnte sogar behaupten, dass ohne ein Einbeziehen des Körpers bei Imaginationstechniken eine sinnvolle, zieldienliche Wirkung eher zufällig ist. Im Performance-Coaching haben wir die systematische Einbeziehung des Körpers zur Grundlage gemacht. So wird das Interventionsrepertoire eines Coaches zum Wohl des Klienten nahtlos erweitert, da in kürzerer Zeit bessere Ergebnisse erzielt werden.

Ein Beispiel dafür ist die *Arbeit mit Bildern*. Innere Bilder sind für die systemische Praxis eine kraftvolle Grundlage. Und auch bei der Körper- und Stimmarbeit ist das Verwenden von Bildern ein wesentliches Element. Gerade die Stimme lässt sich nicht so einfach trainieren, weil wir den wesentlichen Muskeln nicht direkt bei der Arbeit zusehen und sie nicht einzeln – wie Arm- und Beinmuskeln – stimulieren können. Hier wird ein Orchester an Muskeln tätig, angefangen beim Zwerchfell bis hin zu den Kehlkopfmuskeln, die über die Stellknorpel die Stimmbänder in Stellung bringen. So kann unsere Gestimmtheit auf feine und dennoch entscheidende Art Einfluss auf unsere Stimme nehmen.

Das Bild eines Fasses beispielsweise bringt beim einen Klienten den Atem tief in den Bauch und verhilft gleichzeitig seiner Stimmmuskulatur zur Entspannung. Beim anderen Klienten hilft dafür eher die Vorstellung eines Gürtels aus Nasen; das Fass hingegen bewirkt bei ihm eventuell eine Verspannung des Oberkörpers und hemmt seine Atmung. Der eine stellt sich einen Faden zum Horizont vor, an dem seine Töne nach außen dringen. Dem anderen hilft es, sich einen Magneten in einiger Entfernung wachzurufen, der seine »magnetisierten« Wörter anzieht, um Richtung und Leichtigkeit in seiner Stimme zu erhalten.

Diese inneren Bilder können wiederum einen kraftvollen Anhaltspunkt für die diagnostische Arbeit des Coaches liefern und Grundlage für ein Wechseln zwischen systemischem Arbeiten und Körper- und Stimmarbeit werden, um die Elemente sinnvoll zu verknüpfen. Was verbindet der Klient noch mit dem Faden, woher kommt die Verspannung beim Bild des Fasses? Die Arbeit wirkt damit multisensorisch auf vielen Kanälen.

Eine weitere methodische Quelle ist die *Arbeit mit Körperankern.* Ein Beispiel: Bei der Kurzrede eines Coaching-Klienten konnte man auf der einen Seite einen deutlichen Bewegungsdrang in seinen Beinen, ein »Herumtigern« um den Standort beobachten. Auf der anderen Seite zeigte er eher eine eingeschränkte Gestik und er kam immer wieder von seiner inhaltlichen Struktur ab.

Er sollte seinen Vortrag nochmals halten. Diesmal kniete sich der Coach hinter den Sprechenden, umfasste die Fußgelenke des Klienten und hielt ihm dadurch die Füße am Boden fest. Erst kam es in der Rede zu ungewollten Pausen – immer dann, wenn der Klient wieder loslaufen wollte. Später wurde die Gestik aktiver, das Abgleiten vom roten Faden verringerte sich. Der Coach ersetzte nach ein paar Wiederholungen seine Hände durch elastische Fixiergummis für die Hosenbeine beim Fahrradfahren, die der Klient – von außen nicht sichtbar – unter seinen Hosenbeinen an den Fußgelenken anbrachte. Der Klient nutzte von da den leichten Druck der Fixiergummis auf seine Fesseln als Körperanker vor Präsentationen im Alltag, um zu Beginn in einen festen Stand zu kommen und sich bei Pausen über den Druck am Knöchel an den Stand zu erinnern. Nach einigen Präsentationen waren die Gummis unnötig geworden und die feste Standposition des Klienten übernahm die ursprüngliche Rolle der Hände des Coaches. Der Klient berichtete, dass sein fester Stand merklich seine Aufregung senkte und ihm dazu verhalf, in seiner Struktur zu bleiben und mehr Kontakt mit seinen Hörern aufnehmen zu können.

Die Didaktik: klare Orientierung für den Coach

Neben der Methodenauswahl besteht die zweite Herausforderung darin, die Inhalte und Methodiken so aufzubereiten, dass sie tatsächlich von professionellen Beratern und Coaches in kurzer Zeit erlernt und später nachhaltig vermittelt werden können.

Nur durch einen großartigen Auftritt des Coaches wird ein Klient selbst nicht handlungsfähiger und ein Coach oder Berater nicht in die Lage versetzt, einen anderen dabei zu begleiten. Es braucht dafür also eine wirkungsvolle Didaktik, da es unserer Ansicht nach in diesen Feldern wenig nützt, mit 40 anderen Teilnehmern Zeuge einer großartigen Interventionsshow zu sein. Um Lernen zu ermöglichen, sind Metamodelle, eigene Erfahrung und Übung unabdingbar, um dem Coach zu Klarheit bei seinen Aufgaben auf der Expedition zu verhelfen.

In Übungseinheiten merken wir immer wieder, dass die Körperlichkeit viele Coaches vor die Frage stellt, wie sie selbst damit umgehen wollen und wie viel Körperkontakt als Korrekturhilfe und sensorischer Aufmerksamkeitswecker nötig ist. Lässt man den Körperkontakt komplett weg, entsteht bei vielen Klienten nur sehr schwer die Sensibilität für körperliche Aktionen oder Reaktionsmuster. Hände können beispielsweise durch Druckwechsel dabei helfen, die Ein- und Ausatmung in die Flankenregion zu steuern. Worte allein können das oft nicht und wenn, dann wesentlich langsamer. Der gute Kontakt zum Klienten hängt maßgeblich von der eigenen Klarheit des Coaches und von einer bewussten Einführung der Körperlichkeit ab. Beim oben genannten Redebeispiel hatte der Coach zum ersten Mal bei der Auftragsklärung die Körperlichkeit in Übungen als Korrekturhilfe besprochen und den Klienten auch durch Beispiele ins Boot geholt. Vor dem tatsächlichen Eingreifen in der Redesituation hatte er sich nochmals das Einverständnis geholt.

Das Timing ist für die Einführung von Körper- und Stimmarbeit auch ein Erfolgskriterium. Hat ein Klient einen Teil seiner neuen Landkarten »Haltung«, »Bewegung« oder »Atmung« in Ruhe im Alltag erkunden können, dann steigt meist der Mut, sich in andere Flecken vorzuwagen und dies alltagstauglich zu machen.

Die Stimmarbeit ist für die Klienten meistens einerseits reizvoll, andererseits ungewöhnlich und manchmal angstbesetzt, gerade weil das Thema so ungewöhnlich ist. Aus diesem Grund ist ein sehr behutsames Vorgehen wichtig. Es werden vor allem Interventionen genutzt, die den Klienten nicht das Gefühl geben, sich in eine peinliche Situation mit dem Coach zu begeben. Wir haben bisher jedoch kaum Klienten erlebt, die im Nachhinein die Stimmarbeit als peinlich oder gar wirkungslos bewertet hätten.

Didaktisch erheblich ist für uns in diesem Zusammenhang auch die Erfahrung, dass der Rhythmus für Körper- und Stimmarbeit ein anderer ist als der Rhythmus beim Sprechen über ein Thema. Den Bedarf dafür muss der Coach beim methodischen Wechsel beachten und einschätzen können. Der Klient sollte stets ins Fühlen gebracht werden. Hier benötigen die geistigen und körperlichen Aktionen unterschiedlich viel Zeit, Pausen und Wiederholungen, damit methodische Angebote kognitiv und motorisch verstanden werden und emotional wirken können.

Drei Perspektiven zum Thema Didaktik sind für uns wesentlich. Aus Klientensicht ist eine schnelle Wirksamkeit von Interventionen interessant, denn was ist überzeugender als die Wiederentdeckung von verlernten Möglichkeiten bzw. sich selbst mit Fähigkeiten zu überraschen, die man sich bisher kaum zugetraut hat? Aus der Perspektive des Coaches ist es wichtig, dass die Interventionen mit dem Körper zum bisherigen Repertoire passen und sich gut verzahnen lassen. Außerdem sollten sie leicht zu erinnern und abzurufen sein. Es wenig sinnvoll, vor einer Intervention erst noch mal im Handbuch nachzulesen, was man denn so alles machen muss. Und aus der Perspektive eines Ausbilders für Coaches ist es wichtig, dieses Repertoire in kurzer Zeit an vorhandenes Wissen und Können anzuschließen.

Der Prozess: beobachten – spiegeln – anbieten – ausprobieren – üben

Coaching ohne gute Beobachtung und Feedback ist für uns nicht denkbar. Das ist übrigens der Grund, warum Coaching-Prozesse bei einer Reduktion von Sinneskanälen weniger effektiv scheinen, beispielsweise am Telefon. Gute Coaches haben über Jahre hinweg ihre Wahrnehmungsfähigkeiten trainiert. In vielen Coaching-Ausbildungen wird genau wie in der Coaching-Praxis exemplarisch, das heißt an einzelnen Fallberatungen geübt und ausgewertet. Als Ausbilder für Berater und Coaches dauert uns dieses Vorgehen, das allein auf der eigenen Erfahrung beruht, viel zu lange. Deshalb haben wir für unser Performance-

Coaching Beobachtungskategorien entwickelt, die für Kollegen meist sehr griffig und hilfreich sind. Damit wird für den Coach die Wahrscheinlichkeit deutlich erhöht, dass ihm in kurzer Zeit wesentlich mehr auffällt als ohne ein gezieltes Beobachten.

Die große Schwierigkeit beim Beobachten und Feedback-Geben ist aus unserer Erfahrung, dass sich Bewertungen schnell vor die Wahrnehmungen schieben. Gerade bei körpersprachlichen und stimmlichen Signalen schnappen die eigenen Schubladen schnell zu und das Gegenüber ist weggeräumt. Fatalerweise wird das auch von einiger populärer Literatur eher gefördert, indem körpersprachliche Einzelmerkmale gleich als Grundlage für eine Gesamtbewertung hervorgehoben werden.

Deshalb ist es für uns wesentlich, neben dem vom Klienten beschriebenen Inhalt besonders die sichtbaren und hörbaren Merkmale beobachten und spiegeln zu lernen. Weshalb eine Stimme heiser oder verhaucht klingt, ist zwar oftmals schwer zu sagen. Aber die Ursachen können entgegengesetzt sein: Beim einen liegen sie in einer Ermüdung aufgrund einer ursprünglichen Überspannung, beim anderen in einer tatsächlichen Unterspannung. Und so gehen auch die nützlichen Übungsangebote in konträre Richtungen.

II. Arbeitsebene für Coach und Klient – ein Praxisbeispiel

Die Arbeitsweise zwischen Coach und Klient im Performance-Coaching skizzieren wir im Folgenden anhand einer Fallvignette.

Herr T. kommt als Führungskraft auf Empfehlung der Personalentwicklerin zum Einzelcoaching. Der Anlass für das Coaching sind unterschiedliche Rückmeldungen aus seinem Umfeld zu seiner Wirkung. Er berichtet, dass seine Mitarbeiter ihn in einem Feedback-Gespräch häufig als kühl und unnahbar beschrieben. Er sei zwar fachlich fit, aber der persönliche Kontakt sei häufig unangenehm. Führungskräfte und insbesondere sein direkter Vorgesetzter würden ihn als ruppig, rau und wenig einschätzbar beschreiben. In der Exploration dieser Sichtweisen berichtet er darüber, dass er ein Gespräch in der Kaffeeküche belauscht habe, in dem ein anderer Manager und einer seiner Mitarbeiter über ihn sprachen. Die Worte »Pokerface« und »unnahbar« seien gefallen.

Er selbst schwankt in seiner emotionalen Bewertung zwischen Verzweiflung (»ich weiß gar nicht, wie ich das ändern soll«) und Ärger (»bisher war ich erfolgreich und ich bin so, wie ich bin, also warum soll ich überhaupt was ändern«).

Es werden vier Coaching-Sitzungen vereinbart und durchgeführt.

Arbeit mit dem Geist ... – 1. Coaching-Sitzung

Nach dem Abschluss eines Coaching-Kontrakts geht es darum, die Voraussetzungen für eine Veränderung zu schaffen. Im ersten Schritt systemischen Arbeitens etablieren wir eine innere Metainstanz (die innere Führungskraft), die Herrn T. eine verstärkte Dissoziation, also einen inneren Abstand gegenüber dem Problem ermöglicht. Damit wird die eigene Bewertung des Problems schwächer. Am Ende der Coaching-Sitzung wird Herr T. mit einer Beobachtungsaufgabe ausgestattet. Er soll auf keinen Fall an seinem Verhalten etwas ändern, sondern insbesondere seine Wahrnehmungen sammeln über sein Erleben der anderen und sein inneres Erleben im Vergleich.

Die Wirkungsweise dieser Interventionen beruht auf der konstruktivistischen Annahme, dass ein Klient sein Problem auf eine bestimmte Art und Weise selbst »konstruiert«. Oft beruht das Phänomen »ich habe ein Problem« auf der Assoziation mit dem Problemfokus. Eine Vorraussetzung für das Erleben eines Problems ist ein Ist-Soll-Vergleich. Der Ist-Zustand wird dabei noch deutlich abgewertet bzw. der Soll-Zustand aufgewertet oder idealisiert. Um aus der Assoziation mit dem Problemmuster Ausstiegsmöglichkeiten anzubieten bzw. eine Dissoziation, ist innere Teilearbeit enorm nützlich. Dazu gehört auch die Etablierung einer inneren Metainstanz, mit der ein Klient über einen gewissen Abstand zu einer anderen Einschätzung des Problems kommt und dadurch leichter Lösungen finden kann.

... und dem Körper – 2. Coaching-Sitzung (Doppelsitzung, zwei Wochen später)

Wir erarbeiten in einem Prozess der inneren Teilearbeit die Teile des Herrn T., die in Situationen der Mitarbeiterführung und dem Umgang mit Führungskräften und Vorgesetzten aktiviert sind. Dazu beleuchten wir jeweils das Körpergefühl sowie Mimik, Gestik sowie Körperhaltung. Es werden insbesondere zwei Teile deutlich sichtbar: Der eine (er nennt ihn später »Django«) ist ein besonders schneller Teil, der fast ansatzlos aus getroffenen Entscheidungen messerscharfe Forderungen stellen kann. Das gute an »Django« ist, dass er insbesondere in Krisen- und Notsituationen ohne Anlaufzeit agieren kann und vor allem dann die Aufgaben an andere delegiert. Der zweite Teil wird von Herrn T. »der Nebelwerfer« genannt. Er kommt vor allem dann zum Einsatz, wenn gerade in Management-Teammeetings die einzelnen Verantwortlichen Rede und Antwort stehen müssen. »Der Nebelwerfer« sei aus seiner Sicht in der Lage, einen Deckmantel der neutralen Zuversicht zu verbreiten, damit man nicht bemerkt, wie sehr ihm dieses Vorgehen missfalle und er es auch als Zeitverschwendung betrachte. Im weiteren Verlauf erkennt Herr T., dass beide Teile in ihm sehr häufig zum Einsatz kommen, auch wenn er sich eigentlich aus der bereits etablierten Metaperspektive etwas anderes wünschen würde. Wir erarbeiten zwei weitere nützliche Teile: »den Zugewandten« und »den Klaren«.

Der Klient lädt geradezu zur Arbeit mit Bildern und Vergleichen (»Django« mit »messerscharfen Forderungen« oder »der Nebelwerfer«) ein, die man sowohl mit systemischen Fragen bearbeiten als auch in die Stimm- und Körperarbeit einbauen kann. Den Einstieg für Letzteres bietet hier die Atmung. Wie atmen die unterschiedlichen inneren Anteile? Worin unterscheiden sich »Django« und »der Zugewandte« beim Atmen?

Rein physiologisch Gesehen ist Atmung ein interessantes Phänomen: Normalerweise bemerken wir sie im Alltag nämlich kaum. Atmung funktioniert ganz automatisch, ohne dass wir daran denken. Wenn wir allerdings daran denken, können wir in Bruchteilen von Sekunden die Atmung rein willkürlich steuern. Wir können, ohne zu tauchen, die Luft anhalten oder tief ein- und ausatmen. Die Atmung ist aus unserer Erfahrung eine der mächtigsten und wirkungsvollsten Möglichkeiten, die man in selbstregulative Prozesse einbinden kann. Sie wirkt viel schneller als beispielsweise eine Imagination. Und die Art zu atmen kann unsere sonstige Physiologie (Haltung, Gang) wesentlich mitbestimmen. Deshalb ist die bewusste Kontrolle des Atems aus unserer Sicht eine der wichtigen Techniken bei der Etablierung von (neuen) Verhaltensmustern.

Nach der Arbeit mit den inneren Teilen des Herrn T. beginnen wir mit ersten Übungen zur Körperhaltung, zu Handbewegungen und Atemmustern, die der Klient ausführen müsste, um diese Teile jeweils zu aktivieren. Am Ende der Coaching-Sitzung legen wir einen persönlichen Übungsplan an, der vor allem Körperübungen zu Haltung, Gang, und Atmung enthält.

… und der Stimme – 3. Coaching-Sitzung (4 Wochen später)

Nach einer Mischung aus ersten begeisterten Erfolgen und Misserfolgen differenzieren wir die inneren Teile des Herrn T. weiter aus. Anschließend arbeiten wir vor allem an seiner Stimme und stellen dann den Bezug zu seinen inneren Teilen her. Der Klient erfährt etwas über die Physiologie der Stimmgebung, erkundet die Potenziale seiner Sprechstimme und macht erste Übungen zur Kraftstimme. Es ist hier schon beobachtbar, wie die Physiologie der einzelnen inneren Teile die Körperspannung und Atmung, aber auch stark die Stimme beeinflusst und damit wiederum die anderen Wirkungen verstärkt. Am Ende der Sitzung ergänzen wir den persönlichen Übungsplan. Wir vereinbaren, dass sich Herr T. nun von Feedback-Gebern aus seinem Umfeld im Laufe der nächsten Wochen Rückmeldung zu seiner persönlichen Wirkung einholt.

Die Stimme ist für unsere Arbeit als Coaches eine der größten Entdeckungen als Wirkungsquelle. Menschen offenbaren sich nicht nur durch Inhalte und ihre Körpersprache, sondern vor allem in der Art und Weise, wie sie ihre Stimme einsetzen. Die persönliche »Gestimmtheit« tritt auf eine Art und Weise zu Tage, wie sie sonst nicht zu sehen und wahrzunehmen ist. Die Stimme als diagnostischer Wegweiser erlaubt einem Coach, vieles zu entdecken, was durch die Sprache wahrscheinlich verborgen geblieben wäre.

Ein zweiter Aspekt ist die Intervention. Stimme hat für Klienten immer etwas Unmittelbares, dem man sich nicht so leicht entziehen kann wie einem optischen Reiz durch Wegschauen. Wenn sich an Stimmen etwas verändert, nimmt man das selbst sofort wahr – ob man will oder nicht. Zumindest unbewusst bekommen Menschen immer etwas über ihre Stimme mit. Diese unmittelbare Feedback-Schleife der Stimme wird oft unterschätzt. Als wichtiger Marker für gezielte neue

Verhaltensoptionen findet die Stimme in Coaching-Ausbildungen selten die nötige Aufmerksamkeit. Klienten können hier eine wesentliche Stütze für den Alltag entwickeln und ein starkes Radar für ihr eigenes Wohlbefinden, wenn die ihnen unbewusste Stimme zu einem bewusstes Steuerungselement wird.

Isolierte Stimmarbeit ohne Bezug zum Alltag und zu Fragestel-'lungen des Klienten halten wir jedoch für kontraproduktiv. Die Grundidee ist, kurz gesagt, mit der Stimme zu arbeiten, ohne explizit an ihr zu arbeiten. Das bedeutet, dass über Körperarbeit, die Arbeit mit Bildern und Intention die Stimme ganz natürlich Bestandteil des Handelns werden soll. Gerade die starke Konzentration auf die isolierte Stimmarbeit führt immer wieder leicht zu Verkrampfungen und behindert damit die natürliche Stimmgebung, statt sie zu fördern.

Meist erlebt ein Klient auf spielerische Art die Kraft oder das Tonpotenzial seiner Stimme, während er eigentlich mit einer anderen Körperübung beschäftigt ist. Das kann der Versuch sein, zu jonglieren, es können gezielte Ballwürfe sein, das Springen in einem Wettkampf, das Ziehen oder Schieben einen anderen Menschen mit der Absicht, ein örtliches und damit vorher erarbeitetes geistiges Ziel zu erreichen.

III. Handlungsebene des Klienten

4. Coaching-Sitzung (3 Wochen später)

Zunächst werten wir das Feedback aus. Insbesondere von einigen Peers auf gleicher Führungsebene bekam Herr T. viele wertvolle Hinweise über sein Verhalten und vor allem über die Veränderungen, die andere an ihm wahrgenommen hatten. Wir ergänzen den Übungsplan insbesondere um eine Übung zur Artikulation. Im Anschluss äußert Herr T. ein konkretes Anliegen: Eine wichtige Kundenpräsentation steht an und er will dort sein persönliches Auftreten schärfen. Im Rollenspiel erarbeiten wir in kurzen Sequenzen und Wiederholungen nützliche innere Haltungen, die sich rasch im äußeren Verhalten widerspiegeln. Unterstützt wird das Vorgehen durch Videofeedback.

Am Ende führten wir eine Standortbestimmung durch und würdigten das Erreichte. In der Reflexion wird Herrn T. klar, dass sich für ihn eine neue Welt erschlossen hat. Mehr Wahlfreiheit und Handlungsmöglichkeiten einerseits und ein mehr entspannter, wertschätzender, wohlwollender Umgang mit sich selbst andererseits haben sich bei ihm eingestellt. Zuletzt verändern wir seinen Übungsplan in der Weise, dass sich mehr solche Übungen darauf finden, die langfristig die eigenen Fähigkeiten unterstützen (Atem- und Dehnübungen morgens und vor Präsentationen sowie Übungen zur mentalen Vorbereitung auf schwierige Situationen).

Persönliches Fazit

Performance-Coaching ist ein ganzheitlicher Ansatz zum Erreichen von eigenen Verhaltenszielen. Es geht nicht allein darum, die Stimme oder den Körpereinsatz zu verbessern.

Wesentlich differenziertere Beobachtung der Klienten und wesentlich differenzierteres Feedback nach dem Performance-Coaching-Beobachtungssystem sind bereits ein wichtiger Schritt zur höheren Wirksamkeit. Das konsequente Einbeziehen des Körpers und der Stimme in den Coaching-Prozess erlaubt starke Unterbrechungen von Problemmustern und die tiefgreifende Verankerung von Lösungsmustern.

Um dem Klienten als Coach ein sicherer Expeditionsleiter sein zu können, mit dem er gemeinsam möglichst viele Teile seiner Wirkungslandkarte erkundet, sind gerade die didaktischen Besonderheiten der Körper- und Stimmarbeit meist eine Herausforderung, die aber auch für das eigene Erleben des Coaches neue Erkenntnisse bereithalten.

Damit ausgerüstet hat ein Coach in der Arbeit an der Performance eines Klienten im Coaching-Prozess die Gelegenheit, die natürlichen Wechselwirkungen zwischen dessen kognitiven, körpersprachlichen, stimmlichen und emotionalen Wirkungsquellen gezielt zu nutzen. Systemische Beratungsinterventionen bieten im Zusammenspiel mit Körperarbeit und Stimmtraining weitgefächerte Möglichkeiten und stark miteinander verzahnte Ansatzpunkte für diese ganzheitliche Arbeit.

Die Autoren

Markus Schwemmle (Jg. 1968) ist seit 2007 selbständig als Unternehmensberater, Coach und Führungskräfteentwickler und leitet sein eigenes Beratungsunternehmen *system worx* mit Hauptsitz in München. Er ist Master am Institut für Systemische Beratung und dort als Lehrtrainer tätig.
Er verfügt über eigene Erfahrung als Führungskraft einer globalen Abteilung in einem internationalen Konzern und verbindet dies heute in seiner Beratertätigkeit mit systemischem Knowhow. Seine Arbeitsschwerpunkte liegen im Management komplexer Organisationsentwicklungsprojekte inklusive der Moderation von Großgruppenveranstaltungen sowie im Coaching und Training von Führungskräften und in der Ausbildung von Beratern und Coaches.
E-Mail-Kontakt:
markus.schwemmle@system-worx.de

Richard Schneider (Jg. 1971) ist seit 1997 selbständig als Kommunikationstrainer, Coach und Organisationsberater tätig. Seit 2008 leitet er in München die Firma *3schritt – menschen bewegen.*
Als ausgebildeter Jurist und Sprechwissenschaftler und Sprecherzieher fokussiert er auf die Arbeit mit sehr konkreten und lebendigen Methoden in (zunächst) abstrakten und komplexen Systemen. Neben seiner mehrjährigen Erfahrung als interner Berater und Trainer in einem Automobilkonzern nutzt er verschiedene Weiterbildungen (Psychodrama, systemische Beratung) und die Methoden seiner

Leidenschaft, des Improvisationstheaters. Seine wesentlichen Arbeitsschwerpunkte liegen in der Begleitung von Teams und Abteilungen bei Veränderungen, im Coaching von Führungskräften und in der Konzeption und Durchführung von Kommunikationsseminaren.

E-Mail-Kontakt: rschneider@3schritt.de

Kristin Schwemmle

Begleitung von Existenzgründern: Visionsentwicklung/Marktpositionierung/Pricing

Im Rahmen des Gründer-Coachings Deutschland der KfW-Bank begleite ich Gründer im ersten Jahr ihrer Unternehmenstätigkeit. Die Klienten verfügen über ein Coaching-Budget von 4.000 Euro, von dem 90 % als Förderleistung bei Gründung aus Arbeitslosigkeit übernommen werden. Dies ermöglicht Gründern, die zu Beginn ihrer Geschäftstätigkeit jeden Cent umdrehen müssen, eine intensive Coaching-Begleitung. Zu meinen Klienten zählen Einzelunternehmer und -unternehmerinnen (im Weiteren verwende ich zur Vereinfachung die männliche Form) aus der Dienstleistungsbranche, von Grafikern, Autoren, Marketingspezialisten bis hin zu Trainern und Coaches.

Da ich selbst vor fünf Jahren gegründet habe und seither als Coach selbständig bin, kann ich gut nachvollziehen, was meine Klienten durchmachen. So kann ich neben der Coaching-Begleitung auch eigene Erfahrungen weitergeben.

Gründer haben in Deutschland einen schweren Stand. Zwar gibt es durch den Gründungszuschuss und das erwähnte Gründer-Coaching gute Unterstützungsleistungen des Staates. Dennoch sind unsere Erwerbsstrukturen in Deutschland hauptsächlich durch nichtselbständige Arbeit geprägt. Laut statistischem Bundesamt lag im vierten Quartal 2009 die Zahl der Selbständigen bei 4,4 Millionen. Bei einer Gesamtzahl an Erwerbstätigen von 40,6 Millionen Bundesbürgern sind das somit etwas mehr als 10 %. Im persönlichen Umfeld eines Gründers gibt es also mit hoher Wahrscheinlichkeit deutlich mehr Angestellte als Selbständige. Häufig neigt das Umfeld dazu, nicht zur Selbständigkeit zu ermuntern, sondern die eigenen Erfahrungen mit dem »sicheren« Arbeitsplatz in einem Unternehmen als Maßstab zu nehmen, um das Gründungsvorhaben zu bewerten. Zudem wird in den Medien über Selbständige oft im Zusammenhang mit Scheitern, Insolvenzen und anderen großen Schwierigkeiten berichtet. Dramatische Geschichten verkaufen sich nun einmal besser, als der »normale« Gründeralltag. Und in vielen Büchern zur Selbständigkeit werden Gerüchte genährt wie etwa: »Du musst mindestens 60 Wochenstunden leisten und arbeitest selbst und ständig.« Mein Ziel als Coach ist es, Gründer dabei zu unterstützen, mit diesen Vorurteilen und Floskeln selbstbewusst umzugehen und zum Beispiel zu entgegnen: »Ich arbeite nicht selbst und ständig, sondern bin Freiberufler – also frei und im Beruf.«

Als eines der Themen, die Gründer im ersten Jahr beschäftigen, ist zu allererst die Eigenvermarktung zu nennen. Es geht darum, Kunden für sich und die eigene Leistung zu gewinnen. Eine große Herausforderung, denn nun steht kein großer Firmenname mehr auf einem Produkt, hinter dem man sich verstecken kann. Zustimmung oder Ablehnung der Leistung werden immer auch als Feedback zur eigenen Person gewertet. Die Akquise ist aus diesem Grund häufig ein notwendiges Übel. Es entsteht auf der einen Seite ein hoher Druck, »ins Geschäft« zu kommen, und auf der anderen Seite eine Abscheu »seine Haut zu Markte zu tragen«. Vor der konkreten Akquise, die ich mit Gründern insbesondere über intensives Netzwerken vorantreibe, steht die Positionierung am Markt – also die Frage »Wer sind meine Kunden?«. Die Antwort darauf und die genaue Definition des Angebotes fließen dann in Marketingunterlagen und Webseiten.

Neben den Themen Positionierung, Marketing und Akquise gibt es noch ein weiteres Themengebiet, das ich mit meinen Gründern bearbeite: Selbstorganisation und Work-Life-Balance. Da Einzelunternehmer häufig von zu Hause ihre Firma starten, stellen die Strukturierung des Arbeitstages und die Konzentration auf die Arbeit eine besondere Herausforderung dar. Schließlich lauert an jeder Ecke ein Wäschekorb, der nach Aufmerksamkeit schreit und zur Ablenkung einlädt. Dann ist man abends zwar auch geschafft, hat aber nichts für den eigenen Geschäftsaufbau getan. Zudem neigen Gründer dazu, ohne Pause und Urlaub zu arbeiten, und bedenken dabei nicht, dass sie in ihrem Unternehmen die einzige Ressource sind. Sind sie krank oder kraftlos, herrscht im Betrieb Stillstand.

Die Themen Markpositionierung, Marketing, Kundenakquise, Networking, Selbstmanagement und Work-Life-Balance müssen also für einen erfolgreichen Start in die Selbständigkeit realisiert werden (Abb. 1). Getragen wird das Unternehmen aber von einer größeren Vision, von dem Bild einer erfolgreichen Zukunft. In dieser Zukunft haben sich Träume und Hoffnungen, die mit der Gründung verbunden sind, erfüllt. Die ersten harten Jahre sind überstanden. Diese Vision, die manchmal auch eine leichte Rosafärbung haben kann, lässt den Gründer Talsohlen des Unternehmerdaseins durchlaufen, Rückschläge verkraften und Erfolge als Schritte auf dem Weg zu seinem Ziel begreifen.

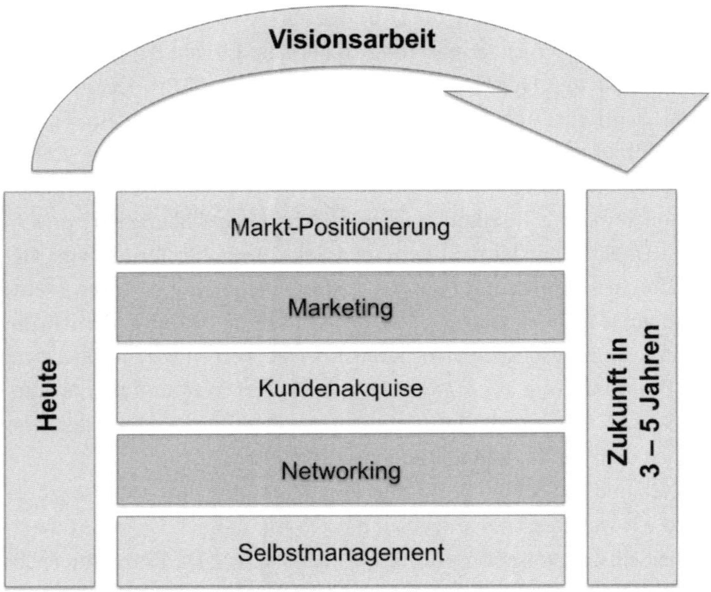

Abbildung 1: Themen im Gründer-Coaching

Aus diesem Grund starte ich mit meinen Klienten mit einer Visionsarbeit und schließe dann den Bereich Marktpositionierung an, um den Leidensdruck in der Akquise in die richtigen Bahnen zu lenken. Die anderen genannten Themen werden im Verlauf des ersten Gründungsjahres nach Bedarf des Klienten aufgenommen. Von diesen ersten Schritten im Gründer-Coaching möchte ich nun berichten und sowohl die Methoden als auch ein Fallbeispiel schildern.[1]

1 Dauer der Intervention: Visionsarbeit: zwei Stunden; Positionierung und Pricing: zwei Stunden; Führen Sie alle drei Interventionen gemeinsam

Visionsentwicklung

Im Rahmen der Visionsentwicklung gehe ich mit meinen Klienten in ihre Zukunft, um dort ein kraftvolles Bild ihres erfolgreichen Lebens als Unternehmer zu platzieren. Dieser Leitstern führt die Klienten einerseits und hat andererseits auch eine solche Anziehungskraft, dass die Klienten Energien entwickeln, ihr Leben in Richtung dieses Bildes zu lenken. Wir konstruieren also eine positive Version der zukünftigen Wirklichkeit und installieren eine selbsterfüllende Prophezeiung. Die Selbständigkeit steht zunächst meist für eine Befreiung aus dem alten Leben mit Stress, unangenehmen Chefs oder Ähnlichem. Und sie ist auch mit Vorfreude auf die Möglichkeiten verbunden, das Arbeitsleben selbst zu gestalten.

Der Gründer wird aber auch von Ängsten und Unsicherheit geplagt, weil er nicht weiß, was auf ihn zukommt. Dieser Punkt hält viele Arbeitnehmer davon ab, sich beruflich zu verändern. Sie bleiben lieber im Problemzustand, in der »Falle« des alten Jobs, den sie zwar nicht besonders schätzen, aber genau kennen. Sie wissen, dass man den Chef nicht anspricht, wenn sein Verein mal wieder verloren hat, sie kennen die zehrenden Meetings, in denen sie sich zu Tode langweilen. Im Problemzustand kennen sie sich aus. Im Lösungszustand nicht. Deshalb scheint der Weg hin zu dieser Lösung auch besonders beschwerlich. Zudem erhalten die Klienten beim Verharren im Problemzustand Aufmerksamkeit aus ihrem sozialen System: »Mensch, in diesen Zeiten, sei doch froh, dass du einen Job hast.« »Mei, wenn dein Chef a Depp ist, dann machst' halt Dienst nach Vorschrift.« »Mann, deine Kollegin ist aber auch eine fiese Ziege, du Arme.« Aufmunternde Worte, wenn sich jemand auf den Weg in die Selbständigkeit macht, sind selten. Auch wenn Ihre Klienten den Mut gefunden haben, in die Selbständigkeit zu gehen, spielen diese Ängste und Sorgen weiterhin eine Rolle. Ein klares Bild, was die Selbständigkeit für sie bedeutet, haben die Klienten bislang nicht. Und genau dieses klare Bild entwickeln Sie gemeinsam mit dem Klienten in der Visionsarbeit.

Dabei verwenden Sie einen systemischen Mechanismus, der durch die Wunderfrage von de Shazer und Berg geprägt wurde: Überspringe

---

aus, dann sollten Sie sich mit dem Kunden ca. fünf Stunden Zeit (inklusive Pausen) einplanen.

das Problem und gehe gleich zur Lösung. Sie gehen also mit dem Klienten in den Wunderzustand: »Wie sieht Ihr Leben in fünf Jahren aus, wenn Sie Ihre Firma erfolgreich etabliert haben?« Diesen Zustand lassen Sie sich in allen Details beschreiben. Der Problemzustand, den Sie überspringen, ist die Phase kurz nach der Gründung bzw. während des Geschäftsaufbaus. Wenn die Zielvision somit klar umrissen wird, ähnlich wie in einer Filmsequenz, dann kommt dem Klienten der Weg dorthin gar nicht mehr so beschwerlich vor.

Vorgehensweise

Stellen Sie Ihrem Klienten einen DIN-A3-Block und als Malmaterialien Buntstifte und/oder Wachsmalstifte zur Verfügung. Je nach Kontext, in dem Sie arbeiten, können das aber auch ein Flipchart und mehrere farbige Eddings sein.

Da unser Gehirn in Bildern denkt und diese sehr gut speichern kann, hat Arbeit mit Bildern große Vorteile. Bitten Sie daher Ihren Klienten aufzumalen, wie sein Leben in drei, fünf oder zehn Jahren aussieht. Ich biete meinem Klienten meist die Wahl zwischen drei oder fünf Jahren an und er entscheidet dann, welche Zeitspanne für ihn stimmig ist, welche er noch greifen kann.

Ihr Klient soll möglichst alle Lebensbereiche, insbesondere aber den beruflichen Bereich in Bilder fassen. Sie können unterstützend zum Kernarbeitsauftrag »Wie sieht Ihr Leben in fünf Jahren aus?« auch noch weitere Fragen stellen:

- Wie sieht Ihr Büro aus?
- Was sagen Kunden über Sie?
- Sie haben gerade ein Projekt abgeschlossen – was ist Ihr Fazit?
- Wo leben Sie? Mit wem?
- Welches Auto fahren Sie?
- Wo waren Sie in diesem Jahr in Urlaub?

Nun geben Sie Ihrem Klienten ca. 20 Minuten Zeit, um sein Bild entstehen zu lassen. Da dieses Bild sehr gut zum ständigen Vergegenwärtigen über den Schreibtisch gehängt werden kann, darf es gerne vom Klienten weiter ausgeschmückt werden (z. B. als Hausaufgabe).

Variationen

Sollte Ihr Klient keine Affinität zum Malen haben, dann haben Sie mehrere Möglichkeiten, die Übung zu variieren.

Lassen Sie Ihren Klienten zum Beispiel eine Mindmap erstellen und unterstützen Sie ihn dann in der nächsten Phase, diese Wörter mit Leben zu füllen.

Eine andere Möglichkeit, um dennoch mit Bildern zu arbeiten, besteht darin, den Klienten aus einer Anzahl von Postkarten mehrere Karten aussuchen zu lassen, die für bestimmte Felder in seinem zukünftigen Leben stehen. Ideal wäre es, wenn der Klient die Karten im Anschluss behalten kann, um diese als Visionsbild zum Beispiel über den Arbeitsplatz zu hängen.

Eine weitere Variante zur Arbeit mit Bildern ist das Erstellen einer Collage. Dabei wählt der Klient aus einem Stapel alter Zeitschriften Bilder, Wörter oder ganze Überschriften aus und gestaltet durch Ausschneiden und Aufkleben ein Plakat seiner Zukunftsvision. Wählen Sie diese Gestaltungsmöglichkeit, dann müssen Sie die Zeitvorgabe auf 30 bis 40 Minuten erhöhen, da das Suchen, Ausschneiden und Kleben sehr zeitaufwendig ist.

Anschließend hängen Sie die Vision wenige Meter entfernt an die Wand und setzen sich neben Ihren Klienten. Der Klient kann sein Bild oder seine Mindmap auch in der Hand behalten. Sie setzen sich dennoch neben ihn und schauen gemeinsam auf eine leere Wand oder auf eine Fensterfront. Sie brauchen einfach eine imaginäre Leinwand, auf der der Film »Mein Leben in fünf Jahren« gezeigt werden kann. Nun bitten Sie den Klienten von seinem Leben in fünf Jahren zu erzählen. Hören Sie aktiv zu, fragen Sie nach und versuchen so, weitere Details des Bildes herauszufinden. Denn der Klient sieht den Kinofilm ja auf seiner inneren Leinwand, Sie brauchen also mehr Input, um diesen auch sehen zu können. Je detailreicher das Bild/der Film vom Leben in fünf Jahren ist, umso realistischer, greifbarer, erreichbarer ist dieses Leben für den Klienten. Schildert der Klient zum Beispiel sein Büro, dann lassen Sie sich Form und Farbe des Schreibtisches beschreiben. Hängen Bilder an der Wand, wenn ja, welche? Gibt es Grünpflanzen? In welchen Farben sind die Wände gestaltet? Gibt es weitere Möbel? Wie sieht ein typischer Arbeitstag in fünf Jahren aus?

Ein Kunde hat gerade angerufen und erzählt, dass er sehr zufrieden ist, weil ...?

Mich selbst hat die Vision von meinem ersten Kundengespräch in meinem Arbeitszimmer die ersten Monate meiner Selbständigkeit getragen. Dabei wusste ich genau, mit welchem Sessel, welchem Kissen, mit welchem Tisch und welchen Bildern dieses Zimmer ausgestattet war. Und ich hatte das Bild vor Augen, wie ich in genau diesem Sessel bei meinem ersten Coaching-Gespräch sitze und mein Klient nach der Arbeit mit mir »einen Kopf größer« aus der Türe geht. Natürlich war ich in Wahrheit bei meinem ersten Coaching-Gespräch sehr aufgeregt und fühlte mich nicht ganz so souverän wie in meiner Vision. Aber das innere Bild, dass ich dies erreichen möchte, nämlich in meinem Sessel sitzen und Leute coachen, das hat mich nicht mehr losgelassen.

Zum Abschluss der Arbeit frage ich meinen Klienten immer, ob er nun einen deutlichen Film vor Augen sieht, wie sein Leben sein wird. Eine Klientin antwortete darauf einmal, es seien eher nur kleine Ausschnitte ihres Films, ähnlich wie bei Filmtrailern, die einen Kinofilm ankündigen. Ich fand dieses Bild sehr stimmig, denn wir schneiden in dieser Visionsarbeit ja auch die besten Szenen des Lebensfilms in einen kurzen Trailer. Ein Kurzfilm, der einen Vorgeschmack darauf geben soll, was unsere Klienten in ihrem kompletten »Blockbuster« erleben werden.

Marktpositionierung – Teil 1: Innere Klarheit oder: Fahndungsfotos für Kunden

Obwohl Existenzgründer ihre Kunden und ihre Marktnische, in der sie agieren, in ihrem Businessplan bereits ausführlich behandelt haben, stoße ich häufig auf das Problem, dass der Wunschkunde dennoch nicht klar definiert bzw. nicht verinnerlicht ist. Wenn ich meine Klienten frage, dann erhalte ich häufig als Antwort: »Jeder, der einen Innenarchitekten braucht«, oder: »Alle Verlage in München, die eine Grafikerin brauchen«. Die Kundenkategorien sind in ihren Vorstellungen noch sehr breit. Für eine gezielte Akquise und ein punktgenaues Marketing sind diese Kategorien zu ungenau. Denn für einen Existenzgründer ist Werbung nach dem Gießkannenprinzip nicht sinnvoll und finanziell zu teuer. Ich gebe meinen Kunden meist folgende Metapher mit: Wenn man eine Einzimmerwohnung sucht, dann schaut man sich nicht alle zehn Seiten des Immobilienmarkts der »Süddeutschen« an, sondern nur den Teil mit den Ein- bis Zweizimmerwohnungen. Wenn man allerdings »Ich biete eine Wohnung« inseriert, dann findet einen niemand. Man muss sich als Spezialist für das Problem des Kunden positionieren. Denn der Kunde kauft nicht das Produkt, sondern er bezahlt für das Vertrauen, dass der Dienstleister sein Problem zur Zufriedenheit lösen wird.

Gründer haben oft Angst, dass sie sich Kunden verprellen, wenn sie nicht darstellen, alles zu können. Aber hier liegt die Kunst, sich zu fokussieren und auch einmal Informationen wegzulassen. Interessanterweise werden die Klienten von Kunden, die sie über ein Produkt kennengelernt haben, dann durchaus auch auf weitere Leistungen angesprochen – einfach weil es einen guten Kontakt, ein hohes Qualitätsempfinden und ein hohes Vertrauen in das Leistungsvermögen des Klienten gibt.

Ich nehme das Thema »Wie sieht mein Kunde aus?«, also die Frage, wo man sich auf dem Markt positioniert, in den ersten Stunden des Gründer-Coachings auf. Ich bitte meine Klienten, sich ihren Traumkunden vorzustellen – ähnlich wie man sich als Teenager vielleicht einmal seinen Traumpartner gebacken hat. Es geht darum, die Eigenschaften und Eigenheiten seiner Kunden zu bestimmen. Diese innere Klarheit, für wen der Klient arbeiten möchte und welche Kunden er sucht, wirkt sich dann in der externen Kommunikation aus. So kann er zielgerichtet auf die definierte Kundengruppe zum Beispiel durch Networking zugehen, und genau die Kunden, die er wirklich haben möchte, werden auf ihn aufmerksam.

Vorgehensweise

Nach einer kurzen Einleitung starten wir den Prozess zur Kundendefinition. Hierzu male ich die Umrandung einer abstrahierten menschlichen Person auf ein DiN-A3-Blatt (Abb. 2) und hänge es in ca. zwei Meter Entfernung auf Augenhöhe des Klienten auf. Dies ermöglicht es, dass der Kunde vor dem geistigen Auge des Klienten Gestalt annimmt und auf die Leinwand projiziert werden kann.

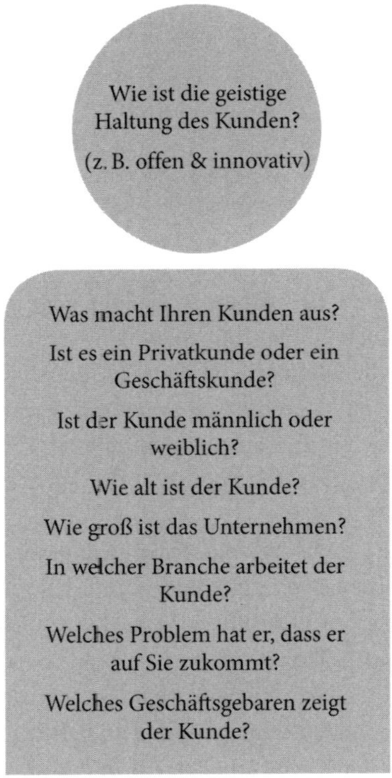

Abbildung 2: Beschreibung des Kunden

Von diesen Kundenprofilen hänge ich drei Stück auf. Warum drei? Ein erfolgreicher Unternehmer aus Südafrika gab mir einmal folgenden Rat: »Ein Standbein ist zu unsicher. Selbst ein Windhauch kann dich umwehen. Zwei Standbeine sind besser, aber du hast nach vorne und hinten keine Stabilität. Drei Standbeine sind optimal, denn du hast Stabilität und dennoch Überschaubarkeit. Bei vier Standbeinen, wird eines immer das Stiefkind bleiben, weil du dich nicht um alle vier richtig kümmern kannst. Fünf Standbeine enden im Chaos.« Also lieber gezielt drei Kunden angehen, als sich mit den begrenzten Ressourcen verzetteln.

Kommt der Klient nur auf zwei Kunden oder benötigt der Klient eine weitere Kategorie, ist das natürlich auch in Ordnung. Allerdings ergeben sich erstaunlich oft drei Kunden.

Sie starten mit dem ersten Kundenprofil und stellen dem Klienten folgende Fragen:

- Was macht Ihren Kunden aus? Was noch? Was noch? Was noch?
- Ist es ein Privatkunde oder ein Geschäftskunde?
- Ist der Kunde männlich oder weiblich?
- Wie alt ist der Kunde?
- Wie groß ist das Unternehmen?
- In welcher Branche arbeitet der Kunde?
- Welches Problem hat der Kunde, mit dem er auf Sie zukommt?
- Wie ist sein Geschäftsgebaren? (Zahlungsmoral, Umgangsformen)
- Wie ist die geistge Haltung des Kunden (z. B. offen und innovativ)?

Wichtig ist dabei, neben den äußeren Merkmalen des Kunden, wie Privat- oder Geschäftskunde, Branche etc., auch die inneren Werte wie Zahlungsmoral, Umgangsformen usw. zu erfragen. Manchmal verhält es sich auch so, dass Klienten konkrete Kunden im Kopf haben, für die sie bereits tätig waren. Diese Kunden sind eine gute Vorlage für einen Wunschkunden. Wenn der Klient gerne für diese Menschen tätig war, dann sollte er auch in Zukunft für ähnliche Kunden arbeiten.

Nachdem der Kunde hinlänglich erfasst ist, so dass der Klient von ihm ein klares, detailgetreues Bild hat, gehen Sie zum zweiten Schritt: Der Kunde erhält eine Sprechblase (Abb. 3). Denn Sie wollen nun von dem Kunden wissen, was er denn über Ihren Klienten sagt. Sie nutzen also den Mechanismus einer zirkulären Frage und fragen den Klienten: »Wenn wir Ihren Kunden belauschen könnten und dieser Sie weiterempfiehlt, was würde er sagen?« Der Satz könnte damit beginnen: »Mensch, wenn du einen ... brauchst, dann musst du unbedingt mit Frau/Herrn ... (Name des Kunden) arbeiten, weil ...« Über diese Frage kommen Sie ressourcenorientiert an die Kernwerte der Leistung Ihres Klienten heran.

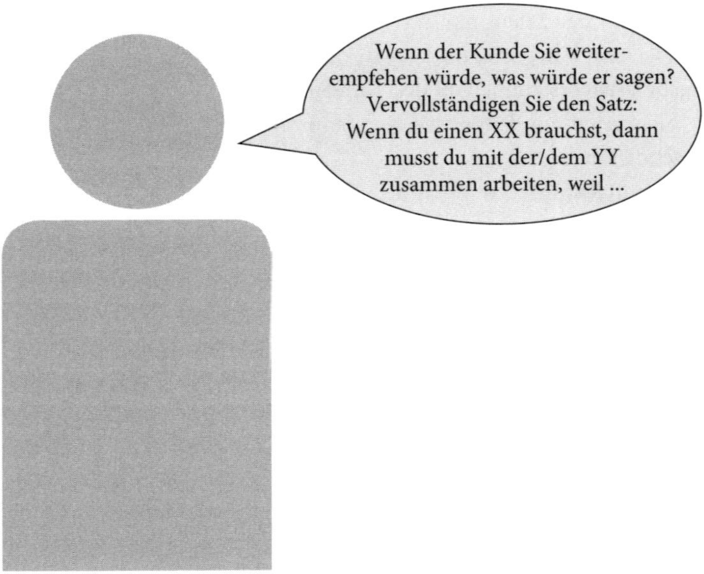

Abbildung 3: Was sagt der Kunde?

Diese zwei Schritte führen Sie auch mit den weiteren Kundenprofilen durch.

Pricing oder die Frage: Was bin ich wert?

Wenn man sich über die Preisgestaltung Gedanken macht, so gibt es zwei übliche Herangehensweisen. Entweder man betrachtet seine Kostenstruktur und kalkuliert den Kundenpreis so, dass die Kosten plus Gewinnaufschlag gedeckt sind. Oder man schaut sich das Preisniveau des Marktes an und reiht sich dort mit seinem eigenen Preis ein. Man analysiert also, welcher Preis auf dem Markt möglich und üblich ist. Beide Vorgehensweisen sind sinnvoll, beschäftigen sich aber nicht mit der Frage: Was bin ich wert? Vielleicht wundern Sie sich, dass die Frage nicht lautet: Was ist meine Leistung wert? Da ich jedoch fast ausschließlich mit Einzelunternehmern in der Dienstleistungsbranche arbeite, geht es tatsächlich darum, sich und nicht ein Produkt zu verkaufen. Deshalb die Fragen: Was bin ich wert und welchen Preis kann ich vertreten? Wenn Gründer einen Preis kalkuliert haben, den sie sich aber nicht auszusprechen trauen, werden sie ihn auch nie realisieren. Meist sind sie unsicher und laden sprachlich sogar zu Verhandlungen ein: »Wären ... Euro o.k. für Sie?«

In den Verhandlungen kann Ihr Klient natürlich abwägen, ob er einen Auftrag unter Preis annimmt. Hier spielen Auslastung, bezahltes Lernen/Erfahrungen sammeln, Referenzprojekte, finanzielle Lage eine Rolle. Um dies abwägen zu können, muss er seine innere Grenze jedoch erst einmal kennen.

Ihr Klient tappt somit nicht in die Falle, erst einmal einen Probierpreis zu machen. Viele Gründer glauben, da sie noch neu auf dem Markt sind und in manchen Fällen auch noch nicht so viel Berufserfahrung mitbringen, müssten sie einen Schnupperpreis anbieten. Davon rate ich ab. Es ist nahezu unmöglich, den Preis bei Bestandskunden später zu erhöhen. Schließlich kann Ihr Klient schlecht argumentieren: »Jetzt weiß ich, wie der Hase läuft – danke, dass ich an Ihrem Unternehmen lernen durfte. Bitte zahlen Sie jetzt ... % mehr.« Und meist stellt der Gründer sein Licht unter den Scheffel. Er hat sich doch gerade selbständig gemacht, weil er glaubt dem Markt etwas bieten zu können. Dann aber bitte auch für einen fairen Preis. Raten Sie Ihren Kunden hier nicht, die Discounter-Strategie zu verfolgen und sich über den Preis zu behaupten.

Stattdessen sollen sie sich über die Qualität ihrer Leistung verkaufen, die eben ihren Preis hat. Gründer in der Dienstleistungsbranche kommen häufig über Empfehlungsmarketing und Networking an ihre Kunden. Der Kunde kommt also durch die Aussage »der macht eine gute Arbeit« oder durch das persönliche Kennenlernen mit dem Gründer in Kontakt. Anders als beim Staubsaugerkauf, bei dem erst mal im Internet nach dem günstigsten Preis recherchiert wird, wird der Preis hier meist gar nicht in Frage gestellt. Wenn der Kunde Ihren Klienten anruft und ihn kennenlernen möchte, ist der Deal eigentlich schon gemacht. Es sei denn, Ihr Klient macht sein Honorar noch einmal zum Thema.

Vorgehensweise

Noch immer hängen die drei Kundenprofile an der Wand vor Ihrem Klienten. Fragen Sie Ihren Kunden, ob er stärker mit Stundenpreisen oder Tagessätzen arbeitet. Nehmen Sie nun kleine Karten (geeignet sind auch Klebenotizzettel) und schreiben Sie verdeckt auf jede Karte einen Eurobetrag.

Bitten Sie nun den Klienten, auf seine erste Reaktion zu achten, wenn Sie eine Karte aufdecken; insbesondere auf sein Bauchgefühl. Fühlt sich dieser Preis an wie: »grummelig, na das geht ja gar nicht« oder eher wie: »wohlig angenehm – och ja«. Diese Beobachtung ist besonders wichtig, denn Sie versuchen, gemeinsam mit dem Klienten einen für ihn stimmigen Preis zu definieren. Einen Preis, zu dem er voll und ganz stehen kann. Dabei sollte der Preis mindestens anderthalb bis zwei Jahre Bestand haben.

Wählen Sie nun ein erstes Preisschild aus, das einen sehr geringen Stunden- oder Tagessatz ausweist. Nun ist Timing gefragt. Halten Sie die Karte verdeckt vor das erste Kunden-Fahndungsfoto und decken Sie die Karte auf (vgl. Abb. 4). Nun beobachten Sie Ihren Klienten und schauen, ob Sie physiologische Reaktionen, also zum Beispiel ein Schnaufen, Stirnrunzeln, Mundwinkel-Hängenlassen bemerken. Sie müssen Ihre Aufmerksamkeit schnell genug dem Klienten zuwenden, um diese erste Körperreaktion zu erfassen. Nach wenigen Sekunden schaltet sich beim Klienten wieder das kognitive Gehirn ein und wird argumentieren, warum der Preis stimmig ist oder nicht. Das Gefühl zu diesem Preis manifestiert sich aber in der Körperhaltung, Mimik und Gestik. Hat der Klient Schwierigkeiten, sein Gefühl zu dem Preis zu äußern, können Sie ihm diese geänderte Körperhaltung bei Angesicht des Preises spiegeln und ihn fragen, was das für ihn bedeuten mag.

Da Sie den Preis niedrig gewählt haben, wird der Klient vermutlich mit Entrüstung reagieren und etwas sagen wie: »Nee, das geht ja gar nicht.« Nun gehen Sie mit Ihren Preisschildern bei Stundensätzen in 10-Euro-Schritten hoch, bei Tagessätzen eignen sich je nach Branche 50- oder 100-Euro-Schritte. Decken Sie ein Preisschild nach dem anderen auf und fragen Sie den Klienten, ob sich der Preis stimmig anfühlt. Vermeiden sollten Sie die Frage, ob der Preis »besser oder schlechter« ist. Sie kann irreführend sein, denn einen höheren Preis zu generieren wäre durchaus besser, kann aber dennoch nicht stimmig sein. Bitte achten Sie darauf, immer nur ein Schild aufzudecken, Sie können es auch kurzzeitig mit einem Magneten oder Klebeband fixieren. Dann hängen Sie es wieder ab und decken einen neuen Preis auf. Es ist also für den Klienten immer nur ein Preis sichtbar. Häufig pendelt es sich dann so ein, dass nur noch zwei bis drei Preise zur Diskussion stehen. Decken Sie diese drei wiederum nacheinander einzeln auf und fragen Sie: »Eher dieser Preis? Oder eher der andere?« Lassen Sie den Klienten noch einmal in alle zwei oder drei Preise hineinspüren und eine für ihn stimmige Entscheidung treffen. Anschließend fixieren Sie das Preisschild an dem Kundenprofil.

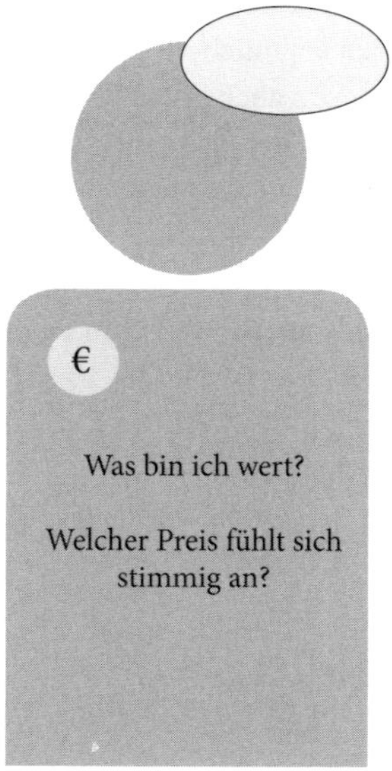

Abbildung 4: Pricing

Durchlaufen Sie den gleichen Preisgestaltungsprozess mit allen weiteren Kunden, die Sie mit dem Klienten definiert haben. Denn jeder Kunde hat seinen für den Klienten stimmigen Preis.

Marktpositionierung – Teil 2: Botschaft nach außen – Elevator Pitch

Laut Wikipedia ist der Elevator Pitch »ein kurzer Überblick einer Idee für eine Dienstleistung oder ein Produkt und bedeutet ›Aufzugspräsentation‹. Die Bezeichnung stammt daher, dass der *Pitch* (das Verkaufsgespräch) in der kurzen Zeit einer Fahrstuhlfahrt (Elevator) durchgeführt werden kann.« Ein wichtiges Thema auch für Selbständige: Wie bringe ich kurz und knackig mein Angebot rüber? In vielen Situationen wie zum Beispiel Auftritten beim Kunden, aber auch Networking-Veranstaltungen soll man auf den Punkt sagen, was man tut, und am besten auch noch, was es dem Kunden nützt. Aber bitte nur in 30 Sekunden! Bei vielen Elevator-Pitch-Reden wird dabei ganz viel Information in die 30 Sekunden gepackt – der emotionale Aspekt der Botschaft aber völlig vergessen. Ich soll mich nicht nur schnell vorstellen – nein, mein Gegenüber soll davon auch etwas behalten. Und sogar dann, wenn sich reihum 20 oder 30 weitere Personen vorgestellt haben. Das gelingt nur, wenn ich Bilder im Kopf des anderen entstehen lasse – ihn emotional anspreche.

Jedoch fällt es Gründern meist schon schwer, überhaupt in wohlgefeilte Worte zu fassen, was sie tun – meist, weil zum einen die innere Klarheit fehlt, zum anderen spielt aber häufig die Unsicherheit, sich selbst verkaufen zu müssen, eine große Rolle. Und dann das Ganze auch noch in aller Kürze – das ist die Kunst.

Nachdem nun innere Klarheit hergestellt wurde, was das Zielgebiet des geschäftlichen Handelns Ihres Klienten ist, soll dieser im nächsten Schritt eine Botschaft nach außen formulieren. In Eigenarbeit dauert es immer einige Zeit, seinen Einstiegssatz in einen Elevator Pitch zu kreieren. Mit Ihrer Hilfe, wird das Ihrem Klienten deutlich leichter fallen. Dabei genügt es, den ersten Satz gemeinsam zu entwickeln, weil dieser erste Satz nämlich die Hürde ist, die man nehmen muss, um selbst zum Thema zu kommen und beim Gegenüber Aufmerksamkeit zu erzeugen.

Der Elevator-Pitch-Satz und das Statement des Kunden fließen anschließend argumentativ in die Marketingunterlagen ein. Es dient ihm aber auch als Argument, neben unzähligen anderen Mitbewerbern in seiner Stadt auf dem Markt zu sein. Um das zu rechtfertigen, benötigt er entgegen mancher Gründerliteratur keine besondere Erfindung oder Innovation in seiner Branche. Vielleicht macht ihn einfach sein Lächeln, der nette Beratungsraum oder die ungewöhnlichen Ideen zu etwas Besonderem. Meine Klientin aus dem folgenden Fallbeispiel sagte zum Beispiel: »Ich bin keine aufgestylte Architektin mit Kostümchen, sondern ich bin einfach die Lea, eine Architektin zum Anfassen, die man sich auch leisten kann.« Das macht sie einzigartig auf dem Markt.

Vorgehensweise

Nehmen Sie eine leere Moderationskarte und bitten Sie Ihren Klienten, einen ersten Satz zu gestalten: »Mein Name ist … und ich schaffe/ich mache/ich kreiere/ich bringe … « (Abb. 5).

Gehen Sie Schritt für Schritt vor. Was ist ein stimmiger Einstieg, eher »schaffen« oder eher »machen«? Was schafft oder macht Ihr Klient? Für wen schafft oder macht Ihr Klient etwas? Hier wird sehr hilfreich sein, was Sie im vorhergehenden Arbeitsschritt mit Ihrem Klienten erarbeitet haben, nämlich: Was sagen Sie Kunden über den Klienten? Was macht aus Sicht der Kunden den Klienten aus? Nun muss der Klient diese Aussagen in eine stimmige Ich-Botschaft umwandeln. Jonglieren Sie so lange mit den Begriffen, bis ein stimmiger Satz herauskommt. Aber geben Sie sich bitte nicht zu schnell zufrieden. Heißt der Elevator Pitch zum Beispiel »Ich baue Häuser« (Architekt), erzeugt dieser weder ein inneres Bild noch eine starke emotionale Botschaft. Schauen Sie sich einfach das folgende Fallbeispiel an, um ein Idee zu bekommen, welche Art von Satz bei dieser Übung herauskommen soll.

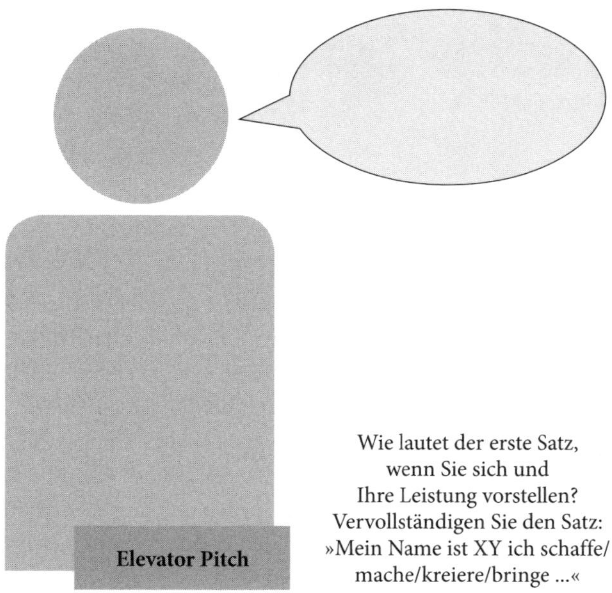

Abbildung 5: Elevator Pitch

Fallbeispiel

Bei einer Klientin, Innenarchitektin mit asiatischer Herkunft, erarbeiteten wir im oben genannten Prozess folgende Positionierung (Abb. 6).

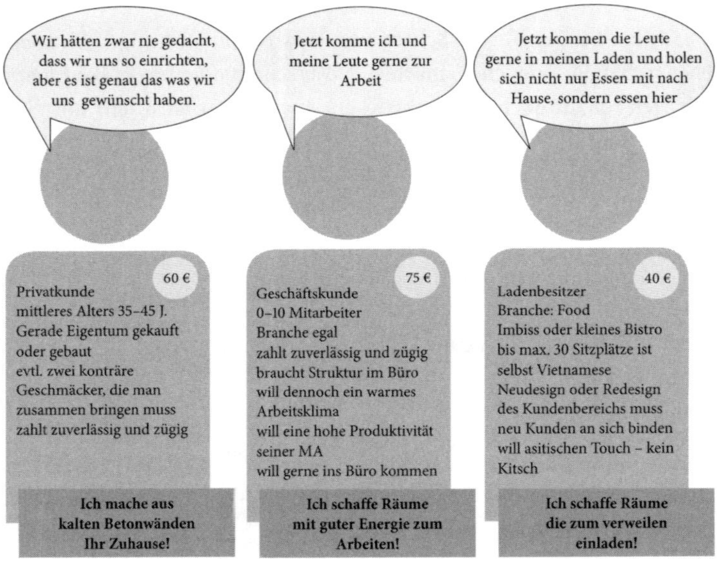

Abbildung 6: Fallbeispiel

Persönliches Fazit

Für mich ist es sehr erfüllend, Gründer über ein ganzes Jahr zu begleiten, ihr Bild einer professionellen Unternehmeridentität zu schärfen, Durststrecken zu überwinden und erste Erfolge zu feiern. Ich selbst habe nie so viel in so kurzer Zeit gelernt wie im ersten Jahr meiner Gründung: über mich, über den Markt, über die Gesellschaft.

Das war äußerst anstrengend, aber das damalige Lehrgeld sind heute die Münzen in meinem Erfahrungsschatz. Mit meinen Klienten an deren Grundlage für langfristigen Erfolg zu arbeiten und ihnen Anregungen zu geben, sich ihren Arbeitsplatz zu kreieren und zu sichern, macht mir an meiner Arbeit besonders viel Freude. Denn ich arbeite immer mit dem Ziel, dass meine Klienten »einen Kopf größer« aus meiner Praxis gehen.

Die Autorin

Kristin Schwemmle (Jg. 1977) ist seit 2006 als selbständiger Karriere- und Familien-Coach in München tätig.
Ihre Arbeitsschwerpunkte liegen in der beruflichen Orientierung, im Coaching in den neuen Job und der Begleitung in der Selbständigkeit. Sie ist akkreditierter Gründercoach der KfW-Bank und absolvierte ihre systemische Ausbildung im Odenwaldinstitut mit Zertifizierung durch die DGSF. Zudem verfügt sie über acht Jahre Berufserfahrung in den Bereichen Marketing PRIVTund Change Management im Siemens-Konzern.
E-Mail-Kontakt:
ks@beratung-ohne-ratschlag.de
Homepage: www.beratung-ohne-ratschlag.de

Doris Schaaf

Konflikte im System?

Konfliktklärung mit systemischen Konzepten im Einzel- und Teamsetting

Warum ist mir der Beitrag wichtig?

Wo Menschen zusammenkommen, da »menschelt« es – eine alte Volksweisheit, die man in zweck- und zielgebundenen Organisationen immer wieder hautnah erleben kann. Die Mitglieder eines Teams wählen sich ihre Kollegen in der Regel nicht selbst aus. Sie werden »erwählt« und sollen nun, im Sinne eines größeren Ganzen, effektiv zusammenarbeiten; im Sinne von Effizienz möglichst störungsfrei, versteht sich. Leichter gesagt als getan. Allein schon die Gestaltung der Kommunikation ist ein potenzielles Minenfeld ohne Ende. Gesagt ist nicht gehört, gehört ist nicht verstanden und verstanden ist nicht gemeint. Das Ganze gewürzt mit unterschiedlichen Persönlichkeitstypen, Wertesystemen, Kulturen und Sozialisierungen. Ein unerschöpfliches Reservoir für Missverständnisse und Konflikte.

Konflikte in Organisationen sind normal. Sie gehören zum Betriebsalltag dazu und zeigen auf, wo Störungen im System sind, die einer »Wartung«, einer klärenden Intervention bedürfen. Aber Konflikte sind auch heikel. Das Delikate daran ist, dass es sich bei den Konfliktbeteiligten um komplexe Systeme mit Hirn, Herz und Bauch handelt, die im Sinne der Autopoiese sich und ihr Handeln selbst organisieren und daher nur bedingt berechenbar sind.

Verständlich deshalb die häufig anzutreffende Angst, sich mit Konflikten bzw. den dabei beteiligten Menschen auseinanderzusetzen. Aber je länger ein Konflikt besteht, umso schwerer ist es, ihn zu klären und zu bereinigen. Die Komplexität der direkt und indirekt Beteiligten, der zeitlichen und inhaltlichen Bezüge ist irgendwann nicht mehr konstruktiv (und zeitökonomisch) aufzulösen. Die Kosten und Folgekosten für alle Beteiligten und Betroffenen sind immens. Genauso groß ist das ökonomische Potenzial einer Organisation, die sich offen, routinemäßig und zeitnah um die Klärung von Konflikten kümmert.

Gerade in der Konfliktklärung ist der systemische Ansatz äußerst hilfreich, sowohl für das Klientensystem als auch für den Berater. Die *systemische Perspektive*[1] beleuchtet die Wechselwirkung der Spieler und der Veränderungen innerhalb eines Systems. Sie bietet Spielraum, sich mit *Wirklichkeitskonstruktionen* und *-gewohnheiten* auseinanderzusetzen, und begünstigt *Systemlösungen* durch gleichzeitige *Personen- und Systemqualifizierung*.

Den am Konflikt beteiligten Personen helfen systemische Methoden und Instrumente, aus dem hormonellen Nebel der den Blick trübenden Emotionen herauszutreten. Denn die in einer Konfliktsituation meist massiv beteiligten Emotionen lösen im Körper eine Stresssituation aus (mit Ausschüttung von Stresshormonen), die häufig einen rationalen Zugang auf der Sachebene erschwert. Systemische Methoden unterstützen dabei, Abstand zu nehmen, innerlich auf Distanz zu gehen, um einen besseren Überblick und Einblick zur Situation zu gewinnen.

Dem Coach/Berater helfen systemische Methoden in der Konfliktklärung die erforderliche *professionelle Distanz* zu wahren.

Zwei Beispiele aus der Praxis – Gemeinsamkeiten und Unterschiede in der Bearbeitung

Für die Klärung von Konflikten sind unterschiedliche Settings möglich. Ob mit den unmittelbar am Konflikt beteiligten Personen gemeinsam im Team gearbeitet wird oder alternativ/ergänzend mit einzelnen Personen, entscheidet sich nach der Situationsanalyse und Auftragsklärung mit dem Auftraggeber. Die gewählte Form sollte sich immer eng an den Zielen ausrichten und im laufenden Prozess flexibel angepasst werden. Das heißt, der Berater folgt in seiner Steuerung einer *fließenden Orientierung*.

1 Begriffe, die sich auf systemische Konzepte beziehen, sind im nachfolgenden Text kursiv gedruckt.

Die beiden nachfolgenden Beispiele beschreiben zwei unterschiedliche Settings der Konfliktklärung aus der Praxis der Autorin:

- Fall 1 – Konfliktbearbeitung im Einzelcoaching
- Fall 2 – Konfliktklärung im Zweier-Setting

Der Prozess und die verwendeten Methoden im Fall des Einzelcoachings werden ausführlicher beschrieben. Der Fokus dieser Arbeit lag auf dem Ziel der persönlichen Weiterentwicklung und es gab mehr Raum und Zeit zum Explorieren.

Das Zweier-Setting hatte aufgrund der Vorgaben des Auftraggebers zeitlich einen wesentlich engeren Rahmen. Das Fallbeispiel zeigt, welche Gemeinsamkeiten es in der Rahmengestaltung im Vergleich zum Einzelcoaching gab, und es beschreibt ausführlicher eine Intervention, die in diesem Setting einen Wendepunkt bewirkte.

Fall 1 – das Einzelcoaching

Ausgangslage/Situation/Beteiligte/Betroffene

Die Klientin ist Mitarbeiterin eines global tätigen Wirtschaftsunternehmens und dort seit ca. zwei Jahren als interne Beraterin beschäftigt. Sie möchte den nächsten Karriereschritt gehen und hat dafür ein hausinternes Assessment Center (AC) durchlaufen. Aufgrund der Empfehlungen, die ihr im Rahmen des AC zu ihrer persönlichen Entwicklung gemacht wurden, wünscht sich die Klientin ein Einzelcoaching. Das Unternehmen unterstützt diesen Wunsch.

In einem unverbindlichen Erstgespräch teilt die Klientin mit, dass sie sich mit den beiden Punkten Konflikt- und Kritikfähigkeit auseinandersetzen möchte, die ihr im AC als Entwicklungsthemen benannt wurden. Diese Einschätzung teile im Übrigen auch ihr Vorgesetzter. Sie sei eben ein »Macher-Typ« (und wo gehobelt wird, da fallen Späne).

Anfrage und Auftragsklärung im Trialog/Kontrakt Teil 1

In einem Dreiergespräch (Trialog) mit Klientin, Coach und dem Vorgesetzten werden die Erwartungen des Vorgesetzten bezüglich erwünschter/unerwünschter Verhaltensweisen der Klientin insbesondere in Konfliktsituationen geklärt. Hilfreich erweist sich bei diesem Gespräch der Einsatz *systemischer Fragen* wie:

- Woran würden Sie im Alltag erkennen, dass die Klientin besser mit Konfliktsituationen umgeht?
- Welche Resonanz würden Sie eventuell aus der Organisation erhalten?
- Wer würde Sie gegebenenfalls konkret darauf ansprechen? Wer würde sich dabei auf welche Beispiele beziehen?
- Von wem würden Sie nichts mehr hören?

Außerdem wird besprochen, in welcher Form der Vorgesetzte in den Entwicklungsprozess eingebunden werden möchte und wie er einen erfolgreichen Coaching-Prozess aus Sicht der Klientin und aus Sicht des Coachs unterstützen kann. Die getroffenen Vereinbarungen decken die Ebenen (1) und (2) des sogenannten *Dreiecksvertrags* ab

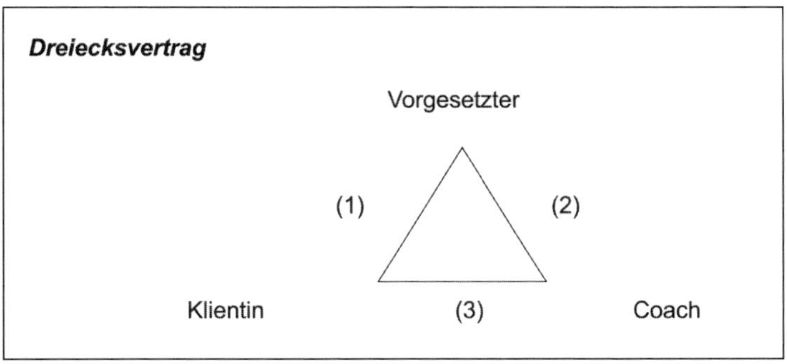

Abbildung 1: Dreiecksvertrag

Der *Dreiecksvertrag* (nach Fanita English) beschreibt die Beziehungen zwischen dem Auftraggeber, dem Klienten und dem Coach. Im Rahmen dieser Vereinbarung wird geklärt, welche Erwartungen und Ziele der Auftraggeber an die Entwicklung bzw. die Verhaltensänderungen des Klienten hat und woran er den Erfolg der Maßnahme erkennen kann. Es sollte auch besprochen werden, wie der Auftraggeber den Prozess »von außen« unterstützen kann. Zwischen Klient und Coach werden die Coaching-Ziele und die Art der Zusammenarbeit geklärt und vereinbart.

Einstieg und Auftragsklärung/Kontrakt Teil 2

Nachdem im Trialog die äußeren Erwartungen an den Coaching-Prozess und dessen Anbindung an die Organisation geklärt sind, folgt ein bilaterales Gespräch zwischen Klientin und Coach. Hier formuliert die Klientin ausführlich ihre Ziele, die sie mit Hilfe des Coachings erreichen möchte. Als Orientierungsrahmen für die Ortsbegehung der relevanten Bühnen dient das *Drei-Welten-Modell der Persönlichkeit*. Klientin und Coach klären anhand der drei Perspektiven des Modells u. a. folgende Fragen:

- Wo empfindet die Klientin Druck oder den Wunsch nach Veränderung aus Sicht der Organisation, im Rahmen ihrer professionellen Rolle als Beraterin/Führungskraft und aus ihrer Sicht als Privatperson?
- Woran wären für die Klientin in diesen drei Welten erste Erfolge erkennbar?

Da in Haltung und Ausstrahlung der Klientin eine starke Anspannung spürbar ist, ergänzt der Coach, orientiert am *Kopf-Herz-Bauch-Modell*, zusätzlich die somatischen Merkmale, an denen eine Veränderung erkennbar wäre über Fragen wie diese:

- Was sagt Ihr Kopf dazu, sind das die passenden Themen/richtigen Ziele?
- Woran würde Ihr Körper es merken, dass es Ihnen besser gelingt, mit solchen Situationen umzugehen? (Last auf der Schulter wäre weniger, Magenschmerzen wären weg, ...)
- Welches Gefühl wäre stattdessen da? Wo genau würden Sie es spüren, wenn es richtig gut liefe? (Brust wäre weit, Stirn wäre frei und kühl, ...)

Durch den Einbezug der körperlichen Gefühle und Reaktionen sowohl hinsichtlich der angestrebten Veränderungen als auch des als problematisch erlebten Verhaltens sensibilisiert die Klientin ihre Antennen für das Frühwarnsystem ihres Körpers (die *somatischen Marker)* und löst sich aus der bisher rein analytischen Vorgehensweise zur Lösung der Konflikte.

Aus den nun formulierten Entwicklungszielen ergeben sich die ersten Arbeitsthemen. Zur Vervollständigung des Kontrakts werden die geplante Arbeitsweise und die gegenseitigen Erwartungen besprochen. Damit ist auch der 2. Teil des Kontrakts vereinbart (im *Dreiecksvertrag* die Ebene 3: Klient ↔ Coach).

Ausgewählte Themen und deren Bearbeitung

Die Klientin bringt gleich zur ersten Sitzung ein akutes Thema ein: Ihr wurde kurzfristig die Steuerung eines kritischen Großprojektes übertragen. Sie benutzt dafür die Metapher »Riesentanker«. Ihr Vorgänger sei bei dem Projekt »abgesoffen«. Sie fühle sich überfordert und fürchte, dem Druck aus der Organisation nicht gewachsen zu sein und deshalb überzureagieren. Da die Klientin von Erfolgen aus ihrer früheren Tätigkeit berichtet hatte, hilft ihr hier der *ressourcenorientierte Ansatz* mit Einbindung *metaphorischer Bilder* weiter. Beispielhafte systemische Fragen:

- Wo waren Sie früher schon in schwierigen Gewässern unterwegs? Welche Situationen gab es, die Sie als Kapitän erfolgreich gemeistert haben?
- Worauf achteten Sie damals in Ihrer Steuerung (kompetente Mannschaft zusammenstellen, Kurs klären und kommunizieren, ...)?
- Was davon ist übertragbar auf die Steuerung Ihres Tankers?

Für die Klientin ergibt sich aus diesen Bildern ein erfolgreiches Rollenmodell, an dem sie sich in ihrer weiteren Selbststeuerung orientieren kann. Der Glaube an die Selbstwirksamkeit wird zusätzlich gestärkt durch die visualisierte und gefühlte Erinnerung an eine besonders erfolgreich gemeisterte Situation *(moment of excellence)*. Hilfreiche Fragen dazu:

- Wenn Sie sich zurückerinnern an einen besonders erfolgreichen Moment, wo Sie sich richtig »top« fühlten, welches Bild haben Sie dabei vor Augen?
- Wie war in diesem Moment Ihre Haltung/Blick/Gefühl? (alle Sinne ansprechen).
- Spüren Sie diesem Gefühl jetzt nochmals genau nach ...

In den nachfolgenden Sitzungen, die sich über einen längeren Zeitraum erstreckten, halfen der Klientin insbesondere häufige Perspektivenwechsel, die teilweise *symbiotische Beziehung* zu ihrem Vorgesetzten zu erkennen und aufzulösen. Besonders unterstützend für ein *Reframing* der Beziehung war dabei der Einsatz des auf C. G. Jung aufbauenden Persönlichkeitsmodells MBTI® (Myers-Briggs-Typen-Indikator). Auch der Blick auf *Wirklichkeitskonstruktionen und -gewohnheiten* halfen in der gemeinsamen Arbeit weiter (»Mein Blick auf die Welt ändert die Welt«). Da die Beschreibung der praktischen Anwendung all dieser Konzepte den hier verfügbaren Rahmen sprengen würde, wird exemplarisch eine Methode ausführlicher beschrieben, die für die Klientin den größten Erkenntnisgewinn brachte.

Ressourcenorientiertes Arbeiten (nach Steve de Shazer): Im ressourcenorientierten Arbeiten sucht man nach Bereichen, in denen der Klient bereits erfolgreich ist oder in der Vergangenheit erfolgreich war. Dadurch werden vorhandene Fähigkeiten und Potenziale bewusst und können für die Zukunft nutzbar gemacht werden (utilisieren).

Moment of excellence (nach Milton Erickson und NLP): Durch das kognitive und emotionale »Nacherleben mit allen Sinnen« einer als erfolgreich erlebten Situation (moment of excellence) kann diese im Bewusstsein des Körpers »verankert« und autosuggestiv zur Stärkung vor einer schwierigen Situation utilisiert werden.

Kritische Phasen und Wendepunkte im Prozess

Die Hochstimmung der Klientin, nun souveräner mit Krisen und Konflikten umgehen zu können, kippt jäh, ausgelöst durch eine heftige Konflikteskalation mit einem Kollegen. Sie beschreibt sich selbst als »innerlich zerrissen« und »hilflos im Umgang mit ihrer intensiven Wut« und sucht nach einem besseren Konzept zur Selbststeuerung, wenn »die Wut sie übermannt«.

Klientin und Coach wechseln die »Arbeitsbühnen« und kommen vom äußeren zum inneren System der Klientin. Der Coach wählt für diese Arbeit das *Seitenmodell* und erläutert der Klientin das Modell und welchen Nutzen dessen Einsatz in der aktuellen Situation leisten kann.

Geleitet durch die Fragen des Coachs beschreibt die Klientin am Beispiel eines »frischen« Konflikts, welche verschiedenen *Seiten* ihrer Persönlichkeit in Situationen wie dieser in ihr »anspringen«. Die Klientin externalisiert die als problematisch empfundene Seite als Bild in den Raum und beschreibt möglichst detailliert, wie diese Seite aussieht nach Größe, Ausdruck, Gestalt (wenn sie eine Person oder ein Wesen wäre), woran sie merkt, dass die Seite »kommt« (Körpergefühl), von wo sie auftaucht, welche Position sie dabei innehat, was sie spricht etc.

Da sich in solchen Konfliktsituationen bei der Klientin gleich mehrere Seiten melden und sich zwischen diesen ein innerer Dialog abspielt, werden auch die anderen Seiten auf die gleiche Weise beschrieben. Alle Seiten werden gewürdigt, sowohl was deren einschränkende/unerwünschte Wirkung in der Konfliktsituation anbelangt als auch die positive Kraft, die in ihnen steckt.

Im nächsten Schritt dieser Arbeit überlegt sich die Klientin, welches Setting/welche Anordnung sie als Dirigentin der einzelnen Seiten vornehmen würde, damit sie die positive Kraft aller Seiten in einer kritischen Situation steuern könnte. Diese *Imaginierung* von *inneren Bildern* mit Hilfe des Seitenmodells endet mit einem positiv besetzten Szenenbild, das die Klientin in ihrer Vorstellung verankert.

Die Klientin nimmt aus dieser Arbeit sehr kraftvolle innere Bilder mit in den Alltag und experimentiert mit diesen Vorstellungen in verschiedenen Konfliktsituationen. Dabei entdeckt sie selbständig ein weiteres inneres Bild, das ihr in kritischen Situationen zu mehr Gelassenheit verhelfen kann.

Das *Seitenmodell* (nach Gunther Schmidt): Unter der Arbeit mit inneren Seiten ist eine Dissoziationstechnik zu verstehen, die es der Klientin erlaubt, eine Situation so zu verstehen, dass nicht immer die ganze Person vom Problem betroffen ist und sich damit als Ganzes mit dem Problem identifiziert, sondern dass eine Seite von ihr sich vorübergehend mit dem Problem identifiziert (nicht »ich« bin so, sondern »ein Teil« von mir glaubt, so sein zu müssen).

Das Modell geht davon aus, dass der Mensch aus Teilpersönlichkeiten oder verschiedenen Seiten besteht, die sich bewusst als auch unbewusst und unwillkürlich melden und somit unser Denken und Handeln beeinflussen. Insbesondere bei Konfliktsituationen ist es daher hilfreich, darauf zu schauen, welche Seiten (in mir) auftauchen, und mit diesen in einen inneren Dialog zu gehen.

Diese Form der Arbeit findet sich in verschiedenen Modellen wieder: so im »Inneren Parlament« (Helm Stierlin und Gunther Schmidt), dem »Inneren Team« (Friedemann Schulz von Thun) oder der »Inneren Familie« (Richard Schwartz).

Ergebnisse und Ausschau/Perspektiven

Für die eher rational geprägte Klientin haben insbesondere die starken inneren Bilder aus der Arbeit mit dem Seitenmodell die entscheidende Wende im Umgang mit kritischen Situationen bewirkt und zu insgesamt mehr Gelassenheit geführt.

In einem den Coaching-Prozess abschließenden Trialog mit dem Vorgesetzten bestätigte dieser, dass die zunehmende Gelassenheit der Klientin auch für ihn sichtbar sei, dass es aus der Organisation kein negatives Feedback mehr gegeben und die Klientin das Großprojekt trotz einiger erheblicher Klippen erfolgreich abgewickelt habe. Um die Nachhaltigkeit der erzielten Veränderungen zu unterstützen, vereinbaren die Klientin und der Vorgesetzte regelmäßige Feedback-Schleifen mit speziellem Blick auf den »gelassenen Umgang mit kritischen Situationen«.

Fall 2 – das Zweier-Setting

Ausgangslage/Situation/Beteiligte/Betroffene

Die beiden Klienten (nachfolgend auch »Konfliktpartner« genannt) arbeiten seit acht Jahren bei einem großen Servicedienstleister zusammen. »Er« ist »ihr« Vorgesetzter. Die Konflikte zwischen den beiden begannen bereits ein halbes Jahr später. In der Organisation wurden immer mal wieder Gespräche mit beiden oder einzeln geführt, aber ohne nachhaltigen Erfolg. Jetzt gab es erneut eine offene Eskalation zwischen ihnen, die den Ruf der Organisation nach außen nachhaltig beschädigen könnte. Die Bordmittel reichen nicht zur Lösung, eine externe Moderation/Mediation wird nun für erforderlich gehalten.

Anfrage und Auftragsklärung/Kontrakt Teil 1

In einem ersten Gespräch mit der Personalleitung der Organisation klärt die Beraterin Fragen wie diese:

- Worum geht es bei dem Konflikt ganz grob?
- Wer sind die Beteiligten? Welche Rollen haben sie?
- Welche weiteren Betroffenen gibt es? Wie ist ihre Rolle in dem Konflikt?
- Was ist bisher geschehen? Wie ist der aktuelle Stand/der Eskalationsgrad?
- Was ist bisher zur Lösung unternommen worden? Mit welchem Ergebnis?
- Was ist der Anlass für diese Anfrage?
- Welche Erwartungen gibt es an die Konfliktklärung? Was sollte dabei herauskommen, was darf auf keinen Fall passieren?
- Was passiert, wenn es zu keiner Lösung kommt?
- Was wissen die Beteiligten von der Anfrage und was halten sie davon?
- Welche Rahmenbedingungen sind zu beachten?

In einem weiteren Gespräch wird die Sicht des nächsthöheren Vorgesetzten zu den gleichen Fragen ergänzt. Die erste Vereinbarung zwischen Auftraggeber und Beraterin sieht folgende Schritte vor:

1. Die Beraterin führt eine erste Konfliktklärung mit den beiden Konfliktpartnern durch. In dieser Sitzung klärt die Beraterin mit den Konfliktparteien die Konfliktthemen und die Bereitschaft beider Parteien, an einer Lösung der Situation mitzuwirken.
2. Die Beraterin gibt dem Auftraggeber eine Empfehlung zum weiteren Vorgehen.
3. Auftraggeber und Beraterin treffen eine Vereinbarung zu den nächsten Maßnahmen.

Diese Vereinbarung wird im Anschluss an die erste Konfliktklärung erweitert und sieht dann die Durchführung von zwei bis vier weiteren Sitzungen mit den beiden Konfliktparteien vor (siehe: Kontrakt Teil 2).

Einstieg und Auftragsklärung/Kontrakt Teil 2

In der ersten gemeinsamen Sitzung informiert die Beraterin die beiden Konfliktpartner über ihren Auftrag (Kontrakt Teil 1), ihre Rolle als Konfliktklärer, die ihr vorliegenden Informationen über die Konfliktsituation und das Ziel der ersten Sitzung sowie das geplante weitere Vorgehen. Außerdem klärt sie Vorbehalte und Bedenken der Konfliktparteien und deren Bereitschaft zur gemeinsamen Arbeit. Die Beraterin vermittelt den beiden Parteien, dass sie gegenüber *beiden* eine neutrale Haltung hat, interessiert ist, das Thema zu verstehen, und wertschätzend gegenüber den Menschen vorgehen wird.

Zur Sensibilisierung für die Relevanz des Themas erläutert die Beraterin das Modell der *Eskalationsstufen* (nach Glasl; Abb. 2) und lässt die Konfliktpartner einschätzen, wo sie sich auf dieser Skala »gefühlt« befinden (Selbstbild: Stufe 3 oder 4), und fragt nach konkreten (Konflikt-)Beispielen aus dem Alltag. Die Beraterin ergänzt das Selbstbild um die Einschätzung der Organisation, welche sie als Vorabinformation erhalten hat (Fremdbild: Stufe 8 oder 9). Dabei zeigt sich, dass beide Parteien ihren Konflikt und dessen Folgekosten als wesentlich harmloser einschätzen als die Organisation. Außerdem wird an dieser Stelle deutlich, dass die Feedback-Prozesse zwischen der Leitungsebene und den Konfliktparteien nicht optimal laufen.

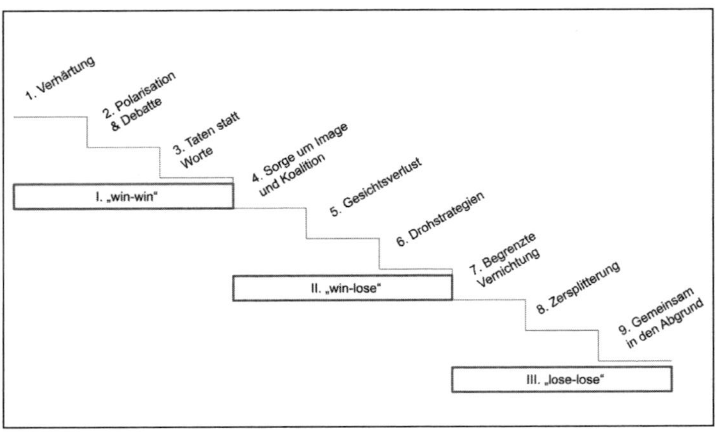

Abbildung 2: Eskalationsstufen nach Glasl

Ausgewählte Themen und deren Bearbeitung

In einem Konflikt, der über viele Jahre kultiviert wurde, ist es nicht leicht, Ursache und Wirkung zu analysieren und die wichtigsten Themen herauszufiltern. Irgendwann scheint »alles mit allem« zusammenzuhängen. Außerdem sind die Konfliktparteien in der Regel emotional stark engagiert. Hier ist es hilfreich, ein Modell zu wählen, mit dem die Konfliktparteien aus einer Metaebene und mit Distanz zu ihren Emotionen auf die Situation schauen können. Das hierarchisch gegliederte Modell (Abb. 3) bot den beiden Konfliktparteien eine gute Orientierungshilfe, um nach den für ihren Konflikt relevanten Themen zu suchen.

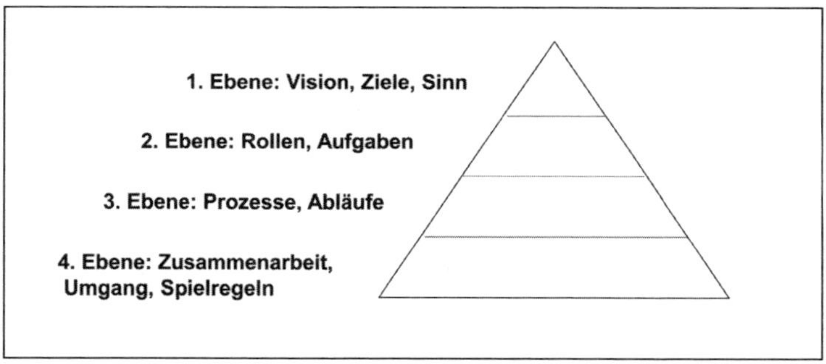

Abbildung 3: Hierarchieebenen in der Konfliktklärung

In der Konfliktklärung mit Teams werden die vier Ebenen des Modells von oben nach unten nacheinander bearbeitet. Jede Stufe wird auf ihr Konfliktpotenzial hin untersucht.

In der ersten Sitzung zur Konfliktklärung mit den beiden Partnern werden analog zu diesem Modell die Konfliktpunkte auf den Ebenen 1 bis 3 besprochen. Dabei zeigt sich, dass die beiden Konfliktparteien (unbewusst) großen Konsens auf der Zielebene haben und sich stark mit den übergeordneten Zielen der Organisation identifizieren. Daher rührt auch die Bereitschaft, »im Sinne der Sache« Konflikte beharrlich und unnachgiebig auszutragen. Starker Dissens besteht im Verständnis ihrer jeweiligen Rolle (Ebene 2). Die Mitarbeiterin sieht sich als eigentliche Leiterin ihres Ressorts. Ihr Vorgesetzter würde ihr nur ständig »reinfunken« und versuchen, sie »rauszudrängen«. Den größten Handlungsbedarf sieht die Beraterin in der Gestaltung der Kommunikation

(Ebene 3: Prozesse), sowohl bilateral (es gibt keine Regelkommunikation, die beiden Parteien sprechen häufig aneinander vorbei etc.) als auch gegenüber Dritten (man spricht viel übereinander).

Die beiden Konfliktpartner vereinbaren erste Maßnahmen zur Klärung der Dissensthemen auf Ebene 2 (durch ein klärendes Gespräch mit der nächsthöheren Leitungsebene) und zur Einführung einer Regelkommunikation mit festen »Spielregeln« (Ebene 3). Beide erklären, dass sie die Konfliktklärung fortsetzen möchten.

Kritische Phasen und Wendepunkte im Prozess

Während des Konfliktklärungsprozesses gibt es eine weitere Eskalation zwischen den beiden Konfliktparteien am Arbeitsplatz, die auch arbeitsrechtliche Maßnahmen nach sich zieht. Anhand dieses konkreten Beispiels wird in der gemeinsamen Arbeit deutlich, welche Themen von beiden als »Minenfelder« empfunden werden. Beiden Konfliktpartnern ist es bisher nicht möglich, diese emotional besetzten Themen an sich und in einer guten Form anzusprechen. Die heiklen Themen werden lieber vermieden (»wir wollen auch nicht in der Vergangenheit rumrühren ...«).

Die sinnstiftende Überschrift über der weiteren gemeinsamen Arbeit lautet nun: *»Es geht um Wahrheit und Klarheit, nicht um Schönheit und Harmonie«* (s. u. Christoph Thomann: Klärungshilfe). Bevor die Konflikte gelöst werden können, müssen beide Seiten die Perspektive des jeweils anderen verstehen. Erst dann können beide wieder in einen Dialog kommen.

Da beide Parteien bisher sowohl unvollständig und unklar bleiben in ihren eigenen Äußerungen (sie sprechen in Andeutungen, Vorwürfen, sind emotional stark berührt), als auch missverständlich für den Empfängerhorizont des jeweils anderen kommunizieren (unterschiedliche Sprachbilder und Metaphern, extrovertierter vs. introvertierter Typ), hilft die Beraterin den beiden Parteien im gegenseitigen Verstehen, indem sie für beide mit Hilfe der Technik des *Doppelns* »übersetzt«.

Die Beraterin fragt dazu erst eine Partei, was sie konkret am Verhalten des anderen stört und was sie sich stattdessen wünscht. Dabei werden sowohl die Bedürfnisse auf der Sachebene als auch auf der Beziehungsebene besprochen. Die Beraterin fasst dann das, was sie verstanden hat, mit ihren Worten zusammen und spricht, als Stellvertreterin, sowohl den sachlichen als auch den (ggf. unausgesprochenen) emotionalen Teil der Botschaft klar gegenüber der anderen Partei aus. Diese antwortet darauf und wird dann auf die gleiche Weise von der Beraterin zuerst befragt und dann *gedoppelt*.

Unterstützt durch die Technik des *Doppelns* gelingt es beiden Seiten zunehmend, den anderen zu verstehen. Die größte Entlastung bringt dabei die Erkenntnis, welches große Potenzial für Missverständnisse bereits in der Unterschiedlichkeit der beiden Persönlichkeiten und der damit einhergehenden stark divergierenden Bedürfnisse liegt.

Doppeln zur Klärungshilfe nach Christoph Thomann:

Eine Standardtechnik der Mediation ist das *Doppeln*. Diese aus dem Psychodrama entlehnte Technik beinhaltet vier Schritte:

1. Der Mediator fragt eine Partei, ob er an ihrer Stelle etwas zur Gegenpartei sagen darf: »Darf ich an Ihrer Stelle einmal etwas zum anderen sagen und Sie erklären dann, ob es stimmt?«
2. Der Mediator drückt in seinen Worten aus, was er glaubt verstanden zu haben, und zwar in der Ich-Form anstelle der entsprechenden Partei: »Ich fühle mich von Ihnen übergangen und nicht wirklich geschätzt.«
3. Der Mediator fragt die Partei, für die er gesprochen hat, ob das so stimmt: »Stimmt das so?« Falls nicht, korrigiert er die Aussage noch einmal, bis der Gedoppelte zustimmt.
4. Wenn der Mediator das Okay der Partei hat, fragt er die Gegenpartei, wie sie darauf reagiert, wo sie jetzt weiß, wie die andere Partei sich fühlt.

Doppeln verlangsamt den Dialog und vertieft ihn. Ausgesprochen wird, was sonst nur zwischen den Zeilen zu spüren ist.

Ergebnisse und Ausschau/Perspektiven

Beide Konfliktpartner sind beim abschließenden Bilanzgespräch zufrieden mit den Ergebnissen, die sie im bilateralen Umgang miteinander erzielt haben, und auch mit dem Ablauf des Klärungsprozesses.

Konfliktpotenzial sieht einer der beiden Partner nach wie vor in der aus seiner Sicht suboptimalen Struktur der Organisation.

Einer der beiden Konfliktpartner schließt an die Arbeit im Zweier-Setting noch ein Individualcoaching an (Thema: Besserer Umgang mit den eigenen Emotionen).

Im Abschlussgespräch klärt die Beraterin mit den Auftraggebern, welche Veränderungen diese bisher beobachtet haben, und empfiehlt Maßnahmen, mit denen die Nachhaltigkeit der Verbesserungen im Umgang mit Konflikten unterstützt werden kann. Hier trägt insbesondere die nächsthöhere Vorgesetzte eine besondere Verantwortung (Themen: Klarheit von Rollen und Aufgaben, Feedback-Prozesse etc.).

Fazit zum Einsatz systemischer Methoden in der Konfliktklärung

Haltung und Professionalität des Beraters

Menschen, die sich in akuten Konfliktsituationen befinden, sind in der Regel emotional stark engagiert und leicht verletzbar. Der Einsatz systemischer Methoden in der Beratung ist in solchen Situationen besonders hilfreich. Sie können dem Klienten helfen, seinen Blickwinkel zu erweitern, auf eine Metaebene zu gehen und sich von der belastenden Situation insbesondere emotional zu dissoziieren.

Allerdings sind auch die Anforderungen an einen Berater in der Konfliktklärung besonders hoch. Der Berater sollte daher über eine profunde Methodenkompetenz verfügen, um situativ passende Instrumente spontan wählen und einsetzen zu können. Dazu gehört unbedingt Erfahrung in der Arbeit mit inneren Bildern.

Zur professionellen Haltung eines Beraters in Konfliktsituationen zählt auch die eigene Begleitung in Supervision oder Intervisionsgruppen, um das eigene Steuerungsverhalten und Rückkopplungsprozesse sowie eigene emotionale Verstrickungen reflektieren zu können.

Einbindung der Organisation

Konflikte sind nach meiner Einschätzung per se in hohem Maße systemisch. Sie verursachen eine starke Wechselwirkung zwischen Menschen und den sie umgebenden Systemen oder werden durch diese ausgelöst. Daher reicht es nicht, nur mit den direkt beteiligten Menschen zu arbeiten. Für eine erfolgreiche Intervention ist es wichtig, auch die mittelbar Betroffenen und Beteiligten in die Konfliktklärung einzubinden. Dies geschieht beim Start durch die Auftragsklärung und zum Abschluss des Beratungsprozesses durch ein Bilanzgespräch mit Empfehlungen zur Sicherung der Nachhaltigkeit von eingeleiteten Veränderungen. In der Praxis neigen Organisationen und deren Vertreter häufig dazu, nach einer erfolgversprechenden Konfliktklärung zu schnell wieder zum »business as usual« zurückzukehren. Oder es wird von Anfang an zu wenig Zeit für den Veränderungsprozess zugestanden. In diesem Fall steigt das Risiko, in alte Muster zurückzufallen, da sich initiierte Verhaltensänderungen nicht genügend mit Hilfe neuer (Erfahrungs-)Bilder verankern können.

Literatur

English, F. (1981). Transaktionsanalyse. Gefühle und Ersatzgefühle in Beziehungen (2. Auflage). Hamburg: ISKO-Press.

Hüther, G. (2004). Die Macht der inneren Bilder. Wie Visionen das Gehirn, den Menschen und die Welt verändern. Göttingen: Vandenhoeck & Ruprecht.

Goleman, D. (1996). Emotionale Intelligenz. München: Hanser.

Glasl, F. (2009). Konfliktmanagement: Ein Handbuch für Führungskräfte, Beraterinnen und Berater (9. Auflage). Bern: Haupt.

Schmid, B. (2003). Systemische Professionalität und Transaktionsanalyse. Köln: EHP-Verlag

Schmidt, G. (2004). Die Integration von hypnotherapeutischen Ansätzen in systemische Konzepte (DVD, Auditorium).

Schulz von Thun, F. (1998), Miteinander reden 3: Das »Innere Team« und situationsgerechte Kommunikation. Reinbek: Rowohlt.

Schwartz, R. (1997). Systemische Therapie mit der inneren Familie. München: Pfeiffer.

Stierlin, H. (2003), Die Demokratisierung der Psychotherapie. Anstöße und Herausforderungen. Heidelberg: Carl-Auer-Systeme.

Thomann, C. (2004). Klärungshilfe 2 – Konflikte im Beruf: Methoden und Modelle klärender Gespräche. Reinbek: Rowohlt.

Die Autorin

Doris Schaaf (Jg. 1959) ist seit 2007 selbständig als Coach und Beraterin für Führungskräfte. In ihrer Arbeit als Coach greift sie auf fast zwei Jahrzehnte Berufserfahrung in nationalen und internationalen Unternehmen zurück, die meiste Zeit davon in Leitungsfunktionen. Im Einzelcoaching unterstützt sie überwiegend Führungskräfte aus Großkonzernen und mittelständischen Unternehmen darin, einen klaren Blick für das Wesentliche in ihrem Tun zu gewinnen und die eigenen Kraftressourcen zu stärken. Im Teamcoaching arbeitet sie mit Teams in Konflikten oder nach größeren Veränderungen daran, wieder eine gute Basis für eine erfolgreiche Zusammenarbeit zu schaffen.
Doris Schaaf ist Master am Institut für Systemische Beratung und Lehrbeauftragte am Lehrstuhl für Arbeits- und Organisationspsychologie der Universität Mannheim.
E-Mail-Kontakt:
info@schaaf-managementcoaching.de
Homepage:
www.schaaf-managementcoaching.de

Silvia Specht

Mut zur Intuition

Coaching und Beratung von Top-Executives
mit »unüblichen« Methoden

Gebrauchsanweisung an die Leser

Diesen Beitrag verstehe ich als persönlichen Erfahrungsbericht. Seit gut zehn Jahren bin ich als Organisationsberaterin und Coach tätig – vor etwa fünf Jahren habe ich begonnen, in der Beratung[1] von Top-Führungskräften und Entscheidern mit »unüblichen« – zumindest für diese Klientel unübliche – Methoden zu arbeiten. Anfänglich waren das in erster Linie aus der Hypnotherapie nach Milton Erickson entliehene Kurzinterventionen; im Lauf der letzten Jahre habe ich mein Repertoire an »unüblichen Beratungsmethoden« wesentlich erweitert, verfeinert, professionalisiert.

Über die in diesem Kontext gemachten Erfahrungen möchte ich hier berichten:

- Zum einen geht es mir darum, meine Erfahrungen zu teilen – mit Kollegen, mit an der Beratung im Allgemeinen und am Coaching im Besonderen interessierten Personen und natürlich auch mit Führungskräften und allen anderen Menschen, denen dieses Buch zufällt;
- zum anderen ist es mir ein Anliegen, realistische Vorstellungen darüber zu verbreiten, wie Coaching sein kann, und das Image dieser wunderbar wirkungsvollen Beratungsform positiv zu beeinflussen.

---

1 Im gegebenen Kontext verwende ich die Begriffe »Beratung« und »Coaching« analog, denn die beschriebenen Interventionsformen finden sowohl im klassischen Einzelcoaching, in sporadischen (Einzel-)Beratungsgesprächen als auch in Beratungen mit mehreren Personen (z. B. Vorstandsteam) Anwendung.

Denn obwohl Coaching mittlerweile »salonfähig« geworden und im beruflichen Kontext mehr oder weniger in jedermanns Munde ist, scheint mir doch nach wie vor eine große Verunsicherung zu herrschen darüber, »was Coaching wirklich ist«, »was da eigentlich genau passiert«, ...;

- und schließlich würde es mich ganz besonders freuen, wenn es mir mit diesem Beitrag gelänge, meine Kollegen zu ermutigen, sich gerade in der Arbeit mit sogenannten Top-Führungskräften und Entscheidern auf das Abenteuer Intuition einzulassen.

Die berichteten Erfahrungen sind subjektiv und geprägt von meiner Begeisterung für diese Arbeitsform.

Selbstverständlich sind alle Fallbeispiele so anonymisiert und verfremdet, dass ein Rückschluss auf Auftraggeber und/oder Coachee auf dieser Grundlage nicht gelingen dürfte. Die beschriebenen Ausschnitte aus Beratungs- und Coaching-Arbeit – Interaktionen, Ereignisse und Prozesse, persönliche Erfahrungen, ausgesprochene Gedanken und Gefühle – sind jedoch ganz real und de facto so von mir im Kontext der Beratungsarbeit erlebt.

Die Top-Führungskräfte

Wer sind die sogenannten »Top-Executives«, mit denen ich in der Beratung arbeite? Was diese Klientel miteinander verbindet, ist, dass sie in ihrer jeweiligen Organisation entweder im sogenannten Top-Management oder in der »ersten Linie« agieren. Sie gehören also zu den Entscheidern in ihrem System bzw. sie beeinflussen durch ihr Handeln maßgeblich das Geschick der Organisation oder eines ihrer existenziellen Teilbereiche (was meistens, aber durchaus nicht immer mit einer Position an der Spitze der Systemhierarchie einhergeht).

Bei den Organisationen handelt es sich um privatwirtschaftliche Unternehmungen (Klein- und mittelständische Unternehmen, Konzerne mittlerer Größenordnung), Bildungs- und Forschungsinstitutionen, städtische Verwaltungen und Ministerien sowie teilstaatliche Unternehmen und Non-Profit-Organisationen. Die Organisationen stammen aus den unterschiedlichsten Branchen (Finanzdienstleistung,

Hoch- und Tiefbau, Lebensmittelindustrie, Chemie- und Metallproduktion, Gesundheitsversorgung, Landwirtschaft, IT u. a.).

»Top-Management«. Ich finde, dass allein schon diese Bezeichnung etwas gewissermaßen Einschüchterndes hat. Eine solche Titulierung hat auf die meisten Menschen eine Distanz schaffende, sich vom Rest abhebende, Respekt, ja Furcht einflößende Wirkung. In weiten Teilen unserer Gesellschaft wird es als besonderes Privileg dargestellt, »mit der obersten Führung« gesprochen, »mit dem Top-Management« in Kontakt gewesen, »vom Vorstand« gebeten worden zu sein. Je hierarchiebetonter die Organisation und je höher der Status innerhalb dieser Hierarchie, umso stärker ausgeprägt scheint mir dieser übergroße Respekt gegenüber allem, was »von oben« kommt.

Dieses Phänomen hat eine zweifache Wirkung: Zum einen verringert es die Wahrscheinlichkeit, dass Top-Führungskräfte offene und ehrliche Rückmeldung von ihren Führungsteams und Mitarbeitern bekommen. Zum anderen wirkt es abwertend – und zwar den Top-Führungskräften selbst gegenüber. Denn durch die künstliche Distanz und das überzogene Image, die eine solche Statusmacht mit sich bringt, wird es den Führungskräften zunehmend erschwert, mit ihrem Bezugssystem in Dialog, in Austausch zu treten.

Die Entscheider, die ich im Rahmen von Beratungs- oder Coaching-Aufträgen kennengelernt habe, litten – zwar in unterschiedlichem Ausmaß, aber letztendlich doch alle – unter dieser Wirkung ihrer Position. Sie fühlten sich einsam und hatten die Wahrnehmung, dass sie sich nicht einmal im Kreis ihrer engsten Vertrauten uneingeschränkt, »wirklich offen« austauschen konnten über ihnen Wesentliches. Ihnen mangelte es an Rückmeldung, an Spiegelung, am Gegenüber. Sie alle wollten in erster Linie jemanden, der ihnen *auf Augenhöhe zuhört,* jemanden, der *auf Augenhöhe hinhört.*

Kein Hexenwerk – »unübliche« Methoden und Werkzeuge

Um welche Interventionsformen handelt es sich konkret? Welche Methoden, Übungen, Designs kommen in diesem Rahmen zur Anwendung?

Hier eine beispielhafte Auflistung:

- Hypothesen über die Problemdefinition bilden und damit implizite und explizite Annahmen über das Problem verbal zum Ausdruck bringen;
- Arbeit mit Symbolen, mit sinnlich Fassbarem (z. B. Übung »Etwas«, Königswieser u. Exner, 1998, S. 176);
- Bildung von Analogien und Metaphern, Arbeit mit geleiteten Visionen/Phantasien/Bildern (z. B. »Theatermetapher«, Schmid u. Messmer, 2005, S. 151);
- Arbeit mit (gemalten, gezeichneten) Bildern unter möglichst weitgehendem Verzicht auf Sprache (im Sinne von Verbalisierung);
- hypnotherapeutische Kurzinterventionen (z. B. hypnotische Induktion zur Tiefenentspannung, Geary u. Zeig, 2001, S. 18);
- Intuition als Instrument: Resonanz geben (durch Spiegelungen, Assoziationen, ohne Worte) (Schmid, Hipp u. Caspari, 1999);
- Aufstellungen (De Philipp, 2006).

Auf einer tiefer liegenden Ebene gibt es ein für mich ganz wesentliches Werkzeug, eher eine Herangehensweise, ohne die ich mir Beratungsarbeit gar nicht mehr vorstellen kann – und das ist meine eigene, mittlerweile geschulte und gut geübte *intuitive Wahrnehmung*.

Im allgemeinen Sprachgebrauch gibt es zahlreiche Ausdrücke und Redewendungen, die Intuition beschreiben: das Bauchgefühl, der sechste Sinn, die Eingebung, die Ahnung, die unbewusste Wahrnehmung ... »Ein Wissen, das sich meist gar nicht formulieren lässt« (»Die Macht des Unbewussten«, Spiegel Online, 28.04.2007). Das Phänomen Intuition ist Gegenstand philosophischer, psychologischer, kognitionswissenschaftlicher, managementtheoretischer u. a. Forschungen. Bereits seit der Antike wird Intuition aus verschiedenster Perspektive betrachtet, analysiert und erörtert.

Mir geht es in diesem Erfahrungsbericht um eine tatsächlich subjektive Beschreibung dessen, *wie* diese intuitive Wahrnehmung (bei mir) funktioniert. Was geschieht konkret während der Beratungsarbeit? Wie nutze ich das? Welche Wirkung hat das auf die Entscheider, die mir gegenübersitzen?

Wenn ich im Folgenden von *Sehen* oder *Hören* schreibe (im Schriftbild *kursiv*), bezeichne ich damit die *intuitive Wahrnehmung* im Unterschied zum herkömmlichen sinnlichen Wahrnehmen, also beispielsweise Sehen oder Hören.

Diese Form von Wahrnehmung fühlt sich für mich ganz ähnlich wie die sinnliche Wahrnehmung an. So wie eine Berührung über den Tastsinn, ein Laut über den Hörsinn, ein visueller Eindruck über den Gesichtssinn vermittelt werden, so ähnlich vermittelt mir die *Wahrnehmung* einen Sinnesreiz, für den es jedoch kein eindeutig entsprechendes Sinnesorgan gibt, wie etwa Haut, Gehör oder Augen.

Diese Einschränkung »kein eindeutig entsprechendes Sinnesorgan« mache ich bewusst, weil ich das, was ich *wahrnehme*, ja irgendwie empfange. Ich nehme an, dass die visuelle und auditive Wahrnehmung hier tatsächlich eine Rolle spielen, weil es mir ohne direkten »face to face«-Kontakt zum Klienten so gut wie nicht gelingt, auf diese Weise *wahrzunehmen*. Nur sind die Dinge, die ich beispielsweise *sehe*, nicht »objektiv« mit dem Auge erkennbar. Auf einem Foto etwa oder einem Videofilm wären sie nicht sichtbar. Dass ich dennoch von *sehen* und nicht von »spüren«, »ahnen« oder Ähnlichem spreche, liegt daran, dass das, was ich *wahrnehme*, mir so wie das »Sehen« vermittelt wird. Der Sinnesreiz vom *Sehen* fühlt sich so an wie der vom (herkömmlichen) Sehen. Ebenso verhält es sich mit dem, was mir *akustisch/auditiv* erscheint. Das, was ich dann *höre*, ist genauso, als würde ich es (im herkömmlichen Sinn) hören – obwohl es nichts erzeugt, was die Messfühler meines MP3-Recorders registrieren würden.

Diese *intuitive Wahrnehmung* spielt in meiner Beratungsinteraktion eine zentrale Rolle. Wenn *Wahrnehmung* und Wahrnehmung miteinander übereinstimmen, entsteht ein sehr eindeutiges, kraftvolles Bild. Wenn sie voneinander abweichen, ist die Wirkung der *intuitiven* zweifelsohne stärker als die der sinnlichen *Wahrnehmung*. Es ist sozusagen mein Präferenzkanal – er vermittelt klarer und deutlicher und hat Priorität vor den anderen Wahrnehmungsformen. Das führt dann auch dazu, dass es mir bei starker Divergenz der Wahrnehmungen fast unmöglich wird, das, was ich wahrnehme, gleichzeitig zu verarbeiten. Der auditive Reiz, also beispielsweise das, was mein Gegenüber gerade mit Worten sagt, wird vom dem, was ich *höre* überlagert. Die gesprochenen Worte wirken dann wie atmosphärisches Rauschen, »QRN« im Amateurfunkjargon. Auch wenn das, was ich sehe – beispielsweise ein starker, durchtrainierter Körper –, mit dem, was ich *sehe* – etwa der Ausdruck eines erschrockenen Kindes –, nicht übereinstimmt, dann weicht das Gesehene dem *Gesehenen*. Das ist so, als würde es dunkler im Raum, so ähnlich wie in einer späten Dämmerung, zu dunkel für den Tag und zu hell für die Nacht, der Augenblick, in dem das Auge zweifelt und nicht zu erkennen vermag, welche Silhouette es da vor sich hat.

Dieser Wahrnehmungsreichtum und das Wechselspiel zwischen sinnlicher und *intuitiver* Wahrnehmung sind ein fruchtbarer, inspirierender Boden für Hypothesen, Phantasien, Assoziationen, Bilder, Tagträume, Ahnungen, ..., die dann als »Probebohrung«[2] explizit gemacht und dem Coachee angeboten – oder auch zugemutet werden können.

Der Beginn der Beratung als Zusammentreffen unterschiedlicher Welten

Die Top-Führungskräfte, mit denen ich bislang gearbeitet habe, waren meist sprachlich recht versiert, in einer Sprache, die ich gern »Oberflächensprache« nenne. Sie können beobachtbare Gegebenheiten präzise beschreiben, Situationen analysieren, mit Zahlen, Daten und Fakten sicher umgehen, Schlussfolgerungen ziehen. Sie sprechen schnell. Meist atmen sie flach. Ihre Sprache ist umständlich. Sie sprechen im Fachjargon, auch wenn es nicht um fachliche Themen geht. Obwohl ausreichend Zeit-Raum für ein Beratungsgespräch freigehalten wurde, wirken sie, als seien sie in Eile, gehetzt. Als liefe ständig ein Instrument mit, das misst, ob man die Zeit auch gut genug nutzt, und allein durch die Tatsache der Messung suggeriert, man sei nicht ausreichend schnell. Sie machen vieles parallel und argumentieren häufig linear. Sie sind ständig in Bewegung. Auf Reisen. Sie arbeiten viel. Und sie tragen wirklich enorme Verantwortung. Ich habe keinen einzigen Entscheider getroffen, der seine Aufgabe nicht unglaublich ernst genommen hätte. Dem es nicht wichtig gewesen wäre, die richtigen Dinge und die Dinge richtig zu tun.

---

2 Den Begriff »Probebohrung« habe ich von Wolfram Jokisch. Ein nach meiner Ansicht wunderbares Sprachbild, um zu beschreiben, dass ich dem Klienten meine Assoziationen als Möglichkeit, als Frage, als wohlwollende Unterstellung anbiete.

Zu Beginn der Beratungsbeziehung, nachdem formaler Auftrag und Rahmenbedingungen geklärt sind und wir die ersten gemeinsamen Schritte gehen – »Worum geht es?«, »Was soll nach dem Coaching anders sein als vorher?« –, habe ich häufig das Gefühl, dass zwei völlig unterschiedliche Welten zusammentreffen. Nicht im Sinne eines Aufeinanderprallens, sondern so, als mischten sich zwei dickflüssige Substanzen unterschiedlicher Textur, jede ihren eigenen Gesetzmäßigkeiten folgend. Die Art und Weise, wie das vor sich geht, ist immer einzigartig. Ich lasse mich auf die digitale Welt meines Coachees ein. Die Führungskraft vermittelt mir unglaublich viele Informationen. Beschreibt Zustände. Gibt Erklärungen. Begründet Logiken. Diese digitale Welt hat eine eigenartige Wirkung auf mich – aus meinem intuitiven Zuhause heraus betrachte ich das, was mir da gezeigt wird, wie aus weiter Entfernung und doch mit voller Aufmerksamkeit, in ganzer Zuwendung, mit ehrlichem Interesse und oft mit Staunen.

Ich versuche rational zu verstehen, was mein Gegenüber mir sagen will. Dann habe ich häufig den Eindruck, als breite sich die Oberflächensprache förmlich im Raum aus. Als hätten die gesagten Worte, die gesprochenen Inhalte sehr wenig mit dem zu tun, was der Coachee zum Ausdruck bringt. Das wirkt dann auf mich wie das oben beschriebene Rauschen im Funkverkehr. Je penetranter die Oberflächensprache, je mehr Worte, je lauter das Rauschen, je flacher der Atem, umso schwerer fällt es mir, den Inhalten, dem *Was* zu folgen. Die sinnliche wird von der *intuitiven Wahrnehmung* überlagert. Die Oberflächensprache wird stumm, als verlören die Schallwellen an Gehalt. Die Worte verlieren an Farbkraft. Nur das, was in mir *Resonanz* erzeugt, das, was ich auch *wahrnehmen* kann, verschafft sich *Gehör*. Es fällt mir auditiv tatsächlich schwer zu folgen. Ich muss mich sehr konzentrieren, um gesprochene Inhalte erfassen zu können, um trotz der *anderen* Dinge, die ich wahrnehme, die formulierten Worte aufnehmen und verstehen zu können.

Das wirkt sich auch körperlich aus. Es strengt mich an, mein Gegenüber genau zu sehen, visuelle Details wahrzunehmen. Stattdessen sehe ich das *Wie*, spüre die Energie dessen, was er (nicht) sagt. Es entstehen Bilder, Assoziationen, Farben, Gerüche, Geräusche, taktile Wahrnehmungen. Vorstellungen. Szenen. Tagträume. Ich lasse sie geschehen. Betrachte, wie sie auf mich wirken. Bleibe sehr bei mir und sehr bei meinem Gesprächspartner. Er berichtet noch, ist möglicherweise eine Nuance langsamer geworden in seinem Redeschwall, sitzt vielleicht ein ganz klein wenig entspannter im Sessel.

Mut-Perspektiven

Natürlich entspricht die Art und Weise, wie ich im Coaching arbeite, in erster Linie dem, was mir sinnvoll erscheint. Wenn ich so agiere, wie ich es tue, fühle ich mich stimmig. So arbeite ich gerne. Mittlerweile habe ich auch meine ganz persönliche Handschrift, meinen eigenen Stil gefunden – das, was mich (und jeden von uns) als Beraterin einzigartig macht. Seit ich mein Profil geschärft und für mich »Passung« (Bernd Schmid) hergestellt habe, erfordert es auch seltener Mut, auf meine Weise und unter Verwendung »unüblicher« Methoden zu arbeiten – ich könnte es ja wahrscheinlich nicht anders und so gesehen, bliebe mir kaum etwas anderes übrig.

Ich erinnere mich aber sehr wohl an die Zeit, als ich begonnen habe, analog zu arbeiten. Da hat mich das, was ich plötzlich, im Beratungsprozess ungeplant und für mich nicht vorhersehbar, vorhatte, häufig ganz schön erschreckt. Und auch heutzutage kommt es in Beratungsprozessen zu Situationen, in denen ich mich überwinden muss, in aller Offenheit – ungeschönt, ungeschminkt – die *Resonanz* anzubieten, die ein bestimmter Ausdruck, ein Verhalten oder ein ausgesprochener Gedanke in mir erzeugen.

Es sind unterschiedliche Mut-Perspektiven, die mich in der intuitiven Beraterrolle fordern:

- Der Mut, nicht die Perspektive des Klienten als Maß der Dinge zu übernehmen, nicht in seine Problemlogik einzusteigen.

  Das ist ja ein uns systemischen Beratern wohlbekannter Grundgedanke. Nur wird die Umsetzung schwierig, wenn der Coachee auf sprachlicher Ebene gewissermaßen nicht erreichbar ist – weil er so sprach-, rede-, textversiert ist, dass er unsere Worte im Nu »verarbeitet«, »bagatellisiert«, »prozessiert« – das Ergebnis ist eine Aussage in Oberflächensprache, die das vorhandene Rauschen nur weiter verstärkt.

  Sich der Problemlogik unseres Gegenübers zu entziehen, besser, sich erst gar nicht darauf einzulassen, funktioniert dann nur mit anderen, nicht primär sprachlichen Mitteln. Und für Menschen, die es gewohnt sind, sich in kritischen, das heißt wesentlichen Situationen *nur* dieses einen Mittels zu bedienen, kann es durchaus verwirrend, verunsichernd, ja verstörend sein, mit »unüblichen« Methoden konfrontiert zu werden.

- Die Befürchtung, aufgrund einer angewandten, für das Top-Management »unangemessenen« Methode abgelehnt zu werden, bzw. der Mut, sich nicht einschüchtern zu lassen und auch in diesem Kreis mit »unüblichen« Methoden zu arbeiten.
- Der Mut, meinem Gegenüber viel (zu viel?) zuzumuten.
- Die Befürchtung, als (professionelle, etablierte, renommierte) Beraterin »komisch« zu wirken; die Befürchtung, dass mein »hochprofessionelles«, »seriöses« Image Kratzer auf den schönen Lack bekommt – und der Mut, dennoch so zu agieren, wie es mir sinnvoll erscheint.
- Die Befürchtung, den Kunden zu verlieren, im Extremfall einfach rausgeschmissen zu werden, bzw. der Mut, mich von dieser wirtschaftlichen Perspektive nicht leiten zu lassen und dennoch so zu arbeiten, wie ich es gut kann und es für mich Sinn hat.
- Der Mut, das auszuhalten, was ich bewirke.

Fallbeispiele

Die im Folgenden skizzierten Beispiele sollen dazu dienen, meine Ausführungen greifbarer zu machen. Das erste ist eine Beratungssituation mit mehreren Top-Führungskräften, das zweite ein Einzelgespräch.

Natürlich erlebe ich auch viele Beratungssituationen, in denen mein methodisches Repertoire ganz und gar nicht unüblich anmutet oder in denen es kaum Mut und Überwindung erfordert, mein Gegenüber damit zu konfrontieren.

Und da mir meine Arbeitsweise immer selbstverständlicher erscheint, erfordert die gemeinsam mit dem Klienten konstruierte Realität auch immer seltener »Anpassungen«. Ich tue einfach, was ich tue. Und so ist es hilfreich und stimmig.

Insofern möchte ich mit den folgenden Beispielen auch tatsächlich ermutigen: Kolleginnen und Kollegen zum Arbeiten mit »Unüblichem« – Führungskräfte und andere potenzielle Coachees zum Sich-Einlassen auf das, was dann entsteht.

»Das ist wohl nicht Ihr Ernst« – oder: Der direkte Weg zu einer klaren Entscheidung

Bei dem Kunden handelt es sich um ein mittelständisches Unternehmen mit ca. 1200 Mitarbeitern im Bereich Hochbau. In dem Beratungsauftrag geht es darum, die Geschäftsführung bei der Auswahl eines neuen Abteilungsleiters (berichtet direkt an den Geschäftsführer) zu unterstützen. An dem Auswahlverfahren und Entscheidungsprozess sind beteiligt: der Geschäftsführer, zwei Abteilungsleiter sowie zwei Vertreter interner Gremien. Das letzte Wort hat der Geschäftsführer, er möchte jedoch mit allen Beteiligten eine Konsensentscheidung erzielen.

Wir befinden uns in einem Besprechungsraum, die Interviews mit dem potenziellen Kandidaten haben stattgefunden, die Ergebnisse liegen ausgewertet auf dem Tisch. Es findet unter meiner Moderation eine Diskussion statt, bei der Vor- und Nachteile des Kandidaten, Chancen und Risiken einer Einstellung besprochen werden. Für jeden Punkt, der für den Kandidaten spricht, wird sofort ein gleichgewichtiges Gegenargument formuliert. Die Erörterung bekommt einen zunehmend zähen Charakter, Prioritäten und Gewichtungen werden ohne merkliche Wirkung gesetzt – die Gesprächspartner wiederholen sich, fallen sich zunehmend ins Wort und drehen sich offenbar im Kreis.

Während ich das beobachte, fällt mir als Erstes auf, dass es mir akustisch zunehmend schwerer fällt zu hören, was die Beteiligten konkret sagen. Stattdessen *sehe ich sie auf ihren Stühlen hin- und herrutschen, so als würden sie sich winden und sich den Bauch mit den Händen halten. Dabei schließen sie die Augen, verzerren ihre Gesichter und werfen die Köpfe von einer Seite zur anderen.* Je mehr »objektive Entscheidungskriterien« auf den Tisch gebracht werden, *umso gequälter schauen die Entscheider* drein. Mir geht durch den Kopf: Diese ganzen Argumente, diese objektiven Kriterien, das ist ein Holzweg. Wir kommen so wahrscheinlich zu gar keiner, mit Sicherheit zu keiner guten Entscheidung.

Ich (Sp): »Darf ich mal bitte unterbrechen? Mir scheint, Sie drehen sich im Kreis. Sie haben jetzt alle denkbaren Kriterien benannt und eingehend erörtert, und stehen an der gleichen Stelle wie bereits vor anderthalb Stunden. Es wurde aus meiner Sicht nichts Wesentliches vergessen, nichts ist unbenannt geblieben. Das scheint jedoch für eine Entscheidung nicht hilfreich zu sein. Es spricht wenig dafür, dass Sie zu einer Entscheidung finden, wenn Sie das bereits Besprochene noch zigmal wiederholen. Ich möchte Ihnen eine andere, wie ich meine, eher zielführende Methode vorschlagen. Darf ich?«

Seufzen, Zurücklehnen, Händereiben über Gesichter – und Zustimmung.

Der Geschäftsführer (GF): »Bitte. Dafür sind Sie da.«

Sp: »O.k. Da wir mit objektiven Kriterien, Argumenten und Erwägungen nicht weiterkommen, schlage ich vor, uns anderer Mittel zu bedienen.« – Sprechpause. Blick in die Runde, Augenkontakt zu jedem Einzelnen. – »Das kommt Ihnen jetzt möglicherweise etwas seltsam vor, aber ich bitte Sie, sich einfach darauf einzulassen, mir zu vertrauen.« – Pause. – »Was ich vorschlage, geht ganz einfach, und zwar: Jeder von Ihnen nimmt sich jetzt mal eine Viertelstunde Zeit und schaut mal bei sich nach, welche Intuition, also welche Bilder, Phantasien, Tagträume in Ihnen selbst so hochkommen, wenn Sie denken a) an Ihre Organisation bzw. an die Abteilung X und b) an Herrn Y in der Rolle als Abteilungsleiter.« – Ich ignoriere bewusst die Gesichtsausdrücke um mich herum, denn ich werde zunehmend ungläubiger angestarrt. – »Was sind das für Intuitionen, die sich da zeigen? Was für Bilder entstehen vor Ihrem inneren Auge? Welche Geräusche hören Sie? Welche Farbe hat das?«

GF: »Das ist wohl nicht Ihr Ernst?«

Sp: »Doch, das meine ich ganz und gar ernst. Sie sind eine Reihe von intelligenten, erfahrenen, auf diese Situation gut vorbereiteten Führungspersönlichkeiten. Sie drehen sich seit Stunden im Kreis. Geben Sie mir ein gutes Argument: Was spricht dafür, dass sich das Ergebnis ändern sollte, wenn Sie sich ein paar weitere Stunden im Kreis drehen? Ich habe den Eindruck, dass die gesammelten Kriterien nicht hilfreich sind für eine Entscheidung. Sonst wären Sie bereits zu einer solchen gekommen. Ich bitte Sie nur um einen kurzen Vertrauensvorschuss.«

Gemurmel in der Runde. Einer sagt: »Das kann jetzt auch nicht mehr schaden.« Der Nächste schüttelt nur den Kopf. Die Personalleiterin (PL) lacht verlegen und sagt: »Also ich mache das ja gerne, finde das auch spannend, aber ich verstehe nicht, was wir jetzt konkret machen sollen.«

Sp (Blick an GF): »O.k.?«

GF: »Meinetwegen.« (An die anderen gerichtetes stummes Fragezeichen – Nicken/O.k.).

Sp: (Ich wiederhole im Wesentlichen, was ich bereits gesagt habe:) »Was ich vorschlage, geht ganz einfach, und zwar: Jeder von Ihnen nimmt sich jetzt mal eine Viertelstunde Zeit und schaut mal bei sich nach, welche Intuition, also welche Bilder, Phantasien, Tagträume in Ihnen selbst so hochkommen, wenn Sie denken a) an Ihre Organisation bzw. an die Abteilung X und b) an Herrn Y in der Rolle als Abteilungsleiter.«

PL: »Sorry, aber ich verstehe Sie immer noch nicht. Was sollen wir?«

Sp: »Am besten erfinde ich mal ein Beispiel. Wenn ich an Ihre Organisation, insbesondere an die Abteilung X denke, kommt mir gleich das Bild, dass die Abteilung ein Buch ist. Ein Buch mit allen möglichen Seiten, ein paar wurden herausgerissen, andere sind vollgekritzelt, andere hingegen leer geblieben [...]« (Ich gebe meine tatsächliche Spiegelung zur Abteilung). »Und wenn ich an Herrn Y denke, dann habe ich spontan das Bild, dass er – und auch die anderen Kandidaten – wie Stifte sind. Herrn Y sehe ich gleich als modernen, gewissermaßen gestylten Stift. [...]« (Hier bin ich bemüht, die richtige Balance zu finden zwischen Ausführlichkeit des Beispiels und nicht zu viel meiner eigenen Spiegelung einzubringen – denn der Kunde muss ja die Entscheidung treffen, nicht ich). »O.k.? Am besten, Sie fangen gleich an. Sie können gerne herumlaufen im Raum, oder rausgehen. Das, was am besten für Sie passt, um Ihren Tagträumen und Phantasien freien Lauf zu lassen.«

Und bevor ich diesen letzten Satz zu Ende gesprochen habe, sind sie bereits unterwegs zu ihren Intuitionen. Ich sehe, dass sich die Personalleiterin schwertut, zu beginnen, und gehe noch kurz zu ihr, ermutige sie, sich auf ihre Phantasien einzulassen, fokussiere mit ihr andere Situationen, in denen ihr das gelungen sein dürfte (»Das kennen Sie doch sicherlich auch, wenn man sich zum Beispiel im Sessel zurücklehnt und einfach die Augen schließt, was einem da alles für Bilder kommen, wie von alleine ...«), und schon beginnt auch sie, sich ihre Notizen zu machen.

Nach guten zehn Minuten sind alle fertig und signalisieren mir, dass sie weitermachen wollen. Wir setzen uns wieder an den Tisch, jeder beschreibt seine Assoziationen. Der Reihe nach. Es ist faszinierend für mich, bewegend, was da für intensive, klare, entscheidungsrelevante Intuitionen zum Ausdruck kommen. Es führt an dieser Stelle zu weit, die Bilder mit ihren erstaunlichen Details wiederzugeben. Die Intuitionen bewirken einiges: Es wird für jeden spürbar, dass sich die Stimmung im Raum schlagartig gewandelt hat. Jeder der Teilnehmer weiß jetzt bereits, wie seine Entscheidung lautet. Jeder hat ein klares Gespür für Chancen und Risiken des potenziellen Kandidaten. Und sie alle miteinander bekommen noch mal eine ganz andere Sichtweise auf die fragliche Abteilung, erkennen Perspektiven, die vorher nicht einmal angedacht waren.

Nach einer halben Stunde steht die Entscheidung – alle sind erleichtert und sichtlich zufrieden.

»Diese Stille, diese wunderbare Stille« – oder: Begegnung mit den eigenen Sehnsüchten

Auftraggeber des »Executive Coaching« ist der Vorstand, Klient der direkt an ihn berichtende Bereichsleiter eines mittelständischen Konzerns im Bereich Finanzdienstleistung. Ziel des Coachings ist, dass der Bereichsleiter, Herr B., als Manager und Führungskraft »wieder in seine Kraft kommt« (Vorstand) und »das Ganze besser in den Griff« bekommt (Herr B.).

Die Auftragsklärung mit Vorstand und Herrn B. ist aus meiner Sicht gut verlaufen. In einem ersten Vier-Augen-Gespräch haben wir die Ziele nachgeschärft und nochmals ausführlich erörtert, woran Herr B. denn erkennen würde, dass sie erreicht wurden. Die ersten zwei Coaching-Sitzungen haben stattgefunden – ich bin angestrengt, erschöpft und habe das Gefühl, dass wir zwar einen guten Kontakt herstellen können, uns in dem Gespräch jedoch an der Oberfläche bewegen und nicht das thematisieren, worum es eigentlich geht.

In einer Kollegialen Beratung reflektiere ich den Fall; im Fokus steht mein Gefühl von Erschöpfung, von »das ist mir irgendwie alles zu viel«.

Eine halbe Stunde vor Beginn der dritten Coaching-Sitzung bekomme ich Kopfschmerzen und einen unangenehm pochenden Druck auf den Ohren. Herr B. kommt, wie bislang üblich, gehetzt an, führt noch ein Handygespräch, während er durch die Tür kommt, und signalisiert mir, dass es gleich beendet sein wird. Schnell ein weiteres Gespräch, während ich ihm in der Büroküche einen Cappuccino bereite. Hastig greift er zum Wasserglas, verschluckt sich. Beginnt zu reden. Er redet und redet und redet, wie ein Wasserfall. Es war mir schon in den ersten beiden Sitzungen schwergefallen, mal »dazwischenzugehen«. Heute wird mir erst richtig klar, wie sehr »zu viel« mir das alles ist. Ich fühle mich zugeschüttet. Unter einem Berg von Worten vergraben.

In der zweiten Sitzung hatte ich den Versuch unternommen, eine hypnotherapeutische Entspannungsübung durchzuführen. Der Bereichsleiter wollte das wirklich gern ausprobieren, es gelang aber nicht. Was ich vor mir *sah*, glich *einem wilden Ameisenhaufen, der nur noch kribbeliger wurde, je mehr ich versuchte, ihn zu entwirren.*

Ich hatte keine konkrete Vorstellung, was ich methodisch anwenden sollte. Mir war nur klar, dass ich das Gleiche nicht noch einmal probieren wollte. Und während er da so redete und redete und redete, *wurde ich ruhiger und ruhiger und ruhiger. Seine Stimme wurde immer leiser, der Druck wich sanft von meinen Ohren.* Ich schaute ihn einfach nur noch an. Saß aufmerksam, aber entspannt in meinem Sessel und nahm Kontakt zu ihm auf. Ich glaube, dass ich ihn nicht wirklich mit den Augen, sondern einfach mit dem Herzen anschaute.

Und plötzlich hielt er inne und fragte: »Hören Sie mir überhaupt zu? Sie schauen so. Was halten Sie von all dem? Was denken Sie?«

Sp: »Wissen Sie, es fällt mir wirklich schwer, Ihnen zu sagen, was ich denke. Ich weiß es eigentlich nicht. Ich kann gerade gar nicht sagen, was ich denke. Aber ich kann ihnen zeigen, was in mir vor sich geht. Was ich spüre. Was ich *sehe.* Wollen Sie das?«

Er nickt. Etwas verändert sich gerade.

»Dann seien Sie, wenn Sie wollen, seien Sie ganz aufmerksam.« (Immer langsamer sprechend ...) »Ich zeige es ... Ihnen ... j-e-t-z-t ...«

Und dann habe ich einfach meine Augen geschlossen, habe mich ganz dem Anteil des Coachees zugewandt, den ich in mir spüren konnte. Bin ganz und gar in diese Resonanz eingetaucht. Und da war ... nichts. Weder Dunkel noch Hell, weder Laut noch Leise, weder Warm noch Kalt. Einfach ... nichts.

Gefühlt blieb ich recht lange *dort*. Nach der MP3-Aufzeichnung zu urteilen, waren es keine drei Minuten. Jedenfalls war es an der Zeit, die Augen zu öffnen.

Da saß er, der Bereichsleiter. Die Tränen strömten nur so aus seinen geschlossenen Augen. Er weinte, sein ganzes Herz weinte, seine ganze Seele weinte, alles an ihm weinte – *ich sah ihn als großes, unendliches und sehr friedliches Tränenmeer vor mir.*

Ich stand auf, neigte mich etwas zu ihm und sagte sehr leise: »Ich lasse Sie etwas alleine. Ich komme dann zurück.«

Und ich ging in die Kaffeeküche. Wartete. Ließ ihm Zeit und Raum. Ließ mir Zeit und Raum. Ließ dem Nichts seinen Zeit-Raum.

Als ich zurückkehrte, nach einer Viertel Stunde etwa, sagte er lange nichts. Ich auch nicht. Wir saßen einfach da.

»Intuition pur« heißt die Methode am Institut für Systemische Beratung Wiesloch. Diese Interaktion habe ich als sehr intensiven Austausch erlebt, als *tiefen, wertschätzenden Dialog mit meinem Klienten.*

Er sagte zum Abschluss nur das Folgende: »Diese Stille – diese wunderbare Stille.«

Die Wirkung dieser Intervention war frappierend. Ich habe Herrn B. nie wieder so schnell und so viel reden hören wie in den ersten Begegnungen. Auch in anderen Kontexten, in denen ich ihn erleben durfte, beispielsweise im Gespräch mit anderen Führungskräften oder Mitarbeitern, hatte er sein Tempo verändert.

Wir hatten noch ein paar eher sporadische Gespräche. Er war seinen Sehnsüchten begegnet – hatte sie *erkannt*. Es bedurfte keiner weiteren Worte.

Beobachtungen

Diese zwei Fallbeispiele sind insofern pointiert, als dass sie in besonders deutlicher Weise veranschaulichen, wie »unübliche« Methoden wirken können. Natürlich laufen nicht alle Beratungen so »extrem«, vielfach ist die Wirkung subtiler oder entfaltet sich in kleineren Schritten und erst über einen längeren Zeitraum.

Mit zunehmender Professionalisierung auf dem Gebiet intuitiver Arbeit, mit wachsender Erfahrung und im Laufe der Zeit sind mir gewisse Verläufe aufgefallen, sozusagen typische Veränderungen:

- Die Coachees werden im Lauf der Arbeit ruhiger, halten inne. Viele berichten von einer für sie merkbaren Veränderung nach nur einem Gespräch.
- Ich selbst empfinde die Beratungsarbeit als immer weniger anstrengend. Wenn mich ein Auftrag »ermattet«, ist das ein Symptom, das ich dankbar zur Kenntnis nehme, um meine Selbststeuerung und meine Rolle als Beraterin mit Hilfe Kollegialer Beratung/Supervision zu überprüfen.
- Es gibt kaum eine Intervention, bei der ich nicht staune über das, was sie bewirkt. Dafür bin ich sehr dankbar. Denn die Fähigkeit, darüber zu staunen, steht in Wechselwirkung mit meiner Offenheit und Unbefangenheit; sie sind für mich erforderlich, um überhaupt intuitiv arbeiten zu können.
- In den meisten Beratungsprozessen entwickelt sich im Laufe der Zeit eine Art Heiterkeit, eine Leichtigkeit – und häufig lachen Klient und ich aus ganzem Herzen.
- Mit fortschreitender Entwicklung und Reflexionsfähigkeit des Coachees werden die Coaching-Ziele oft neu definiert. Perspektive ist dann häufig eine globalere Idee von Persönlichkeitsentwicklung, weniger die Handhabung oder Lösung eines spezifischen Problems.
- In Beratungsprozessen, die sich über mehrere Arbeitssitzungen erstrecken, findet Intuition anfangs als Instrument, in Form von »Methode«, »Übung« oder »Design«, Anwendung, später ist sie eher ganzheitlich und grundsätzlich präsent als eine wesentliche Form der Wahrnehmung, der Anschauung und Interaktion.
- Die Coachees beginnen zunehmend selbst »analog« zu denken. Sie lernen implizit, häufig aber auch auf expliziten Wunsch und ganz bewusst den Umgang mit »Haltungen«, »Perspektiven« und »Scheinwerfern«, agieren auf unterschiedlichen »Bühnen« und entwickeln zunehmend die Kompetenz, sich selbst in ihrer jeweiligen Rolle zu reflektieren.

- Für mich persönlich entsteht meist eine besondere innere Verbundenheit mit den Menschen, die ich auf diese Weise ein Stück ihres Weges begleiten darf – wir freuen uns aufeinander und auf die gemeinsame Arbeit.

Abschlussgedanken

Wann und wie kommt das Coaching zum Abschluss? Wie *findet* dieser wesentliche Aspekt des Beratungsprozesses seinen *Ausdruck*?

Mir scheint, dass der »Abschluss« nur eine äußere Veränderung darstellt, nämlich dass mehr oder weniger regelmäßige Beratungsgespräche nicht weiter stattfinden. Außer in den Fällen, in denen die Beratung nicht erfolgreich (im Sinne von nicht hilfreich) war, in denen der Prozess beispielsweise abgebrochen oder auf anderweitige »unrunde« Weise beendet wurde, ist der »Abschluss« eher eine Art Verschiebung – von der gemeinsamen Gesprächsebene zur inneren Weiterentwicklung, die teils bewusst, teils unbewusst ihren weiteren Lauf nimmt und Nahrung findet in den unterschiedlichsten äußeren und inneren Ereignissen im Leben des Klienten.

Den Zeitpunkt dieser Veränderung – des sogenannten Abschlusses – *sehe* ich meist in Form von Assoziationen oder Bildern und ich weiß, wenn ich dieses Ende *gesehen habe,* ist es bereits schon im Raum und Teil unserer gemeinsamen Realität. Es ergibt sich dann wie von selbst, den Abschlussgedanken auszusprechen und den konkreten Beratungsabschluss zu gestalten.

Lernfelder

Zum Abschluss dieses Beitrages möchte ich kurz wichtige Lernfelder benennen, also das, was ich durch die Arbeit mit »ungewöhnlichen« Methoden im Wesentlichen gelernt habe, und das, was für mich Lern- und Entwicklungsthema bleibt:

- In der Regel neige ich dazu, den Klienten zu Beginn unserer gemeinsamen Arbeit zu wenig zuzutrauen – im Verlauf der Beratung sehe ich dann schnell, dass viel mehr zumutbar ist, als ich auf den ersten Eindruck gedacht hätte.

- Wenn wir uns einmal auf die Arbeit eingelassen haben, ist es faszinierend zu beobachten, was für Menschen da zum Vorschein kommen – mit ungeahnten Talenten, Leidenschaften, Windungen, Stärken.
- Supervision und Kollegiale Beratung sind – auch wenn es »gut« läuft – ein Muss.
- Es ist hilfreich, mich methodisch »frisch« zu halten, da ich Präferenzen entwickle und sich dadurch bestimmte Muster verfestigen und das in Gebrauch befindliche Methodenrepertoire schmäler wird.

Intuitives Arbeiten erlebe ich als hochprofessionelle, wirksame Vorgehensweise. Sie zeigt mir jedoch immer wieder meine eigenen Grenzen auf – denn meine Intuition funktioniert nur dann, wenn ich ausreichend ausgeruht und mit mir selbst in Balance bin.

Sich als Resonanzkörper zur Verfügung zu stellen, bedarf innerer Kraft – wenn die vorhanden ist, empfinde ich es als sehr bereichernd.

Literatur

De Philipp, W. (2006). Systemaufstellungen im Einzelsetting. Heidelberg: Carl-Auer Verlag.

Geary, B. B., Zeig, J. K. (2001). The handbook of Ericksonian psychotherapy. Phoenix, AZ: The Milton H. Erickson Foundation Press.

Hänsel, M. (2002). Intuition als Beratungskompetenz in Organisationen. Dissertation, Heidelberg: Ruprechts-Karls-Universität.

Königswieser, R., Exner, A. (1998). Systemische Intervention. Architekturen und Designs für Berater und Veränderungsmanager. Stuttgart: Klett-Cotta.

Schmid, B., Hipp, J., Caspari, S. (1999). Intuition in der professionellen Begegnung. Wiesloch: Institutsschriften des Instituts für systemische Beratung – Wiesloch.

Schmid, B., Messmer, A. (2005). Systemische Personal-, Organisations- und Kulturentwicklung. Konzepte und Perspektiven. Bergisch Gladbach: EHP.

Spiegel Online (2007). Die Macht des Unbewussten. 28.04.2007. http://www.spiegel.de/wissenschaft/mensch/0,1518,479900,00.html (Stand: 07.10.2010)

Die Autorin

Silvia Specht (Jg. 1962), geboren und aufgewachsen in Buenos Aires, ist seit 2001 als selbständige Organisationsberaterin, Executive Coach und Wirtschaftsmediatorin tätig.
Die gelernte Fachkauffrau (IHK) und Diplom-Psychologin (LMU) verfügt über mehrjährige Erfahrung als Projektmanagerin im Bereich elektronischer Medien in Spanien, Portugal und Deutschland. Ihre systemische Ausbildung absolvierte sie beim ISB Wiesloch.
Ihr Schwerpunkt liegt in der Arbeit mit Entscheidern – Unternehmern und Top-Führungskräften.
E-Mail-Kontakt: office@silviaspecht.de
Homepage: www.silviaspecht.de

Ann-Kathrin Kühr

Das Unsichtbare sichtbar machen

Systemische Organisationsaufstellungen mit stummen Vertretern im Coaching

Ausgangssituation

Petra Schulz ist Führungskraft in einem mittelständischen Unternehmen. Vor drei Monaten hat sie eine Abteilung mit dem Auftrag übernommen, diesen Bereich neu auszurichten und die Produktivität zu steigern. Sie stößt dabei auf erheblichen Widerstand der Mitarbeiter dieser Abteilung. Die zu Beginn eingeleiteten Veränderungen stagnieren. Die Situation wird so schwierig, dass sie Unterstützung in einem Coaching sucht.

Die Situation von Petra Schulz ist für Führungskräfte eine typische Herausforderung. Um in dieser Situation eine Lösung zu erreichen, ist es notwendig, die unsichtbaren Dynamiken im Team, die widersprüchlichen Interessen und unbewusste Haltungen zu verstehen. Um Lösungen zu erzielen, ist es Aufgabe des Coachings, die verdeckten und unbewussten Faktoren erkennbar und veränderbar zu machen.

Im Einzelcoaching bietet sich dafür eine Organisationsaufstellung mit stummen Vertretern an. Durch die Figuren wird die Situation sehr konkret erlebbar, ohne dass dafür viele Personen notwendig sind. Besonders wenn Führungskräfte es nicht gewohnt sind, schwierige Gefühlslagen nach außen zu offenbaren, oder das Thema der Aufstellung ein hohes Maß an Vertraulichkeit erfordert, bietet die Arbeit mit den stummen Vertretern einen geschützten Rahmen, der eine emotionale Beteiligung begünstigt und die Beziehungskonstellationen konkret erlebbar macht.

Stumme Vertreter

Bei systemischen Organisationsaufstellungen mit stummen Vertretern wird mit lebensgroßen, abstrakten Figuren gearbeitet, die als Stellvertreter dienen, und zusätzlich mit ein bis drei unbefangenen Repräsentanten, die der Coach mitbringt. Entwickelt worden ist diese Art der Aufstellungsarbeit von Dr. Peter Schlötter im Rahmen seiner Dissertation, in der er in fast 4000 Einzelversuchen mit 250 verschiedenen Personen nachgewiesen hat, dass die Wahrnehmungen und Handlungen, abhängig vom Standort im System, signifikant häufig übereinstimmen. Damit ist wissenschaftlich nachgewiesen, dass Aufstellungen funktionieren, auch wenn noch nicht nachweisen ist, wie sie funktionieren.

Für die Arbeit mit stummen Vertretern gibt es unterschiedliche Anforderungen:

- männliche und weibliche Figuren
- verschiedene Größen der Figuren
- leicht zu transportieren
- geringes Gewicht
- leicht auf- und abzubauen

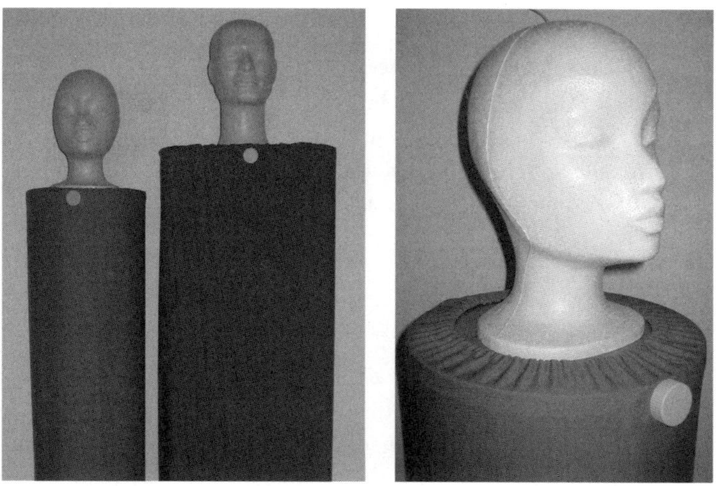

Abbildung 1: Stumme Vertreter

Unsere Figuren (s. Abb. 1) bestehen aus einem größenverstellbaren Alugerüst (Gesamtgröße der Figuren variabel von 1,60 m bis 1,85 m), mit männlichen und weiblichen Styroporköpfen, und sind mit einem »Stoffgewand« überzogen. Die weiblichen Figuren sind rund, die männlichen eckig. Vorne an der Figur ist ein Magnet angebracht, an dem der Name der Person, für die die Figur steht, bzw. des Symbols, befestigt werden kann. Fertig aufgebaut wiegen die Figuren ca. 3 kg, das heißt, sie sind sehr leicht an den »Schultern« hin und her zu tragen.

Für welche Fragestellungen eignen sich Organisationsaufstellungen mit stummen Vertretern?

- *Vertraulichkeit:* Wenn die Themen entweder der Geheimhaltung unterliegen und damit für größere Gruppen nicht geeignet sind oder wenn die persönliche, emotionale Betroffenheit sehr groß ist.
- *Neuorientierung und Umstrukturierung:* Die Arbeit mit stummen Vertretern ermöglicht es, neue Strukturen wie die Zusammenlegung von Bereichen, die Auflösung von Abteilungen oder die Beförderung von Personen zu testen und ihre Auswirkungen auf das System zu überprüfen.
- *Markteinführung neuer Produkte:* Hier lässt sich testen, welche Faktoren und Beziehungen für die erfolgreiche Einführung neuer Produkte nötig sind.
- *Vermischung beruflicher Schwierigkeiten mit familiären Themen:* Wenn deutlich wird, dass die Ursache der beruflichen Konflikte im familiären Umfeld liegen und damit stärker emotional aufgeladen sind.
- Sowie alle anderen Themen, die sich auch mit anderen Aufstellungsformaten bearbeiten lassen.

Sich ein Bild machen

Im Gespräch mit Petra Schulz zeigt sich, dass der Widerstand von einem Teil der Mitarbeiter von Anfang an spürbar war, jetzt sogar noch zugenommen hat. Sie befürchtet, dass die Produktivitätszahlen weiter sinken, statt sich zu verbessern. »Ich möchte wissen, was ich tun muss, damit der Widerstand geringer wird und die Mitarbeiter bereit sind, mit mir an einem Strang zu ziehen und die geforderten Zahlen zu erreichen«, formuliert sie als Ziel ihres Coachings.

Gemeinsam identifizieren der Coach und sie alle Personen, Gruppen von Personen oder Elemente, die für die Aufstellung relevant sind:

- Mitstreiter (die Mitarbeiter, die bereit sind, die eingeleiteten Veränderungen zu unterstützen),

- »Widerständler« (die Mitarbeiter, die offen oder verdeckt die Veränderungen boykottieren),
- sie selbst.

Für diese Systemmitglieder sucht sich Petra Schulz aus den aufgebauten stummen Vertretern die in Größe und Geschlecht passenden Figuren heraus. Ihre Aufgabe ist es, die stummen Vertreter so im Raum zu platzieren, wie sie zu ihr und untereinander in Beziehung stehen. Sie beginnt mit sich selbst und ordnet dann die anderen dazu. Für die »Widerständler« wählt sie eine relativ große männliche Figur aus, die sie leicht versetzt hinter die Figur für sich selber stellt. Die Mitstreiter werden durch eine mittelgroße männliche Figur repräsentiert, die sie rechts neben ihrer eigenen Figur platziert (s. Abb. 2). Dabei ermutigt der Coach sie, ihrer eigenen Intuition zu folgen und nicht zu lange über eine Platzierung nachzudenken. Alles andere wird die Aufstellung nach und nach von selber zeigen.

Wir sind es gewohnt, Beziehungen als räumliche Beziehungen wahrzunehmen. In Redewendungen wie »er steht mir nahe«, »sie steht hinter mir«, »zwischen uns gibt es eine Distanz« wird das sehr deutlich und jeder weiß intuitiv, was damit gemeint ist. In der Aufstellung wird dies genutzt, um auf effektive Art einen komplexen Zustand zu beschreiben, ohne dafür viele Worte zu brauchen.

Schon durch die erste Anordnung wird häufig deutlich, worin das eigentliche Problem besteht.

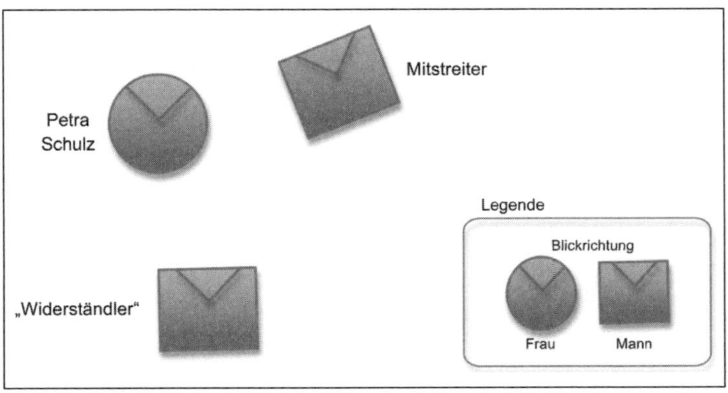

Abbildung 2: Ausgangssituation

Der Coach bittet Petra Schulz, die entstandene Situation von außen zu betrachten, es auf sich wirken zu lassen und zu beschreiben, was es in ihr auslöst. Sie beschreibt, dass sie erstaunt ist darüber, wie massiv ihr die »Widerständler« in der Anordnung erscheinen, obwohl sie gar keinen zentralen Platz einnehmen. Dem Coach fällt auf, dass die »Widerständler« fast außerhalb des Systems stehen. Darüber hinaus blicken alle Figuren in eine Richtung, in der sich nichts befindet.

Sich in das System hineinbegeben

Nun bittet der Coach Petra Schulz an ihren eigenen Platz. Zuvor entfernt er die lebensgroße Figur, durch die Petra Schulz bisher symbolisiert wurde, und lässt sie hinter einer Abdeckung verschwinden.

Es ist wichtig, die nicht verwendeten Figuren aus dem System zu entfernen und sie nicht am Rande stehen zu lassen, da sonst Interferenzen bzw. Irritationen entstehen können. Auf die Frage, was sie an ihrem Platz erlebt und empfindet, antwortet Petra Schulz: »Am liebsten würde ich gleich losrennen. Von hinten drückt es, es sitzt mir im Nacken und ich kann nicht sehen, was da hinter mir passiert. Es fühlt sich bedrohlich an. Die Mitarbeiter neben mir kann ich einigermaßen sehen, da ist alles o.k.«

Der Coach bittet Petra Schulz, nun wieder aus der Aufstellung herauszutreten. Sie ist erstaunt, wie stark ihre körperlichen Empfindungen waren, und gesteht sich gleichzeitig ein, wie sehr sie die Situation belastet. Der Coach stellt den stummen Vertreter von Petra Schulz zurück auf den Platz, an dem sie selbst gerade noch gestanden hat.

Perspektivwechsel

Nachdem Petra Schulz sich geschüttelt hat, um sich ganz aus der Position zu lösen, bittet der Coach sie, die Position der »Widerständler« einzunehmen. Dafür entfernt er wieder die Figur und Petra Schulz stellt sich genau an diese Stelle. Der Coach fragt sie, was sie aus dieser Position wahrnimmt und wie sich das Körpergefühl verändert hat. Petra Schulz beschreibt: »Ich bin genervt und stinksauer. Ich stehe hier in der zweiten Reihe, dabei sollte ich doch in der ersten stehen. Sollen die da vorne doch zusehen, wie sie ohne meine Erfahrung klarkommen. Und mit der da will ich schon mal gar nichts zu tun haben.« Bei diesem Satz zeigt sie auf die Figur für Petra Schulz.

Der Coach bittet Petra Schulz, aus der Position herauszutreten, sich zu schütteln, und stellt die »Widerständler«-Figur wieder in das System zurück. Petra Schulz ist erstaunt über die Heftigkeit der Gefühle bei den »Widerständlern« und versteht nicht, warum sie so sauer auf sie sind.

Im Anschluss nimmt sie auch die Position der Mitstreiter ein. An dieser Stelle beschreibt sie den Wunsch voranzugehen und die Irritation darüber, ins Leere zu sehen, obwohl es sie dort hinzieht.

Entspannung durch Würdigung

Der Coach bittet Petra Schulz nun erneut, ihren eigenen Platz einzunehmen. Außerdem bittet er einen mitgebrachten unabhängigen Repräsentanten herein, der die bisherige Organisationsaufstellung nicht verfolgt hat, und bittet ihn, den Platz der »Widerständler« einzunehmen.

Nachdem sich beide in ihre Position eingespürt haben, bittet der Coach Petra Schulz, sich den »Widerständlern« direkt zuzuwenden und mit diesen Kontakt aufzunehmen. Zunächst zögert sie etwas, dreht sich dann aber doch mit Widerstand um und sieht den Stellvertreter für die »Widerständler« an. »Ich verstehe nicht, warum ihr so sauer seid. Ich versuche doch nur, das zu tun, von dem ich glaube, dass es notwendig ist, um die Produktivität zu erhöhen.« Der Stellvertreter für die »Widerständler« erwidert: »Da wundern Sie sich noch, dass wir sauer sind? Da kommt so 'ne junge Deern daher und meint, sie weiß alles besser. Sie glauben wohl, nur weil sie 'ne Studierte sind, können Sie uns Vorschriften machen.«

Der Coach schaltet sich ein und erläutert Petra Schulz, dass der Ärger vermutlich aus einem Gefühl der Nichtachtung resultiert. Er schlägt ihr vor, einen Satz zu formulieren, der die Leistungen und Erfahrungen der Mitarbeiter würdigt, die schon länger im Unternehmen sind. Petra Schulz ringt mit der Hilfe des Coaches um eine für sie persönlich angemessene Formulierung. Sie formuliert: »Ich weiß, dass ihr schon viele Entwicklungen in der Firma erlebt habt und viele Veränderungen mitgetragen habt. Ich sehe, dass ihr einen reichen Schatz an Erfahrungen habt. Ich wünsche mir von euch, dass wir es gemeinsam schaffen, die Produktivität in unserem Bereich zu steigern.« Der Vertreter für die »Widerständler« entspannt sich sichtlich. Er ist inzwischen bereit, Petra Schulz anzusehen, und zeigt erste Kooperationsbereitschaft.

Durch die Anerkennung der Leistungen wird der Vorrang des Älteren (siehe Kasten »Systemische Prinzipien in Unternehmen« am Ende dieses Beitrags) gewürdigt, die systemische Ordnung hergestellt und ermöglicht, die »Widerständler« ins System zu integrieren. Auf die Frage von Petra Schulz, ob die »Widerständler« jetzt bereit seien, mit ihr gemeinsam zu versuchen, die Produktivität zu steigern, signalisiert der Vertreter für die »Widerständler« Bereitschaft, blickt sich aber orientierungslos um.

Die Leere füllen

Der Coach stellt an die leere Stelle, auf die bislang alle geschaut haben, eine weitere Figur mit der Bezeichnung »Ziel«. Um zu verdeutlichen, dass es sich hierbei um ein abstraktes Element und keine Person oder Personengruppe handelt, trägt die Figur keinen Kopf.

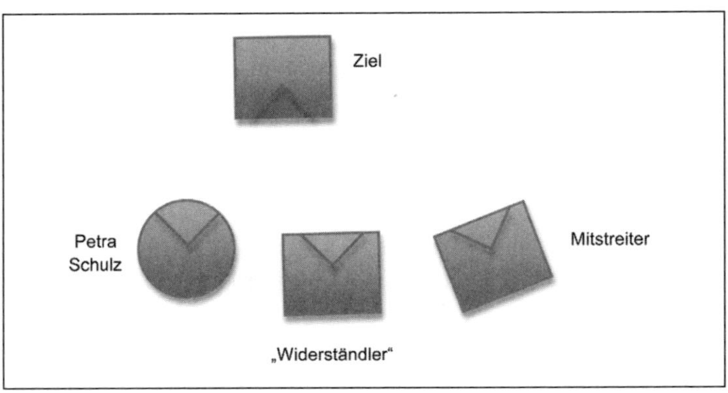

Abbildung 3: Abschlussbild

Petra Schulz dreht sich um und geht einen Schritt nach vorn, die »Widerständler« stellen sich neben sie, daneben die Mitstreiter. Das ganze System entspannt sich und Energie wird spürbar. Alle Systembestandteile sind integriert und die Richtung, in die sie gemeinsam gehen können, ist klar.

Reflexion

Was ist systemisch geschehen und was ist durch die Aufstellung deutlich geworden? Petra Schulz hat bei der Übernahme der Führung nicht darauf geachtet, die Leistungen der langjährigen Mitarbeiter ausreichend zu würdigen. Systemisch gesehen gibt es einen Vorrang derer, die schon längere Zeit im Unternehmen sind (das Anciennitätsprinzip). Das heißt für eine neue Führungskraft, zunächst von hinten zu führen und die erbrachten Leistungen zu würdigen. Nur wenn solche systemischen Prinzipien berücksichtigt werden, kann ein Team oder eine Abteilung reibungslos funktionieren. Um die »Widerständler« zur Zusammenarbeit zu gewinnen, war es notwendig, ihre Leistungen anzuerkennen.

Als zweiter Punkt wurde deutlich, dass in der Aufstellung eine »Leerstelle« vorhanden war. Da alle auf einen leeren Punkt geblickt haben, lag der Schluss nahe, dass hier etwas ergänzt werden musste. Da bei internen Querelen und Widerständen oft die Zielorientierung verloren geht, lag es nahe, dass hier das Ziel, die Aufgabe oder etwas Vergleichbares fehlt.

Natürlich ist die Aufstellung noch nicht die Lösung selbst, denn innere Bilder von Lösungen sind noch keine Lösung. Sie ebnen aber den Weg dorthin, denn das neue innere Bild bestimmt unser Verhalten. Erst ein Verhalten, bei dem die Lösung die systemischen Prinzipien berücksichtigt, kann seine Wirkung entfalten.

Bei Petra Schulz hat die Aufstellung ihre Wirkung entfaltet! Einige Monate später berichtete sie, dass ihre Beziehung zu den »Widerständlern« sehr viel entspannter geworden ist. Es war gar nicht mehr notwendig, die Anerkennung für die Mitarbeiter auszusprechen, denn diese haben ihre veränderte Haltung wahrgenommen. Sie sind sehr viel mehr zur Kooperation bereit, zumal sie deutlicher erkennen können, in welche Richtung es geht und wie das gemeinsame Ziel aussieht.

Organisationsaufstellungen mit lebensgroßen Figuren, auch stumme Vertreter genannt, helfen Führungskräften, in einem geschützten Rahmen schnell ihre Handlungsstrategien und Entscheidungen zu überprüfen und wirkungsvoller umzusetzen. Sie können das implizite Wissen von Organisationen, die für das Gelingen von Projekten maßgeblich sind, transparent, verfügbar und veränderbar machen. Führungskräfte erhalten durch die Aufstellungen neue Erkenntnisse und Handlungsimpulse, die die ihnen bekannten Strategien wirkungsvoll ergänzen und gleichzeitig neue Lösungen aufzeigen.

Aufstellungsformen

Organisationsaufstellungen in Gruppen

Meistens ein zweitägiges Seminar, an dem 15 bis 20 Personen teilnehmen. Sie kommen aus unterschiedlichen Bereichen und kennen sich vorher nicht. Jeder der Teilnehmer kommt mit einem Problem, das er lösen möchte, die anderen sind jeweils Stellvertreter.

Organisationsaufstellungen mit externen Repräsentanten

Der Aufstellungsleiter bringt sechs bis zwölf unbefangene Repräsentanten mit. Das ist zwar aufwendig, aber notwendig. Aufstellungen sollten niemals mit den eigenen Mitarbeitern durchgeführt werden, denn diese können »gefangen sein im System« und damit kann es leichter zu weiteren Verwicklungen kommen als zu neuen problemlösenden Informationen, wie sie unbefangene Stellvertreter liefern können.

Organisationsaufstellungen mit stummen Vertretern

Für dieses Aufstellungsformat wird mit lebensgroßen, mobilen Figuren (s. Abb. 1) und ein bis drei unbefangenen Repräsentanten, die der Coach mitbringt, gearbeitet. So ist das System räumlich erlebbar, ohne viele Personen zu benötigen. Durch die unbefangenen Repräsentanten ist es möglich, an wichtigen Punkten Informationen zu bekommen und Interventionen durchzuführen.

Brettaufstellungen

Hierbei werden Figuren wie Holzklötze, Tiere, Spielfiguren oder Ähnliches verwendet, um damit auf dem Tisch das System mit allen relevanten Systemteilen zu repräsentieren. Damit ist es möglich, das System mit größerem Abstand zu betrachten.

Bodenanker

Hierfür werden Moderationskarten verwendet. Sie sind mit dem Namen des Systemteils und einer Blickrichtung versehen und werden auf dem Boden angeordnet. Dadurch, dass sich Klient und Coach auf die Positionen begeben, haben sie die Möglichkeit, sich in die Systemelemente einzufühlen. Dies erfordert jedoch einiges an Vorstellungskraft.

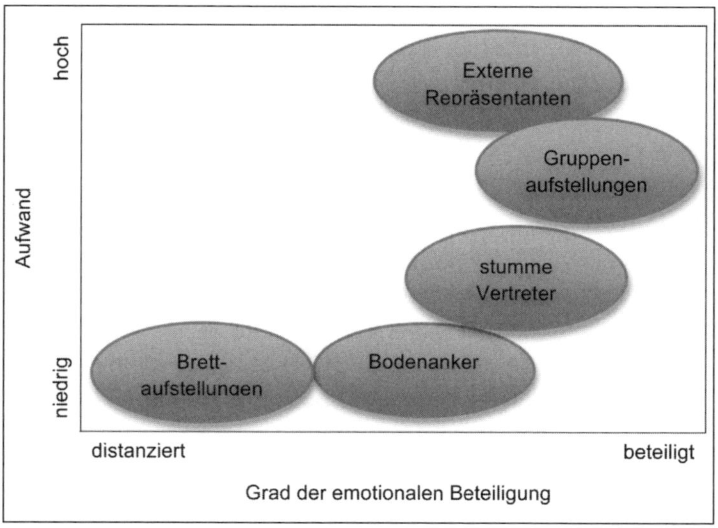

Abbildung 4: Aufwand und Grad der emotionalen Beteiligung von verschiedenen Aufstellungsformaten

Systemische Prinzipien in Unternehmen, die für Aufstellungen relevant sind

Anerkennen, was ist

Die Anerkennung und Würdigung der Unternehmenswirklichkeit oder: das Grundprinzip der Nicht-Leugnung. Dieses Prinzip ist Grundvoraussetzung für die anderen Prinzipien.

Was wird geleugnet, ausgeblendet, verharmlost? Wie mutig werden auch unliebsame Tatsachen zur Unternehmenswirklichkeit kommuniziert?

Recht auf Zugehörigkeit

Das Recht auf Zugehörigkeit für alle in einer Organisation. Beschäftigte werden eingeschlossen, besonders auch der Firmengründer.

Welches frühere oder gegenwärtige Mitglied des Systems wurde ausgeschlossen, entwertet, vergessen? Wer wurde auf verletzende Weise entlassen? Sind die Gründer im Bewusstsein und werden geachtet?

Ausgleich von Geben und Nehmen

Unausgeglichene Bilanzen fördern Unzufriedenheit, Schuldgefühle und es besteht ein unbewusstes Verlangen nach Ausgleich. Der, dem Unrecht geschieht, bekommt Macht, und der, der dauerhaft mehr gibt, als er nimmt, fördert Beziehungsabbrüche. Sowohl Überversorgung als auch Ausbeutung haben Folgen.

Wer schuldet wem Dank, Gegenleistung oder Anerkennung für empfangene Unterstützung, Förderung oder den Gewinn von Vorteilen, das heißt, bleiben Verdienst und Schuld bei denen, die sie verursacht haben?

Firmenzugehörigkeit und Lebensalter

Das Anciennitätsprinzip – Wer länger im Unternehmen ist, hat Vorrang.

Wer dient dem Unternehmen am längsten? Werden die Beiträge der älteren Systemmitglieder geschätzt, werden sie zum Beispiel nach ihren

Erfahrungen gefragt? Gelingt es später dazukommenden Chefs, »vom letzten Platz aus« zu leiten?

Hierarchie

Leitung hat Vorrang. Eine Organisation hat das Bedürfnis nach Führung. Fehlt dieses Bedürfnis oder wird es nicht wahrgenommen, entsteht Unsicherheit.

Nimmt der Chef eines Unternehmens die ihm übertragenen Führungsaufgaben wahr und werden diese anerkannt?

Der Kompetenzvorrang

Leistung muss anerkannt werden. Besondere Leistungen und Fähigkeiten müssen anerkannt und gefördert werden, damit diese Personen im Unternehmen bleiben können.

Werden besonders innovative und kreative Fähigkeiten und Leistungen anerkannt und gefördert in ihrem besonderen Wert für das Überleben und die Weiterentwicklung der Firma, unabhängig von der Position des Betreffenden?

Gehen und Bleiben

Jeder, den die Organisation braucht und der seine Funktion ausfüllt, hat das Recht zu bleiben. Aber bleibt ein Mitarbeiter, den die Organisation nicht mehr braucht, führt dies zu Kämpfen, Demotivation und Vertrauensverlust. Dabei ist wichtig, dass eine Trennung mit gegenseitigem Respekt und Wertschätzung vollzogen wird, damit es in der Organisation reibungslos weitergeht und dem Betroffenen ein guter Neustart ermöglicht wird.

Sind die Gründe für eine Kündigung transparent und nachvollziehbar und werden die Leistung und der Beitrag des Gekündigten zum Ganzen gewürdigt?

Die Autorin

Ann-Kathrin Kühr (Jg. 1965), Diplom-Biologin, ist seit 2001 als Unternehmensberaterin, Trainerin und Coach tätig.
Als Naturwissenschaftlerin und Frau ist es ihr wichtig, eine Brücke zu bauen zwischen den »harten Naturwissenschaften« und den »weichen emotionalen Faktoren«; zwischen Männern und Frauen – mit dem Ziel, zu einer Haltung zu kommen, in der Vielfalt eine Bereicherung und ein Nutzen für alle ist.
Sie ist Inhaberin einer Seminar-Akademie (www.kik-akademie.de) und eines Beratungsunternehmens (www.pro-integer.de).
E-Mail-Kontakt: kuehr@pro-integer.de

Andrea Günter

Systemische Selbstverständnisse, religiös motivierte Seelsorge, Sinnorientierung und die Frage: War Jesus einfühlsam?

Seelsorge und systemische Interventionen

Systemische Interventionen erfahren eine zunehmend starke Resonanz im Bereich der kirchlichen Seelsorge. Warum? Auf den ersten Blick sticht ins Auge, dass das mit den Veränderungen in Aufgabenfeldern von Seelsorgerinnen und Seelsorgern zu tun hat. Zugleich bieten systemische Vorgehensweisen für seelsorgerliches Handeln sinnvolle Ansätze. Darüber hinaus stellt sich die Frage, wie es umgekehrt aussieht, wie seelsorgerliche Perspektiven mit systemischen Selbstverständnissen zusammenhängen könnten.

Neben spezifischen Seelsorgefeldern wie der Krankenhaus-, der Notfall- oder der Gefangenenseelsorge hat sich das Setting seelsorgerlicher Aktivitäten dahingehend verändert, dass Seelsorge als Handlung im beruflichen Alltag von Menschen verstanden wird, die in kirchlichen Arbeitsfeldern tätig sind. Seelsorgerliche Interventionen finden hier immer weniger in eigens verabredeten Gesprächssituationen statt. Vielmehr entstehen in einer jeglichen beruflichen Alltagssituation von Religionspädagoginnen, Gemeinde-, Pastoralreferenten und Pfarrerinnen Gesprächsmomente mit seelsorgerlichen Dimensionen. Kirchliche Mitarbeiter werden als Gesprächspartner für Seelennöte verstanden, die jederzeit, wenn man sie trifft, angesprochen werden können, sei es an der Kirchentür vor oder nach dem Gottesdienst, beim Gemeinderatstreffen, auf dem privaten nachbarschaftlichen Straßenfest oder beim Elternabend in der Schule, in der sie als »normales« Elternteil anwesend sind. Dabei handelt es sich in der Regel um kurze, spontane, für sie unvorbereitete Gesprächsanlässe.

Menschen, die in solchen Berufsfeldern tätig sind, sollen daher dazu angeleitet werden, diese kurzen Momente wahrzunehmen und seelsorgerlich zu gestalten. Bietet es sich dafür nicht regelrecht an, auf prägnante Wirkungen angelegte, etwa lösungsorientierte Interventionen zurückzugreifen, die Wunderfrage zu stellen und mit wenigen Schritten Hoffnung in Problemlagen zu wecken?

Als ein weiterer Zusammenhang von systemischen Interventionen und Seelsorge wäre anzusprechen, dass auch säkular arbeitende Therapeuten, Berater und Coaches mit Anliegen konfrontiert werden, die eigens als seelsorgerliche zu identifizieren sind, weil Sinnfragen und spirituelle Bedürfnisse zur Sprache kommen. Gibt es also einen gemeinsamen Nenner zwischen Beratungssituationen und dem, was im engeren Sinne unter Seelsorge fällt?

Die Seelsorge und die Seele

Gleichgültig ob es um systemische oder andere Interventionstechniken geht, machen Seelsorgerinnen einfach nur dasselbe wie andere auch? Oder bringt das Setting »Seelsorge« einen Kontext mit sich, der sich von anderen Beratungssettings so unterscheidet, dass im Gespräch eine andere Perspektive und Erlebensqualität im Spiel sind? Lädt sich die Situation mit Besonderheit auf, weil jemand gezielt eine Person anspricht, von der man weiß, dass sie für »die Kirche« bzw. eine religiös ausgerichtete Gruppe arbeitet? Das Amt des Pfarrers und seiner Stellvertreter ist traditionellerweise mit einer Aura versehen, so dass man davon ausgehen kann, dass diese sich auf das Gespräch auswirkt. Spezifische Erwartungen können geweckt sein. Vielleicht sucht man es sogar, dass der Seelsorger ein erlösendes Wort spricht, ein Wort aus einer heiligen Schrift heranzieht, Gebetsworte einfließen lässt, Religiöses mitteilt. Außerdem erwartet man in westlich geprägten Kontexten kaum noch, missioniert und mit dogmatisierenden Aussagen zu Einsicht und Umkehr überredet zu werden. Vielmehr verlässt man sich, auch wenn man sich selbst nicht so unbedingt damit auskennt, auf eine verstehende, meist psychotherapeutische Professionalität des Seelsorgers.

Viele seelsorgerlich Tätige haben entsprechende Qualifikationen erworben. Im Horizont der eigenen Leitbilder steht dabei häufig das Helfen durch Verstehen im Vordergrund. Das entsprechende Bild von

Jesus, auf das sich Christen gerne als Vorbild beziehen, sieht in ihm eine verständnisvolle Figur, die sich auf die Menschen einlässt, auf sie eingeht, ihnen nahe ist. Jesus, ein Empathiker? Gern wird heute geglaubt, dass das Einfühlungsvermögen Jesu seine Interventionen leitete.

Nun kann man die Frage nach der Besonderheit der Seelsorge und ihrer Verbindung zu (systemischen) Beratungsansätzen auch ganz anders stellen. Im letzten Jahrhundert wurden in säkularen therapeutischen Feldern viele verschiedene und gute Methoden und Vorgehensweisen entwickelt. Diese sind auch für Seelenprozesse in religiös motivierten Kontexten hilfreich. Auch wenn sich Seelsorger diese sozusagen wie von außen kommend aneignen, so haben es alle Sphären doch mit der Seele zu tun. Die säkulare und die religiöse Sphäre reagieren beide aus einem Kontext heraus, der ohne die jüdische und christliche, aber auch ohne die griechische Geistesgeschichte und ihr Verständnis vom Menschsein undenkbar ist. Dies wird deutlich, wenn man zum Beispiel feststellt, dass andere Religionen wie der Buddhismus über ein Konzept »Seele« nicht verfügen.[1]

Daher ist es interessant, den westlichen säkularen und religiösen Bereich an das gemeinsame Verständnis der Seele zu erinnern. Der westlich säkulare ebenso wie der religiöse Begriff der Seele geht davon aus, die Menschen als Geborene zu begreifen. Das eigenständige Leben des Einzelnen beginnt mit dem Ein- und Ausatmen. Der Atem wiederum bewirkt, das Innen und Außen auf spezifische, menschliche Weise zu verbinden. Er trägt die Stimme. Die Stimme erlaubt es, sich zu artikulieren, Bedürfnisse anzumelden, sich zu einer einzigartigen Person

1 Mir geht es nicht darum, ein Primat des religiösen oder aber des säkularen Bereichs zu behaupten. Beide sind so verflochten, dass ihre Unterschiedenheit wohl immer nur für einzelne Konstellationen spezifiziert werden kann. Berücksichtigt man etwa, dass die Geisteswissenschaften sich erst im 19. Jahrhundert in Disziplinen zu differenzieren begannen, vorher alles Theologie war, dann wird deutlich, dass der Diskurs über das Verständnis der Seele zuvor grundsätzlich theologisch organisiert war, Theologisches und Säkulares sich ohne Abgrenzung miteinander entwickelte. Mit meinem Beitrag will ich u. a. versuchen, die zirkuläre Beziehung von theologischem und säkularem Seelenverständnis in westlichen Kontexten so offenzuhalten, dass Abgrenzungsbestrebungen aus Ängsten um einen Identitätsverlust (z. B. durch Missionierungsabsichten) heraus gemindert werden.

zu entwickeln, letztlich Freiheit auszuüben. Gefühle, Wünsche, Leidenschaften bilden sich an der Schnittstelle von Atem, Stimme und Außenkontakt.

Sich ausdrücken, sprechen können ist das Zeichen von menschlicher Lebendigkeit, von seelischer und geistiger Vitalität. Mit dem Atem und dem Sich-Artikulieren entwickelt sich das Seelenleben und baut sich auf. Man kann die Seele in der Folge als das Innere der Innen-Außen-Beziehung eines Menschen verstehen, das zum Sprechen drängt. Die Seele lässt sich als die menschliche Bindung kennzeichnen, die sich durch das Sprechen-Wollen und -Können bildet. Durch das Sprechen-Wollen und -Können wird menschliches Gebundensein erfahren. Diese Erfahrungen können durch das Darüber-Sprechen mit anderen verarbeitet werden.

Diese Vorstellungen von der Seele tragen das jüdische und christliche biblische Seelenverständnis ebenso wie das der griechischen Philosophie. Hierüber werden u.a. Politik und Ethik definiert: Der Friede der Seele ist gleichermaßen ein innerer Friede und steht im Wechselspiel mit äußerem Frieden. Das angestrebte sinnvolle Zusammenwirken zwischen Innen und Außen im Inneren verlangt gerade auch im Außen nach Gerechtigkeit. Diese zirkuläre Struktur findet sich beispielhaft bei Platon entwickelt.

Die systemische Perspektive und die Seelsorge

Da die Seele Ausgangspunkt von sowohl systemischem als auch seelsorgerischem Selbstverständnis und Handeln ist, legen sich Gemeinsamkeiten beider Sphären nahe. In der knappen Skizze von der Seele zeigt sich eine deutliche Übereinstimmung mit systemischen Selbstverständnissen. So ist Menschsein als Teilsein von menschlichen Beziehungssystemen – von Familien- und Organisationssystemen – ebenso konturiert wie Menschsein als eine autopoietische Struktur: ein sich selbst Gestalten und Regulieren in Form von Wünschen nach Artikulation und Mitteilung.

Ferner ist die Kybernetik zweiter Ordnung formuliert, die Seele als eine Begleiter-, Beobachter- und Gestalterinstanz des Tuns einer Person erkennbar. Da sie darüber hinaus immer wieder den Dialog mit anderen sucht, um ihre Eindrücke zu objektivieren und gegebenenfalls ihre Weisen von Bezogenheit zu erneuern, lädt sie dazu ein, sich hierbei vom »Außen« begleiten zu lassen.

Die daran anschließenden Interventionen werden einsichtig: Wenn die Seele eine Bindungsweise der Menschen ist und sie in Unruhe ist, dann ist es sinnvoll, gewohnte Bindungsweisen zu überprüfen. Hierfür kann man das Außen zu Hilfe holen, vorhandene hilfreiche Bindungen nutzen oder auch neue Bindungen eingehen: eine Beraterin, einen Seelsorger ansprechen.

Andere werden zu Helfern. Sie können uns helfen, die gewohnten Bindungsweisen zu überprüfen. Welche Bindung zu ihnen ist hierfür angesagt? Jenseits eines eindeutigen Votums für eine bestimmte therapeutische Schule kann als Leitfrage gelten: Wie ist die Beziehung zwischen Ratsuchendem und Beraterin gestaltet, damit seelische Bindungsweisen rekonstruiert werden können? Welche Rolle spielen also die Umgangsweisen in der Beratung, welche die mit den Konflikten und Problemlagen, außerdem die mit der eigenen Veränderungskompetenz?

Mit dem Fokus auf der Seele als einer kommentierenden Bindungsweise, die Bindungsweisen zu gestalten und verändern erlaubt, könnte man fast so weit gehen und Beratung deshalb grundsätzlich als Seelsorge bezeichnen. Ohne eine solch kurzschlüssige Identifikation vornehmen zu wollen, lässt sich festhalten, dass im systemischen Selbstverständnis zum Ausdruck kommt, die Gesprächssituation als autopoietisch dialogische Struktur menschlicher Bezogenheit radikal ernst zu nehmen: Jemand spricht jemanden an, weil sie oder er in einem Ungleichgewicht lebt, die Möglichkeit zu einer Veränderung in Bezug auf ein Bedürfnis, einen Wunsch[2], ein Problem spürt und hofft, dass das Gespräch mit der Seelsorgerin bei ihm eine Veränderung bewirkt – wie auch immer es gestaltet ist.

Die Aufnahme des Gesprächs transportiert den Appell, dass mit Hilfe eines anderen eine Veränderung bewirkt werden soll. Die Veränderung ist das Ziel eines jeden Gesprächs, nimmt man den Appellcha-

2 Beispiele: »Ich will schon die ganze Zeit xyz, aber …«/»Eigentlich weiß ich, was ich von meiner Tochter will, aber …«; ein Seelsorger kommt zu einem Patienten, der sagt: »die Zeit, die ich im Bett liegen muss, möchte ich für mich nutzen …«

rakter der Kommunikation ernst. Dies gilt unabhängig davon, ob man bestimmte Methoden, Gesprächsleitfäden, Interventionsschritte eingeübt hat. Denn jene erhalten ihren Sinn, wenn die verändernde Bedeutung des Gesprächs selbst im Fokus bleibt. Und dieser Fokus macht gerade auch flexibel in Bezug auf Methoden, bildet ihr Spielbein. Das Systemische ist in diesem Sinne vor allem eine Perspektive auf und eine Haltung gegenüber Gesprächen, weniger eine Methode. Die autopoietische Appellstruktur einer Gesprächssituation selbst liefert die Methodologie, aus der der Einfachheit halber charakteristische, genormte methodische Schritte abgeleitet und für andere Situationen übertragen werden können.

»systemisch« als Haltung

Seelsorger/-in (S):	artikuliert ausgehend von der Haltung: »*Wenn unser Gespräch ein Appell für Veränderung ist, was soll unser Gespräch auf den Weg bringen?*«
Klient/-in (K):	antwortet auf die angebotene Haltung, präzisiert ihren/seinen Appell (*Das Spektrum kann reichen von »ich will mich nicht mehr so sehr mit xyz beschäftigen müssen«* bis »*xyz ist ein Lebensthema von mir, ich will endlich …*«)
⇨	
Perspektive für S:	*Alles, was K erzählt, ist eine Erzählung über seinen/ihren Veränderungswunsch. Es enthält das Wissen, um welche Veränderung es geht, wie sie geschehen kann!*
Haltung von S:	*Ich bin dafür zuständig, dass genau dieses Veränderungsanliegen der* Kompass *unseres Gesprächs bildet.*

Jesus heilt. Aber wie?

Eine weitere wichtige Gemeinsamkeit zwischen systemischen Ansätzen und der jüdischen, christlichen und griechischen Tradition ist die Entwicklung eines Erklärungsansatzes, der jenseits eines Ursache-Wirkungs-Erklärungsmusters Zusammenhänge begreiflich machen will. Philosophisch gesprochen handelt es sich um eine »genealogische Kausalität«: um ein Verständnis von Geschehnissen mitten aus den Verhältnissen und Beziehungsgefügen heraus. Damit ist gemeint, dass wir immer irgendwo in der Mitte stehen und von dieser Mitte aus beginnen, den Anfang und das Ende, die eine, die andere Seite, außerdem auch das ganz Andere zu denken, auf das sich der Moment hinbewegen können wird.[3] Hierbei können wir Schwerpunkte bilden: Uns eher auf den Anfang konzentrieren, um besser zu verstehen, wie das, was ist, geworden ist, oder aber auf das Ende, um in den Blick zu nehmen, wie das, was ist, werden kann. Oder wir können gezielt versuchen, die Mitte, die »Lücke in der Zeit zu bewohnen« (Hannah Arendt).

Wie diese wenigen Andeutungen vielleicht deutlich machen: Kaum jemand verbindet solche erkenntnistheoretischen Ideen mit dem christlichen Gedankengut. Das Systemische (und die postmoderne Philosophie) scheint sie eher neu zu erfinden. Wirft man von diesen Ideen jedoch den Blick zurück auf die Geschichten Jesu, dann stellt man erstaunt fest, wie nah sich beide Erzähltraditionen sind (inhaltlich, nicht, was ihren Stil betrifft). Der Blick zurück lässt deutlich werden, inwiefern die biblische Erzähltradition uns schon viele Aspekte dessen, was uns als systemisch neu erscheint und wir bislang nicht bewusst mit ihr verbinden, nahegebracht hat. Statt Abgrenzung, Verwerfung oder Hierarchisierung ist also ein zirkuläres Befragen und Befruchten möglich. In dem Sinne, in dem systemische Ansätze mit grundsätzlichen Überlegungen zum Menschsein zu tun haben, ist ein neuer Blick auf die Selbstverständnisse religiöser Überlieferungen möglich. Auch das Verständnis religiöser Traditionen erweist sich in diesem wechselseitigen Befragen als beweglich: Selbstverständnisse werden an sie herangetragen und gleichzeitig abgeleitet.

Wie also heilte Jesus? War er fortwährend erkennbar einfühlsam? In der Geschichte der Hochzeit zu Kana weist er barsch den in den Worten seiner Mutter nicht direkt formulierten, aber dennoch durch-

---

3 Dieses Verständnis artikuliert schon die biblische Schöpfungsgeschichte in Genesis 1. Gott erschafft hier mitten aus dem Chaos heraus die Welt. Er erschafft, indem er ergänzt, unterscheidet, sieht und für gut befindet; vgl. Günter, 2007. Zur Genealogie als Kausalität vgl. Drygala und Günter, 2010, S. 30–32.

scheinenden Appell zurück, er habe für das Gelingen der neu gestifteten Beziehung Sorge zu tragen. An anderer Stelle bekommt er gerade mal so nebenher mit, dass eine blutflüssige Frau durch die Berührung seines Kleidungsstückes geheilt wurde. Er tat nichts dazu, merkte nur, dass eine Kraft aus ihm herausfloss. Was sie heilte? Laut der Geschichte ihr Vertrauen darauf, dass der Kontakt mit ihm sie heilen wird. Von Zurückweisung, fehlendem Kontakt seinerseits, Passivität erzählen die Geschichte über Jesu Tun also (auch).

Vergleichbares wird von den Jüngern erzählt, die Jesus auf dem Weg nach Emmaus trafen, wohin sie sich aufgrund der ihnen unverständlichen Geschehnisse um seinen Tod flüchteten. Er begleitete sie, erklärte ihnen alles, doch das half nicht. Ihre Verwirrung nahm eher zu. Diese verwandelte sich allerdings ab dem Moment in Erkennen, als die Jünger Jesus baten, dazubleiben, den Abend mit ihnen zu verbringen. Der Schlüssel scheint: Statt bekanntem Wissen oder gar Rationalisierung hilft die Bitte um Da-Bleiben.

Dass überkommene, bekannte, auch religiöse Erklärungsmuster nicht ausreichen, um unbegreifliche Geschehnisse zu verstehen, führt Jesus wiederum eindrücklich bei der Heilung des Blindgeborenen vor Augen. In den Vordergrund rückt die Zeugenschaft des Geschehens. Zunächst bestätigen die Eltern den vorherigen blinden Zustand seit der Geburt. Dem nun Sehenden spiegelt Jesu, dass er die Kraft, die ihm zum Sehen verholfen hat, genau in dem Moment sah, in dem er sehen konnte. Und denjenigen, die nicht an seine Heilung glauben, vielmehr an Betrug denken, hält er vor Augen, dass sie sündigen, wenn sie sich selbst für sehend halten. Sie vermeinen nämlich, durch ihr Wissen Zusammenhänge erklären zu können, weshalb sie alles, was sie nicht erklären können, als Trug ablehnen. Wirkungen haben keine zeitlichen und räumlichen Vorgaben, positioniert Jesus wiederum in der Heilungsgeschichte eines Kranken am Teich Betesda. So kann man in vielen Geschichten um Jesus den Appell finden, auf bekannte Erklärungsmuster zu verzichten und sich direkt mit den Wirkungen zu beschäftigen: da zu sein, *mitten* in dem zu sein, wo man gerade ist, mitten in den Versammlungen der Menschen.[4]

4 Curie Lee machte mich darauf aufmerksam, dass in diesen Geschichten die Menschenmenge eine zentrale Rolle spielt.

Statt von gestalteter Nähe kann man in diesen Erzählungen also die Haltung der gestalteten Distanz beobachten. Es geht darum, die Distanz zu unproduktiven Gewohnheiten und Erklärungsmustern zu erobern und die Differenz inmitten des Geschehens zu eröffnen, aufzugreifen und zu verstärken, weil dies die Hoffnung und Veränderung ermöglicht. Jesus repräsentiert genau diesen Vorgang. Er vollbringt nicht ein unerklärliches Wunder. Er eröffnet den Raum für Veränderung, hält die Option dafür im Spiel.[5]

Die jüdische Philosophin Hannah Arendt, der es bestimmt nicht darum ging, das Christentum zu verkünden, die vielmehr das politische Denken erneuern wollte, findet in Jesus die Figur, die auf besondere Weise das Politische verkörpert: die Fähigkeit der Menschen, sich auf eine verändernde Gegenwart hin auszurichten, so dass eine andere Zukunft werden kann.[6] Was man dabei aus der jüdischen, der christlichen und der griechischen Philosophie gleichermaßen lernen kann, ist das spirituelle Moment von Veränderung, das, mittels des Göttlichen ausgesagt, am Wirken ist. Das Göttliche wird als eine Darstellungs-, Vorstellungs-, Erklärungsweise kenntlich, die nicht deontologisch – von vorhandenen Geboten und Verboten, von bekannten Gesetzen und Gesetzlichkeiten her –, aber auch nicht teleologisch – auf ein bestimmtes Ziel oder einen bestimmten Zweck fixiert – Zusammenhänge stiftet. Beim Prinzip »die Lücke in der Zeit bewohnen« steht weniger ein lösungs-, als vielmehr ein sinnorientiertes Verständnis heilender Gespräche im Vordergrund: Zusammenhänge zu bilden, die sinnvoll verändern, bewirkt Veränderung, indem das neue Herausbilden der Zusammenhänge entlang des Wunsches nach einer bestimmten Veränderung(srichtung) geschieht. Zusammenhänge und der Wunsch nach Veränderung lassen sich zirkulär in Beziehung setzen.

Um es abschließend nochmals zu pointieren: Es geht mir nicht darum, in den Erzählungen über Jesus systemisches Handeln willkürlich auffinden zu wollen. Im Gegenteil, ich gehe von dem Folgenden aus: Die Erzählungen über die spezifischen Erfahrungen mit den Wirksamkeiten von Jesu Tun, zusammen mit den Berichten über die

5 Christologisch geht es um Jesus als Erlöser und Retter inmitten der Welt.
6 Wiederholt in der »Vita activa«.

ihm zugeschriebenen Erklärungen für »seine« Wirksamkeit, außerdem die Intuitionen, die nach wie vor zur Tradierung dieser Vorstellungen führen, haben im Laufe der Jahrhunderte dabei geholfen, das menschliche Wissen über Zusammenhänge, Veränderung und folglich politisches Handeln formulierbar werden zu lassen. Die spezielle jesuanische Konzeption, die Mitte in den Geschehnissen, Verhältnissen und Beziehungen als Ort von Veränderung zu verstehen, ist schon gewusst und wurde mit der Figur des Jesus historisch vielleicht besonders prägnant symbolisiert. Vielleicht stellt das Systemische dabei eine Art aktueller Reaktualisierung dar.[7] Folgt man der Lesart Hannah Arendts, lässt sich dazu festhalten, dass das spezifisch jesuanische Konzept von verändernden Handlungen in den letzten Jahrzehnten so bewusst und produktiv wie kaum zuvor wahrgenommen werden kann, so dass Jesus als Vorbild des Politischen – der Praxis der Veränderung – gesehen werden kann, ohne dass dies auf (rein) religiös-theologische Konstanten reduziert werden muss, allerdings dennoch in seiner spirituellen Dimension gewürdigt werden kann.[8]

Literatur

Arendt, H. (1960/1981). Vita activa oder Vom tätigen Leben. München: Piper.
Brenneke, A. (2009). Ihr werdet den Himmel offen sehen. ZSTB 27, 3, 163–173.
Drygala, A., Günter, A. (2010). Differenz und Genealogie. In A. Drygala, Günter, A. (Hrsg.), Paradigma Geschlechterdifferenz. Ein philosophisches Lesebuch. Sulzbach/Ts.: Helmer.
Düsing, E. (2008). Einleitung. Problemskizze zu »Geist und Psyche« in Antike, Christentum und Neuzeit. In E. Düsing, (Hrsg.), Geist und Psyche. Klassische Modelle von Platon bis Freud und Damasio (S. 7–16). Würzburg: Königshausen & Neumann.
Günter, A. (2004). Hochzeit zu Kana. Der Anfang durch das mütterliche Wort. In A. Günter (Hrsg.), Maria liest. Das heilige Fest der Geburt (S. 87–98). Rüsselsheim: Göttert.

7 Dafür spricht auch die Rekonstruktion der Traditionen, denen das systemische Denken erwachsen ist, etwa der Hegel'schen Philosophie und deren Rezeption der christlichen Religion.

8 So auch der Ansatz von Karl Jaspers in seinem Werk »Die maßgebenden Menschen: Sokrates, Buddha, Konfuzius, Jesus« (1997).

Günter, A. (2007). Geist schwebt über Wasser. Postmoderne und Schöpfungstheologie. Wien: Passagen-Verlag.
Günter, A. (2009). Das Systemische, das Unsichtbare und die Seelsorge. Zum Bedürfnis der Seele nach Erkenntnis und Wirklichkeit. ZSTB 27, 3, 137–146.
Günter, A. (2010). Platons Politeia. Philosophie, Pluralität, Gerechtigkeit. Wien: Passagen-Verlag.
Jaspers, K. (1997). Die maßgebenden Menschen: Sokrates, Buddha, Konfuzius, Jesus (8. Auflage). München: Piper.
Klessmann, M. (2008). Seelsorge. Begleitung, Begegnung, Lebensdeutung im Horizont des christlichen Glaubens. Ein Lehrbuch. Neukirchen-Vluyn: Neukirchener.
Lammer, K. (2006). Den Tod begreifen – Neue Wege in der Trauerbegleitung (4. Auflage) (v. a. S. 234–242, 269–272). Neukirchen-Vluyn: Neukirchener.
Lohse, T. H. (2003). Das Kurzgespräch in Seelsorge und Beratung. Eine methodische Anleitung. Göttingen: Vandenhoeck & Ruprecht.
Lohse, T. H. (2006). Das Trainingsbuch zum Kurzgespräch. Ein Werkbuch für die seelsorgliche Praxis. Göttingen: Vandenhoeck & Ruprecht.
Morgenthaler, C. (2005). Systemische Seelsorge. Impulse der Familien- und Systemtherapie für die kirchliche Praxis (4. Auflage). Stuttgart: Kohlhammer.
Riess, R. (2007). Die Frage nach dem Proprium der Seelsorge. In W. Engemann (Hrsg.), Handbuch der Seelsorge. Grundlagen und Profile (S. 177–186). Leipzig: Evang. Verlagsanstalt.
Schneider-Harpprecht, C. (2003). Nachwort: Die Methode des Kurzgesprächs im Rahmen der Alltagsseelsorge. In T. H. Lohse, Das Kurzgespräch in Seelsorge und Beratung. Eine methodische Anleitung (S. 145–155). Göttingen: Vandenhoeck & Ruprecht.

Die Autorin

PD Dr. Dr. Andrea Günter (Jg. 1963) ist habilitierte Hochschuldozentin, Philosophin, Kulturwissenschaftlerin und Theologin, seit 1989 zugleich in der Beruflichen Fort- und Weiterbildung tätig, u. a. in der Führungskräftequalifikation und der Berufsethik zu unterschiedlichsten Berufs- und Politikfeldern.
Sie verfügt über Erfahrungen zur Führungsqualifikation in internationalen Konzernen und ist teilhabende Geschäftsführerin in einem kleinen Familienunternehmen. Sie ist Master am Institut für Systemische Beratung.

Ihre wesentlichen Arbeitsschwerpunkte liegen in der Berufsethik, der Führungskräfteentwicklung und der systemischen Professionalität zwischen Persönlichkeit, Autorität, Macht und Hierarchie.
E-Mail-Kontakt: andrea.guenter@gmx.de

Antje Wilmink

Power-Teams – Kollegiale Beratung im Frauen-Netzwerk EWMD

Seit fünf Jahren bin ich Mitglied im internationalen Frauen-Management-Netzwerk EWMD[1]. Ich bin diesem Netzwerk in einer Phase von beruflichen Veränderungen beigetreten, die letztlich in meinem Ausscheiden aus einer Management-Funktion und dem Aufbau meines eigenen Unternehmens endete. Von dem Frauen-Netzwerk hatte ich mir Unterstützung und Vernetzung in dieser herausfordernden persönlichen Situation erhofft – und habe diese auch erfahren. Das Angebot des Frauen-Netzwerks habe ich wahrgenommen und bin einem Power-Team beigetreten.

Ein Power-Team ist eine Gruppe von bis zu acht Frauen, die sich über Kollegiale Beratung im Erreichen von Zielen in allen drei Welten – Professionswelt, Organisationswelt, Privatwelt – unterstützt. Power-Teams werden auf Zeit gegründet, in der Regel für ein Jahr; sie können aber länger dauern. Ich bin nun seit fünf Jahren im selben Power-Team und erfahre dort fortlaufende Unterstützung in meiner professionellen Entwicklung. Diese spezifische Form der Kollegialen Beratung hat mich so überzeugt, dass ich eine Evaluationsstudie zur Wirksamkeit und den Wirkfaktoren von Power-Teams in meinem Netzwerk angestoßen und durchgeführt habe.

Dieser Beitrag stellt die Methode Power-Team vor, zeigt Beziehungen zu Kultur, Modellen und Methoden des ISB auf und berichtet über vorläufige Ergebnisse der Evaluationsstudie.

---

1 European Woman's Managment Development International Network, www.ewmd.org

Kollegiale Beratung in Power-Teams – wie sind die Regeln?

- Fünf bis acht Frauen.
- Befristung auf ein Jahr, können aber verlängert werden.
- Treffen im Abstand von vier bis sechs Wochen über jeweils drei Stunden.
- Protokoll über ein Team-Tagebuch.
- wechselnde Rollen im Team:
  - Moderatorin,
  - Zeithüterin,
  - Protokollführerin.
- Vertraulichkeit, wertschätzender Umgang, Verbindlichkeit, Feedback-Regeln.
- Jede Frau formuliert ihr eigenes berufliches bzw. privates Ziel, das sie mit Unterstützung des Power-Teams erreichen will.
- Moderation der ersten Treffen eines Power-Teams durch eine Beraterin bzw. Coach, die die Regeln für das Power-Team und die Treffen verankert, in die Methode der kollegialen Beratung einführt und die Frauen bei der Formulierung ihrer individuellen Ziele unterstützt.

Ein Power-Team-Treffen wird in der Regel so gestaltet:

- Einstiegsrunde: je Teilnehmerin fünf Minuten.
  Die Leitfragen dieser Runde lauten:
  1. Wo stehe ich?
  2. Was ist seit dem letzten Treffen passiert?
  3. Was habe ich erreicht?
- Zwei bis drei Frauen sind Fallgeberinnen und bringen nacheinander ihre Themen ein; die Themen werden mit den Methoden der Kollegialen Beratung im Team bearbeitet.
- Die Frauen formulieren jeweils für sich Festlegungen oder Aufgaben, wie sie mit ihren Themen im Alltag weitermachen wollen.

Dieses Regelwerk basiert im Wesentlichen auf der Idee der Erfolgsteams, die in den USA von Barbara Sher initiiert wurden (Bergmann, 1998).

Power-Teams – wie gehen wir im Frauen-Netzwerk EWMD vor?

Das Frauen-Netzwerk bietet Power-Teams seit rund acht Jahren an. Es gibt Power-Teams, die seit mehr als fünf Jahren bestehen. So hat sich eine große Erfahrung mit der Methode und eine hohe Verbindlichkeit miteinander eingestellt. Die Methode strahlt so aus, dass sie für viele Frauen attraktiv ist und an das Netzwerk regelmäßig interessierte Frauen herantreten, um an Power-Teams teilzunehmen. Im Netzwerk gibt es für das Thema Power-Team verantwortliche Frauen mit einer Anbindung an den Netzwerk-Vorstand, die die Gründung neuer Teams verantworten. Dem Netzwerk angehörende Beraterinnen und Coaches unterstützen die Power-Teams.

Für die Gründung eines Power-Teams werden Mitglieder des Netzwerks und andere interessierte Frauen zu einer Veranstaltung eingeladen. Dabei werden die Methode und das Regelwerk vorgestellt. Damit die Frauen einen Eindruck von der gemeinsamen Arbeit an einem Anliegen haben, stellen erfahrene Power-Team-Frauen eine Live-Situation nach und führen eine Kollegiale Beratung als Kostprobe vor. Offene Fragen zu den spezifischen Regeln eines Power-Teams bzw. zu Kollegialer Beratung im Allgemeinen werden geklärt. Im Anschluss finden sich die Frauen zusammen, die nun verbindlich in einem Power-Team arbeiten wollen. Können die Frauen sich vorstellen, gemeinsam zu arbeiten, konstituiert sich damit das Power-Team. Passt die Mischung der Frauen nicht zueinander – kommen zum Beispiel zu viele Frauen aus einer Berufsgruppe, ist das Verhältnis von Frauen aus dem Management zu Selbständigen und Unternehmerinnen unausgewogen –, kommt es zu einer weiteren Matching-Runde in einem zweiten Treffen.

Exkurs: Bedeutung des Matching

Zur Bedeutung des Matching gibt es unter den Beraterinnen, die die Power-Teams in den ersten Treffen unterstützen, unterschiedliche Auffassungen. Einige Beraterinnen sind der Auffassung, dass das Matching die entscheidende Stellgröße für das Gelingen von Power-Teams ist. Sie meinen, »es muss einfach passen« – dann stelle sich das vertrauensvolle

Arbeiten miteinander ein. Dagegen bin ich der Meinung, dass die Passung der Frauen nicht per se die entscheidende Stellgröße ist. Aus meiner Sicht ist die Kultur in einem Power-Team entscheidend für das Gelingen. Diese Kultur entsteht aus dem Zusammenspiel der Regeln, der Verbindlichkeit der Frauen, einem Vorschuss an Vertrauen, den jede Teilnehmerin mitbringen sollte, und einem wertschätzenden Umgang miteinander. Dabei ist eine gewisse Verschiedenheit der Frauen – beruflicher und persönlicher Hintergrund, Alter, Ziele – für das Gelingen eher hilfreich in dem Sinne, dass Unterschiedlichkeit als Bereicherung erfahren wird. So nehmen das die Teilnehmerinnen von Power-Teams in ihrer Mehrheit auch selbst wahr – aber davon später mehr.

Ähnlich sieht es auch Bernd Schmid: »Jeder, der schon selbstgesteuertes Lernen initiiert hat, weiß, dass dies ohne sorgfältige Steuerung nur zufällig gelingt. Ohne gezielte Maßnahmen und geeignete Regeln am Anfang finden sich zum Beispiel eher Partner, die ohnehin gut zurechtkommen. Andere, denen eher wenig gelingt und die am meisten Unterstützung brauchen, fallen leicht aus dem kollegialen Austausch heraus. Setzt man zum Beispiel auf Anfangsbegeisterung, hält aber im Aufbau einer Lern- und Kooperationskultur nicht nach und etabliert Verbindlichkeit, fehlt leicht die für bleibende Effekte kritische Masse an neuer Erfahrung« (Schmid, 2009).

Der Start

Die ersten Sitzungen werden durch Coaches bzw. Beraterinnen, die dem Netzwerk angehören, moderiert. Dabei werden Spielregeln und Rollen verankert. Die Frauen werden bei der Entwicklung ihrer individuellen Ziele unterstützt. Die Beraterin gibt einen Überblick über die Struktur der Meetings, die wechselnden Rollen, die Leitfragen für die Einstiegsrunde und über das Protokoll- bzw. Team-Tagebuch.

Es gibt weiterhin eine Einführung in die mögliche Bearbeitung eines Anliegens:

- lösungsorientiertes Fragen,
- lösungsorientierte Hypothesenbildung,
- verträgliche Ratschläge,
- Feedback-Kultur.

Diese Regeln können dann an einer Fragestellung oder der Fallgebung einer der Teilnehmerinnen erprobt werden.

Einen großen Teil der ersten Sitzungen nimmt das Entwickeln der Ziele der Teilnehmerinnen ein. Häufig kommen die Frauen mit eher unspezifischen Wünschen hinsichtlich des Lebens, der Vorgesetzten, Kollegen usw. in ein Power-Team. Das Erarbeiten eines spezifischen, messbaren, terminierten Ziels nach SMART-Kriterien

S – spezifisch = konkret
M – messbar = quantifizierbar
A – attraktiv und aktionsorientiert
R – realistisch = angemessen herausfordernd
T – terminiert

ist oft harte Arbeit. Bei der Entwicklung der Ziele unterstützt die externe Beraterin. Die Erfahrung mit der Installierung von Power-Teams hat gezeigt, dass insbesondere die Zielfindung oft so diffizil ist, dass Frauen ohne einschlägige Vorbildung damit allein in Schwierigkeiten kommen können.

Exkurs: Eine systemische Perspektive auf Zielfindung

Dieser Prozess der Zielfindung ist oft der erste Schritt, die eigene Wirksamkeit zu erkennen. Die Herausforderung besteht darin, das Ziel so zu formulieren, dass es von der jeweiligen Frau tatsächlich beeinflussbar und steuerbar ist. Die Beraterin unterstützt die Power-Team-Teilnehmerin an dieser Stelle, um aus der Position einer sich Beklagenden zu einer »Kundin« zu werden – im Sinne des Auftragsmusters nach Gunther Schmidt. Eine Beklagende richtet ihre Wünsche nach außen, verantwortlich für eine Veränderung ihrer Situation sind andere, nicht die Betroffene selbst; die Kundin sucht nach Unterstützung für ihre eigene Wirksamkeit.

Voraussetzung für ein Unbehagen und ein Problemempfinden ist, dass zwischen einem gewünschten Soll-Zustand und einem Ist-Zustand eine Abweichung empfunden wird. Das führt dann zu einer Suche nach Unterstützung wie Coaching oder Kollegiale Beratung. In der

Beratung oder im Coaching bestehen zwei Möglichkeiten, diese Inkongruenz von Soll und Ist aufzuheben:

- Ist-Veränderung im Sinne einer Verbesserung des als unbefriedigend empfundenen Ist-Zustandes zum Beispiel über eine Erweiterung der Handlungsoptionen,
- Soll-Veränderung im Sinne einer Anpassung des Soll-Zustands an den Ist-Zustand; das heißt, die Toleranz und Akzeptanz gegenüber der Abweichung wird verbessert.

In dem Prozess der Zielformulierung findet oft eine Relativierung des Ziels statt: Mit der Unterstützung durchleuchtet die Power-Team-Teilnehmerin ihre Wünsche auf operationalisierbare und steuerbare Größen, die dann auch angemessen herausfordernd sind.

In der weiteren Arbeit im Power-Team werden die gesetzten Ziele nicht weiter in Frage gestellt – soweit die Regel. Die Teilnahme am Power-Team soll die Teilnehmerin bei der Erreichung des Ziels unterstützen, u. a. durch ein in jedem Treffen stattfindenden Controlling-Prozess (»Wie nahe bin ich meinem Ziel gekommen, was ist noch zu tun?«). Tatsächlich findet jedoch im Prozess des Power-Teams ähnlich wie oft im Coaching eine Relativierung der Ziele statt. Das Erreichen des Ziels wird weniger wichtig, das Anerkennen der Schritte in die gewünschte Richtung ist oft wichtiger als die Zielerreichung selbst. Dies zeigen die Ergebnisse der Evaluationsstudie (s. u.).

Haben die Teilnehmerinnen ihre Ziele formuliert und sind die Regeln verankert, beginnen die Teilnehmerinnen allein, ohne Coach, zu arbeiten. Sie können auf die Beraterinnen als externe Moderatorinnen zurückgreifen, wenn sie sie benötigen.

Die Basis für eine günstige Kultur der Zusammenarbeit und des Lernens wird in den ersten Treffen gelegt. Entwickelt wird sie über die tatsächliche Zusammenarbeit der Teilnehmerinnen in der Folge. Zentrale Faktoren für eine günstige Kultur für die professionelle Entwicklung sind ein wertschätzender Umgang und ein lösungsorientiertes Vorgehen in den Sitzungen und in den Fallberatungen.

Kollegiale Beratung im Power-Team versus Institut für Systemische Beratung (ISB)

Kollegiale Fallberatung am Institut für Systemische Beratung und im Power-Team weisen viele Gemeinsamkeiten auf. Es gibt aber auch Unterschiede:

- Im Frauen-Netzwerk formulieren die Teilnehmerinnen individuelle Ziele und unterstützen sich bei der Verfolgung ihrer Ziele; die Teilnehmerinnen sind Führungskräfte und Unternehmerinnen (die dann auch einmal Beraterinnen und Coaches sein können, dies aber nicht per System sind). Haben sie ihre Ziele erreicht, gehen sie auseinander oder entscheiden sich für einen weiteren Durchlauf. Mit neu gesetzten Zielen geben sie sich weiterhin Unterstützung.
- Bei der kollegialen Fallberatung des ISB treffen Berater und Coaches aufeinander, um sich zu Fällen aus der Beratung Intervision zu geben und so selbstgesteuert zu lernen. Das Zusammentreffen zur Kollegialen Beratung kann einmalig oder auch wiederholend in einer festen oder zufälligen Gruppe stattfinden.

Diese Unterschiede führen dazu, dass für die Teilnehmer der ISB-Fallberatung die Frage der Methode und ihrer Rolle in der Beratung im Zentrum steht: Das Einüben unterschiedlicher Methoden, die Rollenklarheit und die Erweiterung der Perspektiven zur Schärfung des systemischen Blicks sind Lernthema.

Für die Frauen im Power-Team ist die Frage der Methode untergeordnet. Sie wollen eine möglichst gute Unterstützung für ihre individuellen Ziele erhalten, Unterstützung geben und dabei ein gutes Klima untereinander finden.

Da wundert es nicht, dass die Arbeitsmethoden im Power-Team von den im ISB entwickelten Methoden der Kollegialen Beratung abweichen. Am ISB ist die Hypothesenarbeit essentiell, das heißt, die Beratungsgruppe sammelt Assoziationen, innere Bilder, Hypothesen und Erklärungsansätze, die die Schilderungen bei den Beratern auslösen. Anschließend werden hypothetische Lösungsvorschläge erarbeitet und dem Fallgeber zur Verfügung gestellt. »Die Analyse handlungsleitender Hypothesen oder Wirklichkeitserklärungen ist für uns jedoch im Sinne eines ressourcen- und lösungsorientierten Arbeitens von zentraler

Bedeutung und macht einen wesentlichen Unterschied zu alltagskommunikativen Prozessen« (Schmid, Veith u. Weidner, 2010). In Power-Teams steht die Hypothesenbildung gleichberechtigt neben anderen Methoden der Kollegialen Beratung, zum Beispiel systemisches Fragen, Brainstorming oder verträgliche Ratschläge.

Die am ISB in der langjährigen Erfahrung mit Kollegialer Beratung gewonnene Erkenntnis, dass der Schlüssel für das Gelingen in der Einführung liegt, kann ich aus meinen Erfahrungen bestätigen und wird durch die Ergebnisse der Evaluationsstudie noch einmal bekräftigt.

Evaluation der Wirksamkeit von Power-Teams

Die Berliner Gruppe des EWMD, die die Power-Teams insbesondere anbietet, hatte sich entschlossen, die Wirksamkeit der Methode durch eine Evaluation bewerten zu lassen. Die Beweggründe dafür waren: Werden Power-Teams beendet, gibt es zwar innerhalb der Power-Teams selbstgestaltete Abschlusstreffen, in denen Ergebnisse, Wirksamkeit und Lernerfolge bilanziert werden. Diese Ergebnisse werden in der Regel jedoch nicht als *lessons learnt* an die verantwortlichen Frauen aus dem Netzwerk zurückgespielt. Lernerfolge für die Beraterinnen, Coaches und Verantwortlichen können so nicht systematisch erzeugt werden. Uns als Verantwortlichen fehlte der Überblick: Was ist hilfreich an dem, was wir machen, und was ist möglicherweise verbesserungswürdig?

Zudem waren andere Regionalgruppen und nationale Gruppen des EWMD sehr daran interessiert, die Methode selbst auch zu nutzen. Bevor das Netzwerk nun mit der Methode in die Breite gehen wollte und Power-Teams in anderen Regionen und Ländern initiiert werden, sollte eine belastbare Evaluation die Wirksamkeit für die Unterstützung der Frauen im Erreichen ihrer Ziele und der Wirksamkeit als Marketing-Instrument des Netzwerkes selbst untersuchen.

Design der Evaluation

Mit der Evaluation wurde ich beauftragt, durchgeführt wurde die Evaluation durch Kati Ludwig (Psychologin) und mich (Ökonomin). Die Evaluation bestand aus zwei Strängen:

- Die Teilnehmerinnen von bestehenden und ehemaligen Power-Teams wurden mit qualitativen Fragen – Strukturiertes Leitfragen-Interview mit rund 30 Fragen – zu ihren Erfahrungen zum Prozess und zur Methode befragt.
- Daneben wurden an zwei Messzeitpunkten mit quantitativen, standardisierten und selbst erstellten skalierten Fragebögen die Befindlichkeiten der Frauen aufgenommen, die aktuell an Power-Teams teilnehmen. Die Fragebögen ermittelten das subjektive Wohlbefinden, die Arbeitszufriedenheit, die berufliche Zielerreichung, die Fähigkeit zur Bewältigung und die persönlichen Bewertungsprozesse.

Vorläufige Ergebnisse der Evaluation

Insgesamt nahmen 30 Frauen aus bestehenden und ehemaligen Power-Teams (PT) an den qualitativen Interviews und an den Fragebogenaktionen der beiden Messzeitpunkte teil. In einer Kontrollgruppe (KG) von 29 Frauen wurde eine vergleichende Untersuchung gemacht. Abbildung 1 zeigt die Verteilung der beruflichen Positionen.

Die Frauen aus den Power-Teams sind zwischen 37 und 67 Jahren alt; im Mittel beträgt ihr Alter 47 Jahre. Damit sind sie überwiegend in einem Alter, in dem sie beruflich besonders wirksam sind. Sie sind außerordentlich gut gebildet: Über 85 % verfügt über ein Hochschulstudium. In ihrer überwiegenden Zahl – 75 % – sind sie Führungskräfte.

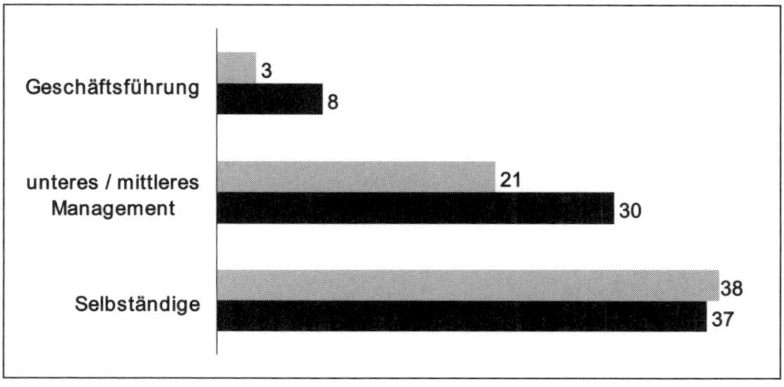

Abbildung 1: Beufliche Positionen der Frauen aus Power-Teams (schwarzer Balken) und Kontrollgruppe (heller Balken) (Angaben in %)

Ziele

Die Frauen aus den Power-Teams formulierten insgesamt 75 unterschiedliche Ziele. Diese Ziele lassen sich clustern. Abbildung 2 zeigt die Cluster-Verteilung.

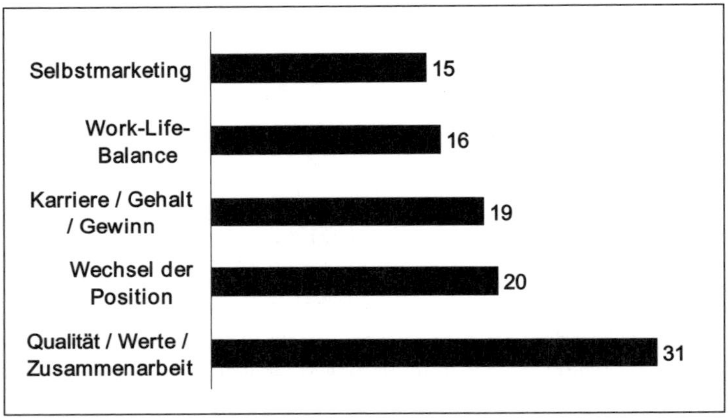

Abbildung 2: Cluster von Zielen (Angaben in %)

- Bei den Zielen aus dem Cluster Qualität/Werte/Zusammenarbeit geht es um eine Verbesserung der eigenen Arbeitsqualität, des Selbstmanagements, der Zusammenarbeit sowie Fragen von Sinn und Werten. Sehr häufig steht die Führungsqualität im Fokus.
- Der Wechsel der beruflichen Positionen bezieht sich auf Veränderungen des beruflichen Umfelds, zum Beispiel ein Wechsel des Arbeitgebers, ein neues Arbeitsfeld oder ein Wechsel der Rolle – von Anstellung in Selbständigkeit und vice versa.
- Karriere/Vergütung/Gewinn umfasst Ziele wie den Aufstieg in der Führungshierarchie, verbunden mit einer Verbesserung des Einkommens. Bei Selbständigen steht an dieser Stelle eine Verbesserung der Ergebnis- und Umsatzsituation.
- Work-Life-Balance betrifft alle Ziele, die das Privat- und Familienleben mit einbeziehen, zum Beispiel mehr Zeit für Familie, Hobbys, Erholung. Auch Ziele, die die Gesundheit oder eine gesunde Lebensführung betreffen, sind hier erfasst.

- Selbstmarketing umfasst Ziele wie zum Beispiel Veröffentlichungen und Bücher schreiben, öffentliche Auftritte und auch Themen wie selbstbewusster Auftritt.

Die qualitative Analyse der Ziele zeigt, dass die meisten Ziele spezifisch formuliert sind und ganz wesentlich von der Frau selbst beeinflussbar sind. Hier zeigt sich die Wirkung der intensiven Arbeit zur Zielfindung in den ersten Sitzungen.

Wirkfaktoren

Der Aspekt der Wirkfaktoren stellt die Frage danach, was als tatsächlich hilfreich an der Kollegialen Beratung in Power-Teams erlebt wird. Hierzu nannten die Teilnehmerinnen folgende Faktoren:

- Das eigene Erkennen, dass andere in der gleichen Situation sind wie ich.
- In Power-Teams einen Raum zum Reflektieren persönlicher Haltungen finden.
- Die Kollegiale Beratung als Unterstützung beim Entdecken der eigenen blinden Flecken und dysfunktionalen persönlichen Muster erleben: »Das Team besteht schon lange, wir kennen uns gut; blinde Flecken bearbeiten ist sehr hilfreich.«
- Eine vertrauensvolle und wertschätzende Atmosphäre im Power-Team, ein Gefühl von Zugehörigkeit und Zugewandtheit unter den Teilnehmerinnen: »Die unterstützende Haltung der Mitglieder in jeder Rolle (Moderator, Fallgeber, Zeitwächter) und Resonanz, Rückmeldungen, interessiertes Nachfragen, Bezugnahme, die Beratung selbst unterstützt. Zu sehen, was es in den anderen auslöst, was ich einbringe, löst bei mir Selbstvertrauen aus. Dass ich mit dem, was ich einbringe, etwas bewirken kann.«
- Die unterschiedlichen professionellen und privaten Hintergründe werden als Bereicherung erlebt. Sie bieten die Chance, weitere Perspektiven kennenzulernen: »Das Power-Team ist sehr hilfreich, wenn ich mich gedanklich viel im Kreis drehe. Es hilft mir beim Durchdenken, Strukturieren und Entschlussfassen. Ich erlebe dadurch einen positiven Druck im Sinne von Verbindlichkeit und Verpflichtung.«

Diese Faktoren sind auch in der Gruppentherapie als hauptsächliche Wirkfaktoren identifiziert worden (Yalom, 1996). Ihre Nennung in der Evaluationsstudie ist damit ein wichtiges Indiz für die Wirksamkeit der Kollegialen Beratung im Rahmen von Power-Teams.

Zudem erwähnten die Teilnehmerinnen als einen weiteren wichtigen Faktor, dass Power-Teams einen hierarchiefreien Austausch ohne Coach oder Therapeut ermöglichen.

Ergebnisqualität

Die Zufriedenheit der Teilnehmerinnen mit den Power-Teams als ein unterstützendes Instrument ist groß (Abb. 3).

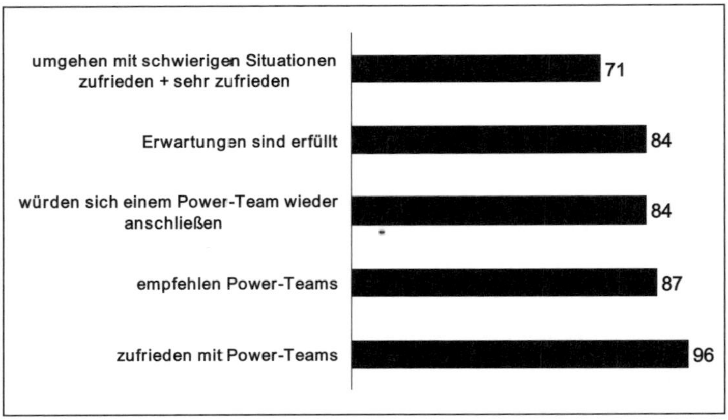

Abbildung 3: Zufriedenheitseinschätzungen (Angaben in %)

96 % sind mit ihrem spezifischen Power-Team und der Methode als Ganzes zufrieden oder sehr zufrieden, 87 % empfehlen Power-Teams als Methode; 84 % würden sich einem Power-Team wieder anschließen. Auch mit dem Umgang mit als schwierig empfundenen Situationen – zum Beispiel im Konflikt, beim Ausscheiden eines Mitglieds oder das Hinzukommen von einem neuen Mitglied – ist der überwiegende Teil (71 %) zufrieden oder sehr zufrieden.

Dies sehe ich als Indiz für eine gelungene Kultur von Wertschätzung und Lösungsorientierung, die am ISB mit Kollegialer Beratung verbunden wird und genauso in der Praxis außerhalb eines Beraterkontextes bestehen kann.

Zur Zielerreichung zeigt die Evaluation ein gemischtes Bild: Für die meisten Teilnehmerinnen (92 %) ist die Methode wirksam, um berufliche und private Ziele erreichen. Einige Teilnehmerinnen sehen die Wirkung in einem Hinterfragen der Ziele im Sinne der Relativierung: »Durch die Auseinandersetzung mit den Zielen passt man seine Ziele immer wieder an und korrigiert diese bzw. geht die Dinge anders an. Dabei hilft das Power-Team.«

Prozess und Methode

Die Einführung der Methode der Kollegialen Beratung halten die Teilnehmerinnen in übergroßer Mehrheit für wichtig bzw. sehr wichtig (84 %); 45 % empfinden die Einführungsunterstützung als noch nicht ausreichend und wünschen sich mehrere Sitzungen, um mit der Methode vertraut zu werden. 42 % der Teilnehmerinnen erlebt in den Gruppen, dass die Regeln nicht streng eingehalten werden; damit zeigt sich jedoch die große Mehrheit (81 %) dennoch zufrieden (Abb. 4).

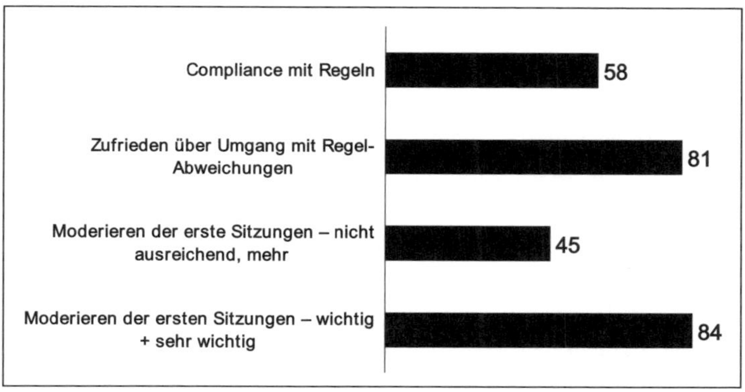

Abbildung 4: Methodenbewertung (Angaben in %)

Schwächen bzw. Entwicklungsfelder der Power-Teams beziehen die Teilnehmerinnen überwiegend auf das Einhalten von Regeln, also auf das Verhalten der Frauen. Hier werden häufig das Zeitmanagement und die Verbindlichkeit der Frauen genannt.

Verbesserungen und Optimierungen

Die Verbesserungsmöglichkeiten, die die Teilnehmerinnen äußern, beziehen sich im Wesentlichen auf diese Themenfelder:

- Vertiefte Begleitung durch eine Beraterin in Form einer Supervision mit einem gewissen zeitlichen Abstand zu den Einführungssitzungen. Dies sollte als Regelfall und nicht wie bisher auf Anforderung der Gruppe erfolgen und damit als Ausweis einer negativen Abweichung wahrnehmbar sein;
- Workshops zur Qualifizierung in Beratungsmethoden – sowohl als Vertiefung (Beratungsqualität) als auch Verbreiterung (mehr Beratungsmethoden);
- Austausch zwischen den Power-Teams: was funktioniert gut, was weniger;
- eine Handreichung als Drehbuch: »Wie Power-Teams funktionieren«.

Die Passung in den Teams wird sehr unterschiedlich bewertet. Der übergroße Teil der Teilnehmerinnen nimmt die Heterogenität als Gewinn wahr. »Wir sind eine gemischte heterogene Gruppe (Angestellte, Selbständige, mit/ohne Kinder, Alter, Ost/West, Position). Dadurch haben wir viele Sichtweisen im Team.« Ein kleinerer Teil der Teilnehmerinnen nimmt die Zusammensetzung der Teams als Quelle von Schwierigkeiten wahr. Ziele werden als nicht kompatibel empfunden oder die Verbindlichkeit einiger Teilnehmerinnen wird in Frage gestellt.

Dass die Frage der Passung bei einigen Befragten von hoher Bedeutung ist und dann als eher negativ erlebt wird, kann als Indiz für eine an diesen Punkten noch nicht vollständig gelungene Kultur in einigen Power-Teams gesehen werden. Damit ist dies eher ein Thema für »Nach-Justierungen« nach einer gewissen Laufzeit der Power-Teams, also Supervision durch die EWMD-Coaches oder Austausch zwischen Power-Teams. Dies kann dann den Zusammenhang zwischen Regelwerk, Lösungsorientierung, wertschätzendem Umgang, Methodenwissen und Verbindlichkeit als Stellschrauben von Qualität und Kultur wieder in den Fokus rücken.

Von einer weiteren Zunahme der Beratungskompetenz können die Teilnehmerinnen auch deshalb profitieren, weil dies ein deutlicher Qualitätszuwachs an Führungskompetenzen ist.

Häufig wird geäußert, dass in die Kollegiale Beratungen »schwere« Themen insbesondere aus der Privatwelt eingebracht werden, wie zum Beispiel Scheidung, Krankheit und andere existenzielle Fragen, deren Bearbeitung als herausfordernd wahrgenommen wird. Hier entsteht der Wunsch nach eigener professioneller Weiterentwicklung als Beraterin und auch nach praktischen Lösungen, wie zum Beispiel Krisentelefon oder »Clearingstelle«.

Die Wünsche nach Qualitätszuwachs zeigen zweierlei:

- Zum einen korrespondieren sie mit den Werten der Power-Team-Teilnehmerinnen. Qualitätsthemen spielen bei den selbstgestellten Zielen eine große Rolle. Sie zeigen sowohl das Streben nach Exzellenz als auch einen Hang zur Perfektion und Perfektionismus – Antreiber, den viele Frauen gut kennen.
- Zum anderen wird deutlich, dass die Qualität der Kollegialen Beratung nur gehalten und entwickelt werden kann, wenn jemand für die Qualitätssicherung verantwortlich ist. Dies stellt dann die Frage nach den vorhandenen Ressourcen, das heißt: Gibt es im Netzwerk klar benannte Verantwortliche mit den entsprechenden Regiekompetenzen und besteht im Netzwerk insgesamt der Wunsch nach einer stärkeren Professionalisierung in Bezug auf das Thema der Kollegialen Beratung? Beides kann für das Netzwerk EWMD eindeutig positiv beantwortet werden.

Bedeutung von Power-Teams für Netzwerke und Organisationen

Für das Netzwerk selbst war eine wichtige Frage der Evaluation, ob Power-Teams auch als Marketing-Instrument im Sinne eines Alleinstellungsmerkmals des EWMD funktionieren. Die Studie zeigt, dass die Power-Teams tatsächlich ein wichtiger Faktor für die Mitgliedergewinnung sind. Viele Teilnehmerinnen sehen in der Teilnahme an den Power-Teams einen großen Zusatznutzen zur Netzwerk-Mitgliedschaft. Die Studie zeigt auch, dass die Bindung der Teilnehmerinnen über die Power-Teams an das Netzwerk als Ganzes sich verstärkt: »Meine Haltung gegenüber dem EWMD hat sich durch die Power-Teams in positiver Hinsicht verändert. Ich bin stärker in den EWMD eingebunden und beteiligt; die Kontakte sind einfach regelmäßiger.«

Darüber hinaus wirken die Verbundenheit und Zugewandtheit in den Power-Teams auf die Kultur des Netzwerkes insgesamt. Der Umgang wird vertrauter und vertrauensvoller: »Ich bin intensiver verankert mit dem EWMD. Ich habe die Mitglieder persönlicher kennengelernt; dadurch ist eine tiefere Bindung entstanden.« Die in den Power-Teams geschaffene Kultur strahlt damit auf die umgebende Organisation des Netzwerks als Ganzes aus. Dies könnte möglicherweise als gewünschte Nebenwirkung auch für andere Organisationen ein Beweggrund sein, Kollegiale Beratung als Methode der Zusammenarbeit bzw. für die professionelle Entwicklung einzusetzen.

Darüber hinaus kann die Methode Power-Team als spezifische Form der Kollegialen Beratung in Organisationen und Unternehmen eine Ergänzung zu anderen Instrumenten von Personalentwicklung sein. Die Dos and Don'ts sind durch die Evaluation und die Erfahrung mit der Methode bekannt und können nutzenstiftend in andere Kontexte übertragen werden.

Ausblick

Die Evaluationsstudie ist noch nicht abgeschlossen. Derzeit befinden wir uns in der Auswertung der quantitativen Fragebögen des zweiten Messzeitpunktes. Weitergehende, belastbare Aussagen zur Wirkung der Kollegialen Beratung auf Zufriedenheit und Wohlbefinden im Sinne einer deutlichen Veränderung vom ersten Messzeitpunkt zum zweiten sind nach Auswertung aller Messergebnisse möglich. Die Publikation der vollständigen Ergebnisse der Studie wird noch erfolgen.

Die Kollegiale Beratung in Power-Teams ist in der Berliner Regionalgruppe des EWMD fest verankert. Die Studie gibt Hinweise, was wichtige, zu beachtende Faktoren sind, wenn die Methode breiter ausgerollt werden soll. Da Power-Teams sowohl auf die Kultur innerhalb des Netzwerks (so) positiv wirken als auch aufgrund ihrer Attraktivität ein wichtiger Faktor bei der Mitglieder-Gewinnung geworden sind, haben andere Regionalgruppen bereits begonnen, mit der Methode zu arbeiten.

Mein herzlicher Dank gilt Kati Ludwig, die mit mir die Studie praktisch durchgeführt hat, den Frauen aus den Power-Teams des EWMD, die uns ihre Zeit für die Beantwortung der Fragebögen und Interviews geschenkt haben, und den Frauen aus den Kontrollgruppen, die sich mit großer Geduld unseren Fragen stellten.

Literatur

Bergmann, U. (1998). Erfolgsteams. Landsberg am Lech: mgv.

Schmid, B. (2009). Kollegiale Beratung und Kooperation am Arbeitsplatz. perspektive blau – ein Online-Wirtschaftsmagazin.

Schmid, B., Veith, T., Weidner, I. (2010). Einführung in die kollegiale Beratung. perspektive blau – ein Online-Wirtschaftsmagazin.

Schmidt, G. (2006). Systemische und hypnotherapeutische Konzepte für Organisationsberatung, Coaching und Persönlichkeitsentwicklung (Audio). Müllheim.

Yalom, I. D. (1996). Theorie und Praxis der Gruppenpsychotherapie – Ein Lehrbuch (4. Auflage). München: Pfeiffer.

Die Autorin

Antje Wilmink (Jg. 1956) gründete 2006 ihr eigenes Beratungsunternehmen. Ihre Arbeitsschwerpunkte sind die Begleitung von Veränderungsprozessen, Unternehmer-Coaching und Coaching von Führungskräften. Sie ist Lehrbeauftragte an der Hochschule für Wirtschaft und Recht in Berlin. Das Thema Mixed Leadership ist ein Scherpunkt ihrer Arbeit – mit Unternehmen und im Coaching mit weiblichen und männlichen Führungskräften.

Sie verfügt über fast zwei Jahrzehnte Erfahrung in Management und Führung in Banken und Mittelstand, davon fünf Jahre als CFO. Antje Wilmink ist Master am Institut für Systemische Beratung und Partner in der ISB Professional Group. Sie lebt mit ihrer Familie in Berlin und ist Vorstand im Frauen-Netzwerk EWMD Berlin-Brandenburg e.V.
E-Mail-Kontakt: kontakt@antje-wilmink.de
Homepage: www.antje-wilmink.de

Ulrike Mas

Ressource Ich – Auf den Spuren nach verborgenen Schätzen

Nehmen wir mal an, der Trainings- und Weiterbildungsmarkt wäre eine Baumschule und der Kunde ein Grundstücksbesitzer, der sich entschieden hat, den Garten zu erneuern und umzugestalten. Nun geht unser Kunde in die Baumschule und er trifft auf eine schier unübersehbare Vielfalt an Pflanzen und Gestaltungsmöglichkeiten, wird umfassend zu den Vor- und Nachteilen beraten und muss sich letztendlich für die richtige Auswahl entscheiden.

Gekauft, gepflanzt, gegossen, gepflegt ... Dennoch wächst die eine oder andere Pflanze nicht an, sie wird wieder aus dem Grundstück entfernt. Was ist schiefgelaufen?

Eine Diagnose, die die Bodenbeschaffenheit und die Witterungsbedingungen berücksichtigt, eine Vorbehandlung des Bodens wären ein wichtiger erster Schritt gewesen. Erst dann, wenn der Boden bereit ist, die neuen Pflanzen aufzunehmen und die Basis zu Wachstum zu liefern, dann können auch die neu erworbenen Pflanzen in ihrer Schönheit wachsen.

Also muss ein Konzept her, in dem es primär um die Aufbereitung des vorhandenen Bodens und die Entdeckung der Bodenschätze geht. Ist der Boden bereit für Bepflanzung und Wachstum, werden sich die Pflanzen in ihrer vollen Pracht entfalten.

Die Idee für »Ressource Ich« entwickelte ich bereits nach kurzer Zeit, als ich mit meinen ersten Trainings in den Bereichen Messe, Motivation und Verkauf Erfahrungen sammelte. Mein Anliegen war es, eine Grundlage für alle weiteren Personalentwicklungsmaßnahmen zu schaffen: ein Mehrtagestraining, in dem Menschen sich den Raum und die Zeit nehmen, sich mit ihrer größten Ressource – sich selbst – zu beschäftigen! Um auf Schatzsuche zu gehen, benötige ich Zeit, einen guten Plan und die Werkzeuge, um auch nach dem Schatz graben zu können.

Es ist eine Frage der Wahrnehmung und der Konsequenz, um die unbegrenzten Möglichkeiten, die in jedem stecken, entdecken zu können. Die Entwicklung meines Seminarkonzepts »Ressource Ich« ist das Ergebnis meiner Lebenserfahrung, der Erfahrungen sehr vieler eigen erlebter Trainings und der daraus intuitiv entwickelten Methoden, bedingt durch die mannigfaltigen Situationen. Jedes Training ist ein »Unikat«, wie die Zusammensetzung der Menschen. Jedes Mal anders und spannend.

Das so entstandene Konzept lässt sich bildlich darstellen als ein buntes Jahrmarktkarussell mit verschiedenen Attraktionen, die alle miteinander verbunden sind und auch alle ihren ganz individuellen Glanz haben. Karussell deshalb, da sich das Konzept durch Leichtigkeit, Spaß am Selbst-Erkennen und Bewegung auszeichnet. Während ich so die Entstehungsgeschichte dieses Konzepts aufschreibe, erfüllt mich eine große Dankbarkeit, dass ich als junge Erwachsene bereits die Chance hatte, mich mit mir intensiv zu beschäftigen. Die Fähigkeit, sich selbst zu reflektieren, ist erlernbar. Und dankbar bin ich auch, dass mir bis heute immer wieder Menschen begegnen, die mich auf meiner ganz persönlichen Schatzsuche unterstützen (teilweise auch ganz ungewollt ...), indem sie mich bestätigt, irritiert, kritisch gewürdigt und teilweise auch in Frage gestellt haben.

Persönlichkeit hat immer Konjunktur und so lebt natürlich ein Training/Coaching vor allem von der Persönlichkeit des Coachs. Am Institut für Systemische Beratung Wiesloch habe ich während meiner Weiterbildung zum Coach und Master Modelle erlernt, die wunderbar in mein Konzept passten, die die Vorgehensweise verfeinerten und noch mehr Tiefgang erlauben. Dank der systemischen Haltung »Wer weiß, wofür gerade das gut ist?« bekommt die persönlichkeitsstärkende Maßnahme (am liebsten würde ich hier in Anlehnung an meinen Namen »*Mas*nahme« schreiben ...) einen Hauch von Gelassenheit und Zufriedenheit.

Damit Sie, liebe Leser, mit mir auf die Schatzsuche gehen können, lade ich Sie ein, die Reise zu den inneren Schätzen mit einem Teilnehmer vom Seminar (Führungskraft und Ingenieur in einem deutschen Konzern) mit zu durchleben. Ich beschreibe die einzelnen Phasen des mehrtägigen Seminars. Hinweise auf die Methoden aus Coach-Perspektive liefere ich an entsprechender Stelle. Sofern eine Quelle vorhanden ist, werde ich diese benennen, falls nicht, stehe ich gern für Detailfragen zur Verfügung.

Exkurs: Auf dem Weg in mein Trainings- und Konzepte-Archiv bin ich an zwei Bohnenpflänzchen vorbeigekommen, welche meine 11-jährige Tochter für den Biologieunterricht pflanzen musste, und mir kam die Verbindung zu »Ressource Ich«: Ursprünglich waren es zwei kleine, weiße Bohnen. Diese wurden dann in einem Wasserglas mit einer Hand voll Blumenerde eingepflanzt. Ein wenig Wasser, Licht und Ruhe und binnen weniger Tage ist aus dem Bohnenkern eine aufrechte, grazile, stolze Bohnenpflanze erwacht!

Also biete ich mit dem Konzept den Nährboden und das Licht, so können die Teilnehmer durch ein Sich-Einlassen zur vollen Blüte erwachsen ... und das Allerschönste daran: Ich darf jedes Mal Zeugin werden, wie viele Schätze in jedem Einzelnen verborgen sind und mit welcher Schönheit sie ans Tageslicht kommen!

Wenn ich einen Wunsch offen hätte, würde ich allen Trainings- und Coaching-Maßnahmen mein Ressource-Ich-Konzept voranstellen, um Wachstum und Freude an der Entwicklung zu ermöglichen. Zudem fördert es bei internen Maßnahmen die Teambildung enorm.

Für wen ist dieses Seminar empfehlenswert? Für jeden, der den Mut hat, in die Selbstverantwortung für sein Handeln zu gehen. Für alle Menschen, die Führungsverantwortung haben, für jeden, der im Dialog mit anderen Menschen steht und danach strebt, wertschätzend und klar zu kommunizieren. Für alle Selbstzweifler und für alle Suchenden.

Idealerweise stehen mir für dieses Training drei Tage zur Verfügung. Es geht los, die Schatzsuche beginnt! Erleben Sie hautnah mit unserem Teilnehmer »Ressource Ich«.

Erster Seminartag

Schatzsuche, 1. Etappe: Ankommen, Vorstellrunde, Ankopplung

»Ich weiß nicht, was da jetzt auf mich zukommt, auf was ich mich da einlasse. Offener Stuhlkreis, Sinnspruch auf dem Flipchart, Zeitschriften und Fotokarton in der Ecke. Noch hätte ich die Gelegenheit, zu flüchten. Nein, ich stelle mich der Aufgabe!

Und schon bin ich mittendrin im Geschehen, als einer der Hauptdarsteller: Vorstellrunde in Form eines gegenseitigen Interviews mit Fragen nach unserer Herkunft beruflich/privat, nach unserer Einzigartigkeit (was für ein Wort!) und nach unserem Wutkatalysator (›Was bringt mich auf die Palme?‹), welche unserer Jugendträume haben wir bereits erfüllt, welche stehen noch aus?

Für dieses Interview stehen jedem zehn Minuten zur Verfügung, aufmerksames Zuhören, achtsames und interessiertes Hinterfragen und gleiche Zeitaufteilung für jeden sind die Spielregeln. Nach 20 Minuten bin ich meinem vorher noch fremden Nachbarn schon viel näher gekommen. Und es hat gut getan, dass sich jemand so wahrhaftig und aufmerksam für mich interessiert. Nun darf ich meinen Nachbarn wertschätzend vor der Gruppe vorstellen, mit Antworten zu den Interviewfragen und einer persönlichen Wertschätzung als Abschluss. Ich merke, es ist gar nicht so leicht, vor der Gruppe so persönliche Informationen preiszugeben. Mein Interviewpartner ist sichtlich berührt von meinen Worten. Es tut mir gut.

Als mein Nachbar dann mich vorstellt, geht es mir genauso. Ich fühle mich wohl in meiner Haut und die anfänglichen Zweifel sind schon fast verschwunden. Die Trainerin bietet an, dem Vortragenden ein Feedback zu geben, falls erwünscht. So bekommt der Teilnehmer auch noch einen Spiegel zu seiner Wirkung vor der Gruppe.«

Schatzsuche, 2. Etappe: Selbstreflexion/Collagenarbeit

»Bastelstunde für Erwachsene? Das Thema für die Collage lautet: Ich – wofür bin ich dankbar? Wer bin ich/was macht mich aus? Wo will ich hin?

Jeder Teilnehmer erhält einen Fotokarton in seiner Lieblingsfarbe, einen großen Stapel Zeitschriften, Klebestift und Schere und einen ruhigen Platz zum Arbeiten. Zeitrahmen: eine Stunde.

Meine Irritation ist groß. Was soll ich nun eine Stunde lang machen? Schnippeln, Kleben, finde ich denn die richtigen Bilder? Es dauert zehn Minuten, bis ich mich in die Arbeit einfinde, und siehe da, die Bilder fliegen mir einfach zu. Der Ball ist im Rollen. Und diese Beschäftigung mit der Frage ›Wofür bin ich dankbar?‹ macht mich auch nachdenklich und ein wenig traurig. Wie selten stelle ich mir diese Frage? Sind nicht die Probleme öfter im Vordergrund als die positiven Ereignisse? Ich ertappe mich, dass ich mein ganzes Leben aufrolle, und zwar so dankbar und würdigend, dass ich ganz berührt bin von dieser Arbeit. Zum Schluss wird es sogar noch eng. Ich hätte gerne noch mehr Zeit gebraucht. Aufkleben, vielleicht noch beschriften ... Meine Collage gefällt mir.

Auch das Vorstellen meiner Collage vor der Gruppe gelingt mir zunehmend leichter. Über sich und seine Gefühle zu reden ist auch Übungssache. Der Umgang unter den Teilnehmern ist respektvoll. Nun weiß ich um mein Geschenk des Lebens, ich fühle Dankbarkeit für alles, was ich im Leben schon erleben durfte, und spüre viel Liebe in mir.

Eine große Mittagspause mit Zeit für Bewegung und Ruhe tut jetzt gut. Ich spüre nach ...«

Schatzsuche, 3. Etappe: Energizer nach der Mittagspause mit Lerneffekt

»Wir treffen uns alle auf der Wiese, werden angeleitet, zwei Partner aus dem Teilnehmerkreis zu wählen, mit denen ein gleichschenkliges Dreieck gebildet werden soll. Dies soll allerdings geschehen, ohne die ausgewählten Partner darüber zu informieren, weder mit Worten, Blicken noch mit Gesten. Die Trainerin ermutigt uns, solange in Bewegung zu bleiben, bis jeder tatsächlich mit seinen zwei ausgewählten Partnern ein gleichschenkliges Dreieck bildet. Uns steht die ganze Wiese zur Verfügung. Nun kommt richtig Bewegung ins Spiel. Meine zwei ausgewählten Spielpartner sind so sehr mit ihrer Dreiecksfindung beschäftigt, dass keine stillen Abmachungen möglich sind. Mir erscheint es wie eine Ewigkeit, bis sich wieder mein Dreieck formt, doch sobald sich einer der Partner wieder bewegt, bin ich erneut am Gestalten.

Meine Gefühle schwanken zwischen mulmig, seltsam, zweifelnd und hoffend. Da keiner von den anderen weiß, ist es ein ständiges Hin und Her, bis dann irgendwann jeder sein Dreieck gefunden hat. Ich kann es tatsächlich nicht glauben, ich bin verblüfft! Es hat tatsächlich funktioniert, wir stehen alle still und beantworten die Trainerfrage nach den gleichschenkligen Dreiecken mit einem einheitlichen Ja.

Das Spiel heißt »Magische Dreiecke« (Rauen, 2004/2007) und soll die Mobilefunktion darstellen. Was ist systemisch? Wie hängen die einzelnen Faktoren miteinander zusammen? Welche Auswirkungen hat es, wenn einer das System verlässt, ein Neuer dazukommt, Veränderungen stattfinden? Das Spiel hat mir spürbar deutlich gemacht, dass die Zusammenhänge wichtig sind, dass innerhalb eines Systems Veränderungen nur möglich sind, wenn alle mitmachen. Und dass ich nicht stur auf dem Alten beharren darf, sonst ist Entwicklung nicht möglich.«

Schatzsuche, 4. Etappe: Berufliche Entwicklung als Geschichte

»Es ist schon erstaunlich, wie vertraut wir uns nach einem halben Tag schon sind, wertschätzende Gespräche, der achtsame Umgang miteinander, ich merke, wie mich das aufbaut.

Da das Training im beruflichen Kontext stattfindet, versäumt die Trainerin nicht, uns auf die berufliche Schiene zu bringen. Sie fragt in die Runde, ob wir uns noch daran erinnern können, was unser allererster Berufswunsch war, als Kleinkind, wovon haben wir denn geträumt? Erinnerungen werden wach, alles redet wild durcheinander, vom Lokomotivführer über den Arzt, zum Astronauten, zur Krankenschwester, Schauspielerin und Sängerin ist alles dabei.

Angetrieben durch diese Erinnerungen bilden wir Gruppen mit je vier Teilnehmern und erhalten eine Spiegelungsübung mit dem Thema: ›Berufliche Entwicklung als Geschichte‹. Wir suchen uns ein stilles Plätzchen, ausgestattet mit Klemmbrett, Block und Stift schreiben wir uns in den ersten 30 Minuten unsere eigene kleine Geschichte auf. Ähnlich wie bei der Collagenarbeit fällt es mir am Anfang schwer, mich auf das Schreiben einzulassen. Doch nach den ersten Zeilen läuft es ganz von alleine. Die Geschichte soll beginnen mit ›Es war einmal ein kleines Mädchen/ein kleiner Junge, das/der wollte mal Prinzessin, Lokführer ... etc. werden‹ und die berufliche Geschichte bis zum heutigen Tag erzählen. Wichtig ist, dass ich in der dritten Person schreibe, und zwar so, dass ich die Geschichte auch einem zehnjährigen Kind vorlesen könnte. Es geht nicht darum, eine biografisch exakte Faktendarstellung zu versuchen, sondern eher frei zu erzählen, in Form eines Märchens, einer Geschichte. Mir wird bereits während des Schreibens klar, wie sehr ich von meinem Ursprungsberufswunsch abgewichen bin – ich wollte nämlich Polizist werden ... Ist das bereits einer meiner Schätze?

Nach einer halben Stunde (wieder, denke ich, hätte ich gut und gerne noch länger schreiben können ...) treffen wir uns zu viert wieder und die Geschichten werden hintereinander den Kollegen vorgelesen, welche mit entspannter Aufmerksamkeit lauschen und auf Resonanz achten:

- Was ist das Thema, die Melodie, die Stimmung der Geschichte?
- Welche Muster lassen sich erkennen?
- Wie könnte der Titel heißen?
- Welche Steuerungsprinzipien gibt es?
- Wie könnte die Geschichte gut weitergehen?

Während ich Resonanz von meinen Mitstreitern erhalte, öffnen sich für mich weitere Schätze: Hinter meiner Geschichte steckt viel Dynamik, höre ich, es wendet sich immer wieder zum Guten, als Melodie kommt Marius Müller-Westernhagen ›Lass uns leben‹, Film: Robin Hood ... ich bin sehr berührt, mir wird bewusst, dass ich vieles von meinem Ursprungsberufswunsch tatsächlich in meiner heutigen Aufgabe leben darf!

Den Geschichten der Kollegen danach aufmerksam zu folgen und die Geschichte anschließend zu spiegeln macht mir nicht weniger Freude. Geht das schon in die ›Kollegiale Beratung‹?

Auf jeden Fall kann ich gut erkennen, welche Qualität entsteht, wenn man die Ressourcen von allen nutzt (jetzt ertappe ich mich, dass ich bereits wie die Trainerin spreche).

Mit einer ausführlichen Schlussrunde im Plenum geht der erste Tag zu Ende. ›Wie geht es mir jetzt? Was ist mir wichtig für morgen? Was war für mich besonders wichtig heute? Was möchte ich der Gruppe noch mitteilen?‹ Durch die geleiteten Fragen kann ich mich auch gut der Gruppe mitteilen, und ich merke wieder einmal, dass ich mich sehr wohl fühle! Mehrere Teilnehmer bestätigen, dass sie bei den Übungen irritiert waren und auch Angst hatten, sich zu outen.

Der Gesamttenor ist positiv und es ist schon spürbar, dass dieser Weg über das Bewusstsein viele Chancen in sich birgt. Ich bin jetzt auch glücklich erschöpft, wundere mich noch ein wenig über meine Offenheit und bin gespannt, wie es morgen weitergeht!«

Anmerkung: Wenn die Gruppe abends noch zusammensitzt, dient dies der Teambildung und durch den Tapetenwechsel bekommt man auch den nötigen Abstand von eingefahrenen Mustern und Denkansätzen.

Zweiter Seminartag

Schatzsuche, 5. Etappe: Morgenspaziergang

»Nachdem ich mich am Abend und in der Nacht noch sehr mit meiner Collagenarbeit und der Geschichte beschäftigt habe, treffe ich jetzt am Morgen auf Menschen, denen es wohl ähnlich ergangen ist. Zum einen bin ich sehr neugierig, was heute alles auf mich zukommt, zum anderen bin ich recht gelassen. ›Es kütt, wie es kütt.‹

Es kommt sofort Bewegung rein, da wir mit einem Morgenspaziergang beginnen: Folgende Fragen werden wir in Zweiergruppen miteinander besprechen: Was hat mich gestern besonders bewegt? Was nehme ich davon mit? Was möchte ich heute erleben? Was soll auf keinen Fall passieren?

Interessanterweise füllt sich die erste Stunde mit vielen Themen, der Austausch während des Spaziergangs ist fruchtbar. Ich merke, dass frische Luft und Bewegung am Morgen für positiven Auftrieb sorgen! Und ich nehme mir vor, dies öfters zu machen ...

Die Schatzkiste kommt ins Spiel. Zurück im Seminarraum sammeln wir die Essenz der Gespräche, wir bekommen einen Themen- und Ablaufüberblick über den zweiten Tag. In der Mitte des Raumes steht eine hölzerne Schatzkiste. Jeder von uns schreibt die bereits gefundenen Schätze auf einen Stein und legt diesen in die Kiste. Es sind vor allem Schätze, die ich im Gespräch mit Kollegen gespiegelt bekommen habe, und natürlich auch Schätze, die mir bei meiner Dankbarkeitscollage wieder in den Sinn kamen.«

Schatzsuche, 6. Etappe: Wahrnehmungsübung

»Unser Coach lädt uns alle ein, uns bequem zurückzulehnen, die Augen zu schließen und uns auf uns selbst zu konzentrieren, wir bekommen hintereinander zwei Musikstücke vorgespielt und dürfen unseren Gedanken freien Lauf lassen.

Also lehne ich mich bequem zurück, freue mich auf diese meditative Einheit und genieße ganz bewusst die Ruhe. Das erste Stück ist von Mozart, meine Gedanken kreisen um die Barockzeit: Tanzsaal, große Roben, Kronleuchter, ich tanze ... Szenenwechsel: Pferdekutschen, Alleen, große Wiese, tanzende Kinder ... je mehr ich mich einlasse, umso mehr Bilder kommen mir.

Unser Coach blendet die Melodie aus und bittet uns, unsere Gedanken auf einer Karte festzuhalten.

Das gleiche Spiel noch einmal: Dieses Mal spielt Big Jay McNeely – Jazz vom Feinsten. Sofort bin ich gedanklich in einer verrauchten, gut besuchten Kneipe in New Orleans, schöne Frauen, Gelächter und eine tolle Stimmung, ich fühle mich in meine Jugendjahre zurückversetzt ...

Nach knapp drei Minuten wird die Melodie wieder ausgeblendet, selbes Spiel: Wir schreiben unsere Gedanken auf die Karten.

Endlich dürfen wir unsere Gedanken mit unseren Nachbarn austauschen! Großes Gemurmel, aufgelockerte Atmosphäre, überraschte Ausrufe ... die unterschiedlichsten Szenen während der Musikübung sind sehr spannend.

Ich tausche mich mit einem Kollegen aus, der mit Mozart nun überhaupt nichts am Hut hat, er fand die Musik sehr nervig und dementsprechend waren seine Bilder: Abbruchbaustelle, Baumaschinen, hektisches Treiben, wild gestikulierende Menschen ... Bei Big Jay Mc-

Neely nähern wir uns schon eher an, mein Kollege hatte ähnliche Bilder, im Detail allerdings grundverschieden.

›Die Schöpfung der Welt – am Beispiel Musik‹. Im Plenum erfahren wir, wie unterschiedlich unser Erleben (subjektiv) ist bei gleichen Frequenzen (objektiv). Fazit: ›Du bist der Schöpfer deiner Welt – nicht andere!‹

Wir erfahren und erleben auch, dass die Verwandlung zwischen dieser objektiven Realität zur subjektiven Wirklichkeit durch Impulse, sprich unterschiedliche Brillen passiert! Mitten im Raum liegen nun eine große Auswahl an unterschiedlichsten Brillen: die ›Rosarote‹, die ›Geheimagentenbrille‹, die ›Glücksbrille‹, die ›Verliebtenbrille‹, die ›Rote Brille‹, die ›Grüne Brille‹, die ›Erbsenzähler-Brille‹, die ›Kinderbrille‹, die ›Veteranenbrille‹, die ›Taucherbrille‹, die ›Woodstockbrille‹ usw. Nun wechseln sich Aha-Erlebnisse und selbst erlebte Geschichten ab.

Ich glaube, ich werde diese Brillen so schnell nicht mehr vergessen. Mit einem Brillenputztuch zeigt mir unser Coach, dass es nicht nur darauf ankommt, mal die Brille des anderen aufzusetzen, sondern auch, die eigene Brille zu reinigen, den Blick zu schärfen!«

Schatzsuche, 7. Etappe: Gruppenarbeit »Brillenanalyse«

»Nach dieser Erlebnisübung zieht es uns wieder in Kleingruppen, in denen wir die Aufgabe haben, die Vielzahl an Impulsen/Brillen zusammenzutragen, Beispiele für unterschiedliche Wahrnehmungen zu finden und die Überschriften für die Brillen zu finden (wie z. B. Generationenbrille, Geschlechterbrille, Kulturbrille, Bildungsbrille, Lebenslaufbrille, Wertebrille, Erfahrungsbrille usw.). Für diese Aufgabe haben wir 50 Minuten Zeit, anschließend werden die Ergebnisse im Plenum vorgetragen.

Unsere Kleingruppe zeichnet sich durch sehr unterschiedliche Charaktere aus, was für den Austausch speziell im Bereich ›Brillen‹ sehr dienlich ist. Allein die Diskussionen um die Wertigkeit der einzelnen Brillen machen mir bewusst, warum es so wichtig ist, Verständigungsarbeit zu leisten; zu kommunizieren und immer wieder neu zu klären, welche Wahrnehmung mein Gegenüber hat.

Aus der Reaktion des anderen erfahre ich unmittelbar, was ich gesagt habe.«

Schatzsuche, 8. Etappe: Kommunikationsmodelle

»Was nun folgt, ist ein Exkurs in die Kommunikation nach Schulz von Thun. Wir betrachten uns die unterschiedlichen Modelle, ganz besonders das ›Vier-Schnäbel-Vier-Ohren-Modell‹, füllen dieses Modell mit Beispielen, gefolgt vom ›Inneren Team‹, unser Coach findet einen Teilnehmer, der sich in der Gruppe zu seinem Thema coachen lässt.

Last, but not least bekommen wir durch das ›Wertequadrat‹ einen wertschätzenden Blick auf das, was wir bisher als negativ wahrgenommen haben.«

Schatzsuche, 9. Etappe: Einführung in die Lehre der Persönlichkeitstypen

Exkurs: Um diese Etappe aus Teilnehmersicht zu beschreiben, bat ich Sandra Kallenborn, eine Seminarteilnehmerin von April 2009, mir aus ihren Erinnerungen eineinhalb Jahre danach diese Seminarsequenz zu beschreiben. Lesen Sie bitte hier das Ergebnis:

»Das zu Beginn angekündigte Persönlichkeitsmodell begleitet uns durch den Nachmittag. Da saßen wir nun in unserer schönen Gruppe – mit vielen neuen Erkenntnissen über uns selbst. Fragen wie ›wo stehe ich?‹ und ›wo will ich hin?‹ sind schon anschaulicher geworden, ein gutes Gefühl machte sich in mir breit. Gefühle wie Klarheit, Zuversicht, Wärme, Liebe, Glück ...

Persönlichkeitsmodelle waren mir nicht fremd aus der Psychologie, doch dann kamen die ›Insights-Grundtypen‹ in den Farben Rot, Blau, Gelb und Grün ... was ist das, fragte ich mich?

Zusammen erarbeiteten wir diese vier Grundtypen am Flipchart: Rot steht für den Jäger, Blau für den Schamanen, Gelb für einen Wirt und Grün für den Bauer. Auf Zuruf ordneten wir diverse Charaktereigenschaften diesen vier Typen zu, so wie wir sie zu kennen glaubten. Der rote Jäger, der gern als Erster das Wild erlegen will, bevor andere es erwischen. Der blaue Schamane – verborgen hinter Wissenschaftlern, Erfindern, Künstlern und Philosophen – stets strukturiert und Konflikte meidend. Der gelbe Wirt, der Gesellschaft liebt und andere gerne unterhält, und nicht zuletzt der grüne Bauer, der für seine Prinzipien, Regeln und Beständigkeit steht und meist sehr ernst durchs Leben schreitet.

Schon beim Sammeln dieser Eigenschaften fand ich die unterschiedlichen Typen in meinem Umfeld – Partner, Eltern, Kollegen und der Chef … da folgte ein Aha-Erlebnis dem anderen und es versprach, noch richtig spannend zu werden.

Aber … da kam die Frage unserer Trainerin: ›Und wie sieht es mit Ihrer eigenen Persönlichkeitsstruktur aus?‹ Wow! … nun … wie sieht es damit aus? Es kam ein Moment der Überforderung. Ich bin, wie ich bin. Doch wie bin ich? Und wie sehen mich die anderen? Vielleicht doch anders, als ich immer dachte? Wie sieht mein Partner mich wirklich, was denken meine Kollegen tatsächlich über mich und was ist es, warum ich so gut mit dem Chef klarkomme?

Um das zu beantworten, hatte unsere Trainerin eine weitere Übung im Repertoire: Auf dem Boden wurden auf Moderationskarten die vier Grundtypen in den Farben Rot, Blau, Gelb und Grün zu einem großen Quadrat ausgelegt. Sie forderte mich auf, in dieses Quadrat zu steigen und mich dort zu positionieren, wo ich mich in meiner Persönlichkeit sehe. Also bewegte ich mich in die Mitte von Gelb – der beziehungsorientierten Persönlichkeit, und Grün – der treueorientierten Persönlichkeit, zwei meiner Stärken, wie ich sie empfinde und wie ich von meiner Umwelt wahrgenommen werde … glaubte ich bis dato. Nun durfte ich mir eine Person aus der Gruppe aussuchen, die mir zeigen sollte, wo sie meine Persönlichkeit sieht. Auf Anraten der Trainerin trat sie hinter mich, fasste mich sanft an den Schultern und ›schob‹ mich weit in Richtung Blau – der strukturorientierten Persönlichkeit, und noch weiter in Richtung Rot – der aktionsorientierten Persönlichkeit. Ich erschrak und fühlte mich sehr unwohl. Sehen die anderen mich als erfolgsorientiert und kühl? Das bin nicht ich! Doch was dann aus der Gruppe über mich gesagt wurde, war alles andere als ›erfolgsorientiert und kühl‹, nein, es waren für mich positive Eigenschaften wie strukturiert, zielstrebig, diplomatisch, kooperativ u. a. Aus der Sicht der anderen wurde mir bewusst, wer ich auch bin. Ich bin nicht nur ›Everybody's Darling‹, nein, ich werde ernst genommen in dem, was ich tue. Das ungute Gefühl löste sich auf und in mir erwachten eine gewisse Sicherheit, ein Stück Selbstvertrauen und Selbstbewusstsein.

Nun durfte nach und nach jeder Teilnehmer in das Quadrat schreiten und ähnliche Erfahrungen sammeln wie zuvor ich und alle waren überrascht über die Sicht der anderen und über die eigenen Gefühle in der jeweiligen Position.

Was wir letztendlich alle bei dieser Übung erfahren und gelernt haben, ist, dass jeder Mensch eine Portion aller Persönlichkeitstypen in sich trägt. Niemand ist nur der ›Jäger‹ und nur der ›Wirt‹. Von allen Typen tragen wir etwas in uns, vom einen mehr, vom anderen weniger mit unterschiedlichen Ausprägungen.

Ich habe gelernt, diese Erfahrung mitzunehmen in meinen Alltag. Sowohl im privaten als auch im beruflichen Umfeld versuche ich, gerade in prekären Situationen, die Sichtweise des anderen zu begreifen. Ich ziehe mir ›die Schuhe‹ des anderen an und setze ›seine Brille‹ auf um die Situation aus seiner Sichtweise zu betrachten.«

Schatzsuche, 10. Etappe: Zweierübung »Wie wirke ich?«

»Diese Übung wurde abgerundet in bunt gemischten Zweiergruppen. Ein Blatt Papier voller Eigenschaften lag vor mir und meiner Übungspartnerin. Jede kreuzte die Eigenschaften an, die sie selbst in sich trägt und die sie ausmachen. Als Nächstes wurden die Blätter ausgetauscht und wir ›beurteilten‹ die Eigenschaften des anderen. Danach haben wir darüber diskutiert. Offen und ehrlich unterhielten wir uns über unsere Eigenschaften und noch einmal entdeckte ich mich neu und es war wieder ein positives Gefühl damit verknüpft. Es freute mich auch, meiner Übungspartnerin an dieser Stelle ein Stück Selbstvertrauen mit auf den Weg geben zu können.«

Schatzsuche, 11. Etappe: »Warmer Regen«

»Eine nachhaltig wirkungsvolle Übung krönt am Abend den zweiten Tag: Wir sind bereits beim Thema ›Kommunikation‹ mit dem Wertequadrat in Berührung gekommen. Dennoch gibt es bei mir noch einen prägenden Ausdruck, der sich richtig manifestiert hat. Auch die positiven Feedbacks in den vorhergehenden Übungen entlocken mir ein: ›Ich werde ja doch immer wieder als sehr kritisch bezeichnet!‹ Unsere Trainerin lädt mich ein, mich auf einen separaten Stuhl vor die Gruppe zu setzen, mit dem Rücken zur Gruppe. Die Teilnehmer werden aufgefordert, meine negativ besetze Formulierung positiv umzudeuten (siehe Wertequadrat). Am Abend des zweiten Tages bin ich auch eher bereit zu dieser Übung. Mir kommt in diesem Moment die Frage, ob ich denn vor diesem Workshop den Mut zu dieser Offenheit gehabt hätte. Ich bezweifle dies.

Ich packe meinen ganzen Mut zusammen, mit dem Rücken zur Gruppe sitzend und wissend, dass sich jetzt alles um mich dreht, und formuliere deutlich und laut ›ich bin kritisch‹ (in dem Moment ist das Wort ›kritisch‹ für mich noch negativ behaftet). Die Atmosphäre ist aufmerksam und bedächtig. Ich höre von einer ersten Stimme: ›du bist gewissenhaft‹, eine andere Stimme: ›du wägst genau ab‹, eine dritte Stimme: ›du hast Mut, deine Meinung zu äußern‹, eine weitere Stimme: ›bei dir weiß ich, du bist aufrichtig‹ … Ich verstehe nun, warum die Übung ›warmer Regen‹ genannt wird, mir wird es wirklich warm ums Herz. Es folgen noch einige positive Formulierungen, bis ich dankbar sagen kann: ›Vielen Dank, ich fühle mich wohl und freue mich, dass ich kritisch sein kann.‹ Es bekommen noch weitere Teilnehmer die Gelegenheit, sich ›warm beregnen zu lassen‹. Und ich merke auch, dass die Gruppe richtig warmläuft.

Die Umdeutung vom Negativen zum Positiven ist wie so vieles eine reine Übungssache. Mir kommt soeben der Impuls, diese schöne Übung auch mal im privaten Bereich durchzuspielen. Ganz spontan fällt mir meine Partnerin ein, die so oft an sich selbst zweifelt und sich klein macht. Unnötig klein macht.

Die Abschlussrunde fasst die Entwicklung des zweiten Tages zusammen: In jedem von uns steckt ein Meisterwerk, das nur darauf wartet, zum Vorschein zu kommen. Durch das Erkennen meiner Potenziale fällt es mir leichter, aus meinem Leben ein Meisterwerk zu machen. Und es fällt mir wesentlich leichter, ›Leute so zu behandeln, als ob sie das wären, was sie sein könnten, und ihnen zu helfen, das zu werden, was sie werden könnten‹ (J. W. v. Goethe).«

Dritter Tag

Schatzsuche, 12. Etappe: Wo stehe ich im Lebensrad?[1]

»Nach einem Morgenspaziergang mit Gesprächen rund um die Persönlichkeit und um Lebensentwürfe (wir haben uns aus »Sinn-ier-Kar-

1 Lebensrad, Cornelia von Valesco, Institut für Systemische Beratung Wiesloch.

ten« [Jokisch, 2005] jeweils verschiedene Fragen ausgewählt) habe ich eine weitere wertvolle Erkenntnis erhalten: Es liegt ganz in meiner Hand, wie ich mein Leben gestalte, und ich habe eine Ahnung davon, welche Schätze ich in mir trage und wie ich meine Potenziale noch entfalten kann. Ich habe richtig Lust bekommen auf meine Zukunft! Um 9 Uhr treffen wir uns wieder im Seminarraum, um die letzte Etappe unserer Schatzsuche gemeinsam zu erleben.

Auf dem Flipchart ist ein großer Kreis dargestellt, die Lebensuhr! Bei 12 Uhr die 42, bei 15 Uhr die 63, bei 18 Uhr die 0 und die 84, bei 21 Uhr die 21. Jeder Teilnehmer klebt seinen Punkt dort hin, wo er sich altersmäßig aktuell befindet.

Wir erfahren, dass es eine erste Lebenshälfte gibt, die sich besonders durch Wachsen, Ausprobieren, Beweisen und auch Kämpfen auszeichnet. In der zweiten Lebenshälfte steht dann eher das Bewahren, das Sinn-Suchen und auch in der letzten Phase die Befriedung an. ›Das Spiel gewinnt man in der zweiten Halbzeit.‹ Da ich mich genau Anfang der zweiten Lebenshälfte befinde, merke ich, dass es ganz ›normal‹ ist, dass die Frage nach dem Sinn häufiger kommt, und auch, dass ich nicht mehr so sehr bereit bin, viele Überstunden zu leisten, sondern auch den Ausgleich in meiner ›Gegenwelt‹ suche.

Mir wird auch durchaus bewusst, dass mein Leben endlich ist und es wichtig ist, mein Leben zu leben! In mir fügen sich die Erlebnisse der letzten zwei Tage zusammen: Dankbarkeitscollage, Berufswunsch, Stärken stärken, Achtsamkeit, wertschätzende Kommunikation und vieles mehr.

Zudem wird mir auch bewusst, dass Krisen eine Form der Übergänge sind und somit wertvoll! Ich entwickle ein besseres Verständnis für meine ›jungen Mitarbeiter‹, die sich noch in der ersten Lebenshälfte befinden und teilweise noch unsicher sind, wo es hingeht. Begleitet von Ängsten, sturköpfig und engagiert. Ich kann jetzt auch unseren Prokuristen besser verstehen, der letzte Woche 60 geworden ist. In diesem Alter stehen andere Themen an.

Während des kurzen Impulsvortrags unserer Trainerin spüre ich, dass ich mit meinen Ängsten und Zweifeln nicht alleine bin, dass vieles abhängig von meinem Lebensalter ist und dass Krisen einfach zum Leben dazugehören. Besonders gut gefällt mir das Beispiel von der Raupe, die letztendlich zum Schmetterling wird. Auch ich gehe durch verschiedene Krisen und kann es heute mit einer anderen Brille als gestern betrachten.«

Schatzsuche, 13. Etappe: Das Drei-Welten-Modell der Persönlichkeit

»Das Seminar neigt sich dem Ende zu und ich spüre, dass ich jetzt wieder in die ›Welt da draußen‹ will, um mich selbst in der Realität zu erleben. Die Atmosphäre in dieser Gruppe scheint mir was sehr Außergewöhnliches und es drängt mich jetzt in mein normales Umfeld, in meinen Arbeitsalltag, in meinen privaten Alltag. Ich will mich mit meinen Erkenntnissen und meiner neu gewonnenen Lust auf Selbstverantwortung erleben.

Unsere Trainerin bringt ergänzend das ›Drei-Welten-Modell der Persönlichkeit‹ von Bernd Schmid (Bernd u. Caspari, 1994) ein. Ich erfahre, dass Persönlichkeit von personare = hindurchtönen kommt, dass es die drei Welten der Persönlichkeit – Professionswelt, Organisationswelt und Privatwelt – gibt. Bei Privatwelt führe ich all meine privaten Rollen wie Vater, Ehemann, Onkel, Sohn, Enkel, Freund, Kirchenchormitglied, Elternsprecher, Marathonläufer usw. auf. Mir wird klar, dass ich in meiner Organisationswelt nicht nur Betriebsleiter, sondern auch Coach, Kollegialer Berater, Experte bin. Professionswelt ist für mich neu: Da gehört alles dazu, was ich bereits gelernt habe, also auch meine erste Ausbildung als Offset-Drucker, meine Abendschule als Betriebswirt, meine zahlreichen Weiterbildungen in Führung und Kommunikation und auch meine privat in der Freizeit geleisteten Fortbildungen im Elternsprecherbereich.

Wie reichhaltig mein Erfahrungsschatz ist! Ich spüre Stolz. Mit Freude entdecke ich, dass ich vieles aus den drei Welten integrieren kann, ich erkenne, wo sich Diskrepanzen aufdecken, und ich merke, dass mir meine private Welt sehr wichtig ist! Wie einfach ich mein Leben gestalten kann, wenn ich mir jeweils in den Rollen bewusst bin, und wie klar ich mir werde.

Und mir wird auch deutlich, welche Verantwortung ich persönlich dafür trage, dass ich mir meine Gegenwelt bewahre, dass ich mir selbst treu bleibe und wie ich mein Meisterstück schaffe.

Mit den in den vergangenen drei Tagen gewonnenen Schätzen finde ich für mich einen guten Abschluss für dieses Training und freue ich auf weitere Herausforderungen.«

Mein Fazit

Durch die Beleuchtung der eigenen Persönlichkeit und die Stärkung des Selbstvertrauens schaffe ich eine hervorragende Basis für Kommunikation und Entwicklung. In diesem Training werden Themen spielerisch und auch logisch angepackt, die durch professionelle Steuerung erarbeitet werden können. Alle Teilnehmer können Kraft tanken und Mut schöpfen, um Konflikte anzugehen und die Energie in konstruktive Entwicklung zu stecken. Den Teilnehmern wird bewusst, dass Arbeitszeit Lebenszeit ist und dass die Lebenszeit begrenzt ist! »Ressource Ich« macht Mut und löst hemmende Knoten, um offene Baustellen anzugehen. Ich empfehle dieses Coaching allen, die selbstverantwortlich in ihrem Leben sich entwickeln wollen und die das Gefühl haben, es darf mit mehr Freude und Leichtigkeit gearbeitet werden.

Diese drei Tage sind ein Angebot, welches je nach Teilnehmergruppe und -anzahl durch Methoden ergänzt werden kann. Da es mir besonders um den ganzheitlichen Ansatz geht, sind Ernährung, Entspannung und Bewegung ins Konzept integriert. Teilnehmer berichten von nachhaltigen Ergebnissen.

Literatur

Jokisch, W. (2005). Sinn-er-Karten. Germering: Janus.

Rauen, C. (2004/2007). Erfolgreiche Coaches präsentieren Interventionstechniken aus ihrer Coaching-Praxis. Bonn: ManagerSeminare-Verlag.

Schmid, B., Caspari, S. (1994). Das Drei-Welten-Modell der Persönlichkeit. Institutsschrift Nr. 74 des ISB-Wiesloch, online abrufbar unter: www.isb-w.de.

Die Autorin

Ulrike Mas (Jg. 1966), verheiratet, drei Kinder, seit 1989 als Trainerin und Coach »im Menschengespräch«.
Sie verfügt über eigene Erfahrungen als Führungskraft und Coach in einem mittelständischen Unternehmen und in mehreren Vertriebsorganisationen. Geprägt durch eine lebhafte Kommunikationskultur hat Ulrike Mas ihre Tätigkeitsschwerpunkte in der Teamentwicklung und in der Begleitung von Konfliktlösungsprozessen. Als Master am Institut für Systemische Beratung unterstützt sie zunehmend Inhaber, Geschäftsführer und Führungskräfte in ihren beruflichen Herausforderungen. »Stärken stärken« und »Ressource Ich« sind Ulrike Mas' Herzensthemen, die sie mit ihrer ganzheitlichen Betrachtungsweise in Trainings, Coachings und Impulsvorträgen kommuniziert.
E-Mail-Kontakt:
ulrike.mas@mit-Mas-zum-Ziel.de

Gina Kästele und Christina Brohr

»Da ist Musik drin«

Musik und innere Bilder als Partner im Coaching

»Wo die Sprache aufhört, fängt die Musik an.«
E. T. A. Hoffmann

Vielleicht kennen Sie es. Sie hören ein Musikstück und werden davon berührt und angeregt – auf verschiedenste Art und Weise. Vielleicht haben Sie dabei auch die Augen geschlossen, innere Bilder gesehen, vor sich hin geträumt und sich danach anders gefühlt.

Musik und innere Bilder haben eine ganz eigene Kraft – Musik ist »die Sprache der Seele« (Peter Hille) und innere Bilder können stark genug sein, die äußere Realität zu gestalten. Durch Musik und innere Bilder kann die Sprache der inneren Weisheit lebendig werden. Das macht sie zu einem kraftvollen Instrument und wertvollem Partner im Coaching.

Die von Margareta Wärja aus Schweden entwickelte Methode der *Kurzen Musikreisen* arbeitet mit inneren Bildern, die beim Coachee in einer angeleiteten Entspannung und in Begleitung eines vom Coach ausgewählten klassischen Musikstückes entstehen. Das Hören dieses Musikstückes unterstützt den Coachee dabei, vertiefte Einsichten zu erhalten, Entscheidungen zu treffen und spontane Lösungen zu entwickeln. Denken und Fühlen kommen in Einklang und der Coachee kann nicht nur mental, sondern auch intuitiv-emotional seine inneren Schätze und Ressourcen entdecken.

Die Arbeit mit dieser Methode bietet sich an, wenn Gesprächsinterventionen nicht mehr zielführend sind, die Suche nach Lösungswegen schwierig erscheint oder diese besser verankert werden sollen. Zielgruppe sind hauptsächlich Einzelpersonen, die Blockaden überwinden möchten und auf der Suche nach konstruktiven Lösungen sind.

Die Bilderreise in Kombination mit Musik kann es dem Coachee erleichtern,

- sich für Neues und Unbekanntes zu öffnen;
- Kontakt zu stärkenden Ressourcen zu finden;
- Unsicherheiten, emotionalen Blockaden oder Widerstände zu überwinden, um zu spontanen Problemlösungen und konstruktiven Lösungen zu finden.

Die Begegnung mit inneren Bildern, die sich während der Musikreise einstellen, kann das Selbstvertrauen steigern und dazu befähigen, in Entscheidungs- und Stresssituationen ruhig und gelassen zu bleiben.

Dadurch, dass der Coachee die Musikstücke auch zu Hause hören kann, können diese zu einem wertvoller Anker werden, um sich langfristig zu stärken.

Kurze Musikreisen können aber nicht nur im Einzelcoaching, sondern in abgewandelter Form auch in Teamprozessen, Supervisionszirkeln und Trainings eingesetzt werden.

Die Kraft der inneren Bilder

Kinder leben gerne in magischen Phantasiewelten. In kindlichen Tagtraumwelten können Bäume zu Lebewesen werden und Tiere zu sprechen beginnen. Bei Erwachsenen können Tagtraumbilder in der Entspannung bewusst entwickelt und gelenkt werden.

Innere Bilder sind flexibler und veränderlicher als die Realität. Wir können unsere Phantasie dafür einsetzen, unsere Gegenwart und Zukunft in unserem Sinne zu gestalten. Wir gestalten ein Bild von etwas, das in der Phantasie konkrete Formen annimmt – wir überwinden Hindernisse, finden Wege, probieren aus und entwickeln neue Handlungsentwürfe.

Die Welt der Imagination kann gezielt genutzt werden, um den Anforderungen der Realität zu begegnen und Festgefahrenes aufzulösen, Kreativität anzuregen und auf das Wesentliche zu fokussieren. Das, was wir uns in der Vorstellung erschaffen, kann wiederum eine magische Kraft entfalten und später im Alltag leichter durchgesetzt werden.

Die Arbeit mit inneren Bilderwelten kann oft wesentlich schneller zum Erfolg führen als andere Interventionen. Sie bietet ein großes Potenzial, um neue Perspektiven zu entwickeln, Krisen zu bewältigen und die Leistungsfähigkeit zu steigern.

Die Kraft der Musik

Musik kann in unterschiedlichen Lebensphasen eine große Wirkung auf uns ausüben. Musikstücke stärken, geben uns Hoffnung und Zuversicht und unterstützen uns dabei, positive Gefühle zu entwickeln. Musik ist wie ein Schlüssel, der die Tür zu vielfältigen und stärkenden inneren Erfahrungen öffnet.

Musik wirkt auf unser Denken und Fühlen durch ihren harmonischen Charakter oder die Klangfarben. Sie kann Stimmungen vertiefen und verändern. Die durch die Musik ausgelösten neuronalen Aktivitäten führen dazu, dass verschiedene Regionen in unserem Gehirn aktiviert werden.

Musikalische Parameter wie zum Beispiel Lautstärke, Rhythmus und Tempo lösen physiologische Reaktionen aus. Musik kann Atmung, Pulsfrequenz und Blutdruck beeinflussen. Schnelle Musik zum Beispiel kann den Herzschlag beschleunigen. Langsamere Musik kann beruhigen, Verspannungen lösen und den Stresshormonspiegel im Blut senken. Rhythmische Impulse lösen spontane Mitbewegungen bei dem Hörenden aus. Der Hörende lockert sich und kann sich dabei aus starren Haltungen lösen.

In der Methode der Kurzen Musikreisen wird die Musik zum aktiven Partner für den Coachee. Sie unterstützt den Coachee dabei, Bilder und Vorstellungen entstehen zu lassen. Die angebotene Klanglandschaft aktiviert Stimmungen, Körperempfindungen und Gefühle. Kreative und ungewöhnliche Lösungen können spontan sichtbar werden. Neues, Unerwartetes und Herausforderndes kann entstehen und in einem Zustand erhöhter Aufmerksamkeitsfokussierung in einem inneren Bild zum Ausdruck kommen.

Praxis der Methode der Kurzen Musikreisen

Die Methode der Kurzen Musikreisen folgt einer bestimmten Struktur, die die Coaching-Sitzung strukturiert (vgl. Abb. 1).

Abbildung 1: Phasen der Kurzen Musikreisen

Vorgespräch

Auftakt: Thema klären

Im Vorgespräch mit dem Coachee geht es darum, die Problemsituation knapp zu erfassen und sein Anliegen zu klären. Hierbei greift der Coach auf systemisches Handwerkszeug zur Auftragsklärung zurück. Es werden Fragen gestellt, die die Metaperspektive und die Entwicklung hypothetischer Lösungen begünstigen (z. B. die Wunderfrage, Fragen nach Ausnahmen vom Problem, nach bisherigen Lösungsversuchen und zirkuläre Fragen). Der Coach erarbeitet mit dem Klienten das Anliegen und die damit verbundene positive Absicht. In einem Satz soll die gemeinsam formulierte Intention ausgedrückt werden, aus dem sich der Themenfokus für die nachfolgende Musikreise ergibt.

Einstimmung: Motiv der Musikreise wählen

Der Klient und sein Berater einigen sich auf ein Motiv (Fokus). Der Fokus soll den Klienten in der Phase der Musikinduktion dazu anregen, Bilder und Vorstellungen entstehen zu lassen. Der ausgewählte Fokus kann – je nach Situation des Coachees – stärkend oder konfliktzentriert sein. Um einen geeigneten Fokus zu finden, können lösungsorientierte Fragen gestellt werden, die den Coachee anregen, sich von Probleminhalten zu lösen und ein positives Zukunftsszenario zu entwickeln.

Aus unserer Erfahrung heraus ist es am besten, wenn der Coach dem Coachee nicht zu viel von der Methode erklärt, sondern ihn vielmehr auf ein Experiment einlädt, bei dem es darum geht, in der Entspannung und unter Begleitung von Musik Bilder zu dem gewählten Fokus entstehen zu lassen.

Imagination/Musikreise

Entspannung einleiten

Mit Hilfe einfacher verbaler Suggestionen führt der Coach seinen Coachee in eine tiefe Entspannung, dieser taucht in einen veränderten Bewusstseinszustand ein, sein Bewusstsein ist nicht mehr nach außen, sondern nach innen gerichtet. Dann bittet der Coach seinen Coachee, zu einem vorab vereinbarten Fokus mit geschlossenen Augen Bilder und Vorstellungen entstehen zu lassen. Bilder, die eine lebendige Dynamik entfalten, stellen sich spontan ein. Das Denken tritt in den Hintergrund, die Zeit- und Raumwahrnehmung sind verändert. In diesem Zustand können die für einen Entspannungszustand charakteristischen Alpha-Wellen im Gehirn gemessen werden.

Der Coach leitet die Entspannung beispielsweise mit folgenden Worten ein: »Setzen Sie sich entspannt hin, schließen Sie die Augen, lassen Sie den Atem kommen und gehen und sinken Sie mit jedem Atemzug tiefer und tiefer.«

Wichtig für die Entspannungsphase ist eine Atmosphäre, die dem Coachee sicheren Halt gibt.

Adagio in Aktion: Imaginationsreise mit Musik

Sobald der Coach den Fokus eingestellt hat, bietet er ein Musikstück an, das nicht länger als drei Minuten dauern sollte.

Während der Musikhörphase verlässt der Coachee die rational-analytische Erfahrungswelt. Das Musikerleben führt zu einer Loslösung von Probleminhalten und zur Erweiterung des persönlichen Horizontes. Aus symbolisch sprechenden Bildern und eindrucksvollen Metaphern können im Nachhinein aktive Lebensveränderungen entstehen.

Herausholen aus der Entspannung: Klangpause

Wenn das Musikstück zu Ende ist, wird der Klient langsam zum Beispiel durch Hinauszählen aus seiner Entspannung geleitet, um schließlich die Augen zu öffnen und sich im Raum zu orientieren.

Ein Beispiel für das Beenden der Entspannungsphase: »Die Reise ist jetzt zu Ende, Sie können jederzeit ein anderes Mal an diesen Ort, in dieses Bild zurückkehren. Ich werde jetzt langsam von 1 bis 10 zählen, und bei 10 sind Sie wieder hier in diesem Raum, im Hier und Jetzt angekommen.«

Nachgespräch

Eindrücke schildern
Im Anschluss an seine Bilderreise teilt der Coachee mit, welche Bilder, Gefühle, Erinnerungen oder Körperempfindungen er wahrgenommen hat.

Brücke zum Alltag herstellen
Der Coach regt den Coachee an, seine geschilderten Erlebnisse mit dem vorab formulierten Fokus zu verbinden. Er unterstützt ihn mit Hilfe von systemischen Fragen dabei, eine Brücke zum Alltag herzustellen. Dabei geht es auch darum, zieldienliche Ressourcen zu entdecken. Perspektivenwechsel, die sich im Bild spontan ergeben haben, können fokussiert und im Sinne von Lösungsressourcen genutzt werden. Der Coach stellt auch Fragen, die herausarbeiten, welche neuen Aspekte sich durch die Imagination mit Musik ergeben haben.

Beispiele für Fragen im Anschluss an die Musikreise sind:
- Welche möglichen Lösungen haben sich während der Musikreise eingestellt?
- Welches konkrete Bild deutet auf eine Veränderung hin?
- Woran werden Sie bemerken, dass die Bilder, die Sie während der Musikreise erlebt haben, im Alltag einen Unterschied machen?
- Was genau (so konkret wie möglich) werden Sie nach der Musikreise im Hinblick auf die beklagte Schwierigkeit anders machen?

Ein Fallbeispiel

Frau B. ist nach einer betrieblichen Umorganisation in einer Abteilung tätig, in der sie sich unterfordert fühlt. Sie sagt, dass sie ihre Kompetenzen dort nicht gewinnbringend einsetzen könne. Die Klientin fühlt sich derzeit orientierungslos und demotiviert. Im Vorgespräch wird die Klientin angeleitet, eine Lösung anzudenken, so als ob sie eine unabhängige Beobachterin ihrer Situation wäre. Als Beobachterin der Situation nimmt sie wahr, dass ihr Struktur, Halt und Erdung fehlt.

Zusammen mit dem Coach entwickelt Frau B. das Bild eines Baumes, der fest in der Erde wurzelt.

In der Entspannungsphase bietet der Coach Frau B. als Fokus die Baum-Metapher an: »Stelle dir vor, ein Baum zu sein, der in der Erde wurzelt.« Die Musik beginnt und der Coach bittet Frau B., sich von der Musik anregen zu lassen, Bilder und Vorstellungen zum Thema Baum entstehen zu lassen.

Für Frau B. wählt der Coach ein Musikstück von Stefan Nilsson (»Wilmas Thema«).

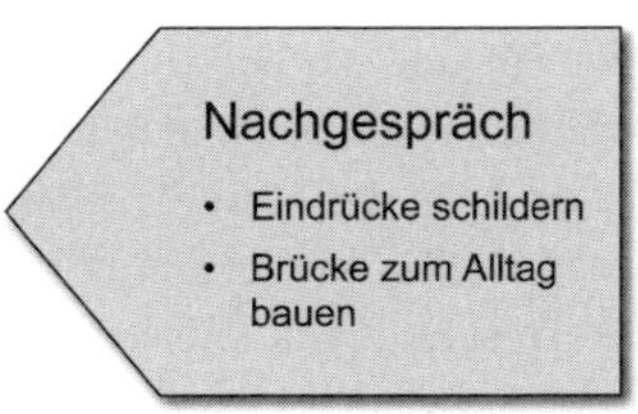

Frau B. sieht zuerst Bäume mit Luftwurzeln. Dann entsteht im inneren Bild ein alter Lindenbaum mit einer Bank, auf die sie sich setzen kann. Es stellt sich eine positive Gestimmtheit ein.

Frau B. hat das Gefühl, sich körperlich aufzurichten. Sie kann sich vorübergehend von der als belastend erlebten Situation lösen. Durch lösungsorientierten Dialog (z. B. Einsatz von »Was-wäre-wenn«-Fragen) erkennt die Klientin, dass sie ihre Situation nur dann erträglich gestalten könne, wenn sie beginnt, neue Visionen zu entwickeln.

Zum Abschluss der Sitzung erhält Frau B. vom Coach eine »So-tun-als-ob«-Aufgabe: Sie soll in den nächsten Tagen in die Arbeit gehen und so tun, als ob sie schon eine klare Vision ihres weiteren Weges hätte, um das in der Imagination Erlebte im Berufsalltag zu etablieren.

Auswahl geeigneter Musikstücke für die Musikreise

Der Kern der Methode der Kurzen Musikreise ist die Auswahl eines Musikstückes, das auf den jeweiligen Fokus des Coachees und die situativen Besonderheiten (Rapport mit dem Klienten, bisher erfolgter Prozess, Tagesform) passt. Musikstücke können dabei grundsätzlich in drei Kategorien eingeteilt werden:

- haltende Musikstücke (»holding«),
- öffnende Musikstücke (»opening«),
- erkundende Musikstücke (»exploring«).

Kategorien von Musikstücken

Haltende Musikstücke (»holding«)
Bei Musikstücken, die in die Kategorie *haltend* eingeordnet werden können, wird der Coachee gleich einem Kind, das noch klein ist, liebevoll umsorgt und vorsichtig an die Hand genommen. Die musikalische Struktur der Stücke vermittelt Halt und Vorhersehbarkeit. Der Klient kann den klaren formalen Ablauf, dem Aufbau und der eingängigen Melodieführung vertrauen. Er erlebt in der Musikhörphase keine unangenehmen Überraschungen. Die Musik übernimmt die Rolle eines unterstützenden Mentors, der Trost und Hilfe anbietet.

Die entstehenden Bilder und Vorstellungen haben in der Regel eine beruhigende und entlastende Wirkung. Während der Musikreise entspannt sich der Körper, Stresshormone werden abgebaut und der Blutdruck sinkt.

Der Coachee baut Spannungen ab und verbindet sich mit stärkenden inneren Ressourcen. Das Musikstück in unserem Fallbeispiel ist eines aus dieser Kategorie.

Öffnende Musikstücke (»opening«)
Bei *öffnenden* Musikstücken erlebt der Klient einerseits eine emotionsregulierende Struktur, wird jedoch durch Variationen und neuen

Klangfarben mit leichten strukturellen Veränderungen in der Musik konfrontiert. Dies kann zu einem Wechsel der Bilder und damit zu einer Aufmerksamkeitssteigerung führen, die bewirkt, dass der Klient auf der Symbolebene Kräfte und Ressourcen aktiviert.

Die Musik übernimmt die Rolle eines Motivators. Sie lädt dazu ein, vorsichtig und langsam neue Türen zu öffnen. Sie kann den Coachee für neue Optionen öffnen und einen Perspektivenwechsel einleiten. Der Coachee nutzt die Musik unbewusst als Projektionsfläche, um sich mit den unterschiedlichen Angeboten zu identifizieren. In der Imagination können Helfer, Wächter und Unterstützer auftauchen.

Im Nachgespräch können Themen der Blickerweiterung, des Perspektivenwechsels und der Wandlung angeboten werden, die es dem Klienten ermöglichen, neue Denk- und Verhaltensmuster aufzu-bauen.

Erkundende Musikstücke (»exploring«)

Die Kategorie *Exploring* bedeutet, dass die Musik den Klienten mit komplexeren Informationen konfrontiert, die gleichzeitig verarbeitet werden müssen (z. B. Gleichzeitigkeit verschiedener Instrumente, Mehrstimmigkeit, unerwarteter Harmonie- bzw. Stimmungswechsel). Das kann zu einem schnellen Wechsel der Bilder beitragen und intensive Emotionen auslösen. Die Musik dieser Kategorie involviert den Hörenden in emotional anspruchsvollere Auseinandersetzung.

Die Musik übernimmt die Rolle eines Stimulators oder Herausforderers. Sie treibt an und lässt nur wenig Raum zum Atmen. Der Klient ist angehalten, sich mit der Fülle von Möglichkeiten auseinanderzusetzen. Die enge Verbindung zwischen Musikwahrnehmung und noch ungelösten Lebensthemen kann im inneren Bild deutlich werden. Der Klient wird möglicherweise mit Blockaden und Widerständen, die den spontanen Fluss des Lebens hemmen, konfrontiert. Die daraus resultierende Spannung führt meist dazu, dass sich festgefahrene Strukturen verändern und sich Wandlungsphänomene einstellen. Der Coachee wird angeregt, nach ungewöhnlichen und kreativen Lösungen zu suchen, um alte Muster zu durchbrechen.

In der Regel wird Musik aus dieser Gattung nur dann gewählt, wenn der Klient dazu bereit ist, Herausforderungen anzunehmen.

Tabelle 1: Musikkategorien und ihre Merkmale und Anwendungssituationen

Kategorie »holding«	
Merkmale der Musik	**Anwendungsstiuationen**
Das Ohr hört das Erwartete. Der Klient erlebt die Musik als verlässlich und fühlt sich nicht gefordert bzw. überfordert. *Musikalische Elemente* Wiederholungen der Melodie, einfache Struktur, wenig Veränderung in der Lautstärke, gleichförmig verlaufender Rhythmus, melodisch überschaubar (z. B. eine Melodie, die mitgesungen werden kann), sanfte Klangfarben; gleichförmige Musik, Soloinstrumente übernehmen die Führung. *Nutzen* Das ausgewählte Musikstück bietet eine Struktur an, die den Klienten dabei unterstützt, loszulassen und zu entspannen. Stärkende Bilder können sich spontan einstellen. Der Raum für kreative Lösungen öffnet sich. *Wirkung* Beruhigung, Entspannung, Stressabbau, Stärkung.	Der Klient • macht erste Erfahrungen mit der Methode; • ist in einer Situation, in der er nur wenig Kontakt zu positiven Ressourcen hat; • sucht Orientierung und Halt (bei verunsichernden Situationen und Umfeldern); • ist angespannt und energielos und wünscht sich Stärkung und Entspannung.
Kategorie »opening«	
Merkmale der Musik	**Anwendungsstiuationen**
Die Musik bietet nach wie vor einen sicheren Rahmen an, sorgt jedoch für Variationen und neue Klangfarben. Dadurch wird die Hörerwartung »enttäuscht« und körperlich-psychische Anspannung kann sich einstellen. *Musikalische Elemente* Einsatz mehrerer Instrumente, mehr Rhythmus und Kontraste, Lautstärkevariabilität, unterschiedlicher Grad an Stimmen, Instrumente sind im Dialog aufeinander bezogen.	Der Klient • kennt die Methode und hat schon Erfahrung mit Musikreisen; • vertraut darauf, dass die Musik Ressourcen wecken kann; • ist geübt darin, zur Musik Vorstellungen entstehen zu lassen und innere Bilder als Quelle der Inspiration zu nutzen;

Kategorie »opening«	
Merkmale der Musik	**Anwendungsstiuationen**
Nutzen Das ausgewählte Musikstück trägt gleichsam zur Strukturierung und zur Wahrnehmungserweiterung bei. Eine vorsichtige Konfrontation erleichtert das Bearbeiten noch unbewältigter Themen. *Wirkung* Lockerung, Erleichterung, Aufmerksamkeitssteigerung.	Der Klient • öffnet sich kurzfristig für die Möglichkeit, neue Aspekte zu imaginieren; • hat den Wunsch, Blockaden abzubauen und die persönlichen Grenzen zu erweitern.

Kategorie »exploring«	
Merkmale der Musik	**Anwendungsstiuationen**
Die Musik ist noch komplexer als in den beiden anderen Kategorien. Sie bietet intensivere Spannungsbögen und kleine Überraschungsmomente an, sie erzeugt Spannung. *Musikalische Elemente* Komplexere Harmonien, Zusammenspiel mehrere Instrumente und deren Wechsel, Tempoveränderungen, Lautstärkekontraste, dichtere Intensität, höherer Organisationsgrad, das heißt, der Hörer muss mehr unterschiedliche Signale gleichzeitig verarbeiten. *Nutzen* Abweichungen in den musikalischen Parametern können dazu beitragen, dass sich die Aufmerksamkeit erhöht. *Wirkung* Antreibend, anregend, fordernd oder verdichtend, intensivierend, vertiefend. Der Hörer fühlt sich vitalisiert.	Der Klient • kennt die Arbeit mit kurzen Musikstücken; er kann gut assoziieren und fließende Bilder und Vorstellungen entstehen lassen; • hat ausreichend Energie und Selbstwirksamkeit, um sich noch unbewältigten Themen zu stellen, kurzfristige Verunsicherungen zuzulassen und Herausforderungen zu begegnen; • ist dazu bereit, die durch die Musik ausgelösten Emotionen zuzulassen und zu akzeptieren (Eintauchen in eine intensive innere Erfahrung); • hat den Wunsch zu experimentieren, etwas Neues zu erforschen und neue Wege einzuschlagen; • fühlt sich stark genug, um Verunsicherungen und Disharmonien auszuhalten.

Kriterien für die Auswahl geeigneter Musikstücke

Klassische Musikstücke sind als Begleiter einer Musikreise am besten geeignet. Sie folgen einem bestimmten Spannungsverlauf und die für die klassische Musik charakteristischen Gestaltungselemente der Wiederholung regen den Klienten unbewusst an, bereits Vertrautes wiederzuerkennen und sich an Altes zu erinnern. Variationen in der Musik regen neue Handlungsoptionen an. Barockmusik kann zum Beispiel mit ihrer vorhersagbaren und ordnenden Struktur emotionsregulierend wirken und den Hörenden dabei unterstützen, Gefühle zu klären und die Orientierung wiederzufinden. Aber auch Musikstücke aus der Filmmusik können den Coachee anregen, persönlichen Themen zu begegnen und in der Imagination Lösungen zu finden.

In allen Kategorien geht es darum, dass die Musikstücke eine verlässliche und haltende Qualität haben. Sie sollten keine abrupten Stimmungswechsel (wie z. B. häufiger Wechsel der Tonarten) beinhalten.

Die Länge der Musikstücke sollte zwischen zwei und drei Minuten liegen, längere Stücke sind nicht gut geeignet.

Achten Sie bei der Auswahl darauf, dass die Lautstärke des Musikstückes während der Musikreise angemessen ist. Sie soll wie ein Gesprächspartner laut und vernehmlich im Raum präsent sein und dem Klienten eine Beziehung anbieten, die dieser bewusst oder unbewusst eingehen und aufgreifen kann. Ungeeignet sind Musikstücke,

- bei denen die Lautstärke nachgeregelt werden muss. Sie lenken den Coach ab und sind auch für den Prozess des Klienten nicht förderlich;
- die zu komplex sind, zum Beispiel mit einer erhöhten Anzahl von gleichzeitig stattfindenden unterschiedlichen musikalischen Ereignissen. Bei einem Stück, bei dem sich mehrere Parameter häufig ändern, wird der Klient zu stark von seinem inneren Erleben abgelenkt;
- mit gesungenen Liedtexten, welche der Coachee sprachlich verstehen kann. Der Klient wird sich möglicherweise dann bemühen, den Text zu verstehen, was dazu führen kann, dass sich nur wenige Bilder einstellen.

Tabelle 2: Beispiele für Musikstücke zum Experimentieren

Kategorie	Musikbeispiele
haltend (holding)	W. A. Mozart: Adagio für Glasharmonika in C-Dur, KV 356 (3:24) J. Ibert: Berceuse aux étoiles (aus: Petite suite en 15 images) (1:47)
öffnend (opening)	J. B. Lully: Gavotte (2:50) Stefan Nilsson: Gabriella's Piano (aus: Filmmusik »Wie im Himmel«) (3:18)
erforschend (exploring)	R. Vaughan Williams: Rhosymedre (4:05) E. Morricone: Sacco e Vazetti – Speranze Di Liberta

Empfehlungen für die Praxis

Bauen Sie Ihren persönlichen Musikschatz auf, der ein Repertoire von Stücken enthält, die Sie mehrfach gehört und im Hinblick auf die drei Kategorien des Holding, Opening und Exploring getestet haben.

Sie sollten möglichst viele Stücke hören. So können Sie langfristig selbst einschätzen, welche für eine Coaching-Sitzung geeignet sind. Allerdings benötigen Sie insgesamt nur wenige Stücke, um kurze Musikreisen im Coaching einsetzen zu können. Der jeweilige Klient wird nicht irritiert sein, wenn Sie in unterschiedlichen Sitzungen das gleiche Stück mehrmals einsetzen. Die Musik wird immer wieder anders gehört und in neuen Varianten mit dem eigenen assoziativen Material verknüpft.

Einzelne Musikstücke gut zu kennen bedeutet, diese mehrfach in unterschiedlichen Settings anzuhören. Machen Sie sich durch Ihre persönliche Hörerfahrung mit Ihrem Handwerkszeug, der Musik, vertraut. Hierzu einige Tipps:

- Führen Sie ein Musiktagebuch und
  - hören Sie ein Musikstück mehrfach zu unterschiedlichen Tageszeiten und notieren Sie dabei, in welcher Stimmung Sie sich beim Hören befinden;
  - fassen Sie in einem Satz oder mit mehreren Adjektiven zusammen, welche Atmosphäre das ausgewählte Stück entstehen lässt;

  - schreiben Sie eine Geschichte zu einem Stück. Achten Sie auf den Überraschungsmoment in der Musik – ändert sich etwas in der Geschichte?
- Hören Sie das Musikstück mit offenen und mit geschlossenen Augen an. Nehmen Sie einen Unterschied wahr, wenn ja, welchen?
- Stellen Sie Farben und ein größeres Blatt Papier bereit. Spielen Sie das Musikstück, das Sie gerne erforschen möchten, und gestalten Sie während des Hörens ein Bild. Greifen Sie intuitiv zu den Formen und Farben, zu denen Sie sich hingezogen fühlen. Betrachten Sie Ihr Bild. Wie wirkt es? Ist die Farbwahl heiter und harmonisch? Wirkt das Bild angespannt oder entspannt? Welche Gefühle löst es aus?
- Nehmen Sie sich ein paar Minuten Zeit, um in einem Raum, in dem Sie ungestört sind, zu entspannen. Wählen Sie ein Musikstück aus, das Sie als »holding« einstufen würden. Führen Sie eine Musikreise zu einem ausgewählten Fokus durch. Lassen Sie während der Musikhörphase Bilder und Vorstellungen zu diesem Thema entstehen. Wie haben Sie die Musikreise erlebt? War das ausgewählte Musikstück einfach und strukturiert genug, um Sie dabei zu unterstützen, innere Bilder entstehen zu lassen?
- Bauen Sie sich eine Gruppe mit Kollegen auf. Hören Sie miteinander Musikstück an und tauschen Sie sich darüber aus, welche im Coaching gut eingesetzt werden könnten.

Die Anwendung von Musikstücken im Coaching erfolgt in einem bestimmten Rahmen, der die intensive Wirkung erst ermöglicht. Wichtig hierfür ist ein guter Kontakt zwischen Klient und Coach. Das bedeutet, dass sich diese Methode nicht für eine erste Sitzung mit Ihrem Coachee eignet.

Wenn Sie mit dieser Methode mit Ihrem Klienten arbeiten, sollten Sie eine gewisse Erfahrung in der Begleitung von inneren Bildern und der Auswahl geeigneter Musikstücke haben oder eine entsprechende Fortbildung in diesem Bereich. Unserer Erfahrung nach lohnt sich jedoch die Erweiterung des Coaching-Handwerkszeug um diese beiden Instrumente. Es ist faszinierend, wie schnell Menschen durch die Kraft der inneren Bilder in Kombination mit Musik Zugang zu Ich-stärkenden Ressourcen und ihrer inneren Weisheit erhalten und diese für die Gestaltung ihrer äußeren Realität nutzen können.

Literatur

Frohne-Hagemann, I. (Hrsg.) (2004). Rezeptive Musiktherapie. Wiesbaden: Reichert.
Kenny, C. (1989). The field of play: A guide for the theory an practise of music therapy. Atascadero, CA: Ridgeview Publishing Company.
Kretschmann, R. (2000). Die Kraft der inneren Bilder. Weinheim: Beltz.
Reddemann, L. (2007). Imagination als heilsame Kraft (13. Auflage). Stuttgart: Klett-Cotta.

Die Autorinnen

Dr. Gina Kästele (Jg. 1953) ist Professorin an der Hochschule Niederrhein für das Fachgebiet Beratung. Sie arbeitet auch selbständig in ihrem eigenen Fortbildungsinstitut als Dozentin und Coach.
Gina Kästele verfügt über langjährige Erfahrung in der Durchführung von Trainings und Fortbildungsveranstaltungen mit den Schwerpunkten imaginative Verfahren, kognitive Interventionen und lösungsorientierte Beratung.
E-Mail-Kontakt: kaestele@gmx.de
Internet: www.dialogische-imagination.de

Christina Brohr (Jg. 1974) arbeitet seit zehn Jahren als Beraterin und Trainerin im Bereich Kommunikation, Persönlichkeit und Führungskräfte(nachwuchs)entwicklung. Seit 2003 unterstützt sie mit ihrer eigenen Firma Menschen, Teams und Organisationen durch Beratung, Coaching und Training dabei, ihr Potenzial zu entwickeln und Veränderungen zu meistern.
E-Mail-Kontakt: contact@brohr.de
Homepage: www.brohr.de

Ingrid Kaltenstadler und Kerstin Türkis

Vom Geschichtenerzählen und der Methode Storytelling

Geschichten erzählt zu bekommen und selbst Geschichten zu erzählen, erinnert viele von uns an die Kindheit. Dass damit in professionellen Kontexten methodisch gearbeitet wird, mag sich im ersten Moment schräg anhören. Und doch ist es gelungen, unter der Bezeichnung Storytelling eine Vielzahl von methodischen Interventionen zusammenzufassen, die seit Mitte der 1990er Jahre vielfältig eingesetzt werden.[1] Beispiele dafür sind Erfahrungsgeschichten, Basis- und Veränderungsgeschichten sowie Abenteuer-, Entwicklungs- und Erfolgsgeschichten. All diese unterschiedlichen Varianten nutzen dabei das implizite, das heißt das unbewusste Erfahrungswissen. So verbindet sich beim Geschichtenerzählen rationales Denken mit emotionalen Erlebnisanteilen. Damit wird der Weg frei für das Verstehen von komplexen Zusammenhängen und das Herstellen von Sinn.

Unter *Storytelling* verstehen wir das Arbeiten mit Geschichten, Bildern und Metaphern in Situationen der Herausforderung, Zielbestimmung und Veränderung. Durch die Anwendung von Storytelling wird eine zweite Ebene neben der argumentativ-logischen eröffnet, nämlich die emotional-unbewusste. Das verschafft einer Organisation, einem Team oder einer Einzelperson einen tief greifenden Zugang zu ihrem Thema, das sie bearbeiten oder entwickeln möchte. Storytelling eröffnet eine Betrachtungsweise, die in die Tiefe geht, Herz und Seele berührt und nachhaltiges Handeln anstößt. Erst

1 Bei einer Umfrage zu Trainingsmethoden, durchgeführt vom Bonner Fachmagazin »managerSeminare« 2010, konnte sich die Methode Storytelling im Vergleich zu 2009 um acht Plätze verbessern und landete 2010 auf Platz 6. Vgl. Umfrage »Trainingsmethoden 2010«, erschienen in Training aktuell, 9/2010 30.8.2010.

wenn wir den Umgang mit einer Situation oder den Weg zum gewünschten Ziel als Geschichte erzählen und verstehen, erfassen wir den Sinn, der dahinter steht. Storytelling transportiert den Sinn oder Unsinn eines Vorhabens und regt dadurch im Unbewussten zum Handeln an.

Für Erzähler und für die Zuhörer von Geschichten sind Sinnzusammenhänge und damit verbundene Werte und Absichten intuitiv erfassbar. Ein entscheidender Vorteil ist, dass sie dadurch nachhaltig wirksam und erinnerungsfähig sind. Auch Ergebnisse der Neurobiologie bestätigen: Bilder und Geschichten sind ein Königsweg, wenn es darum geht, einen Zugang vom Großhirn zu Stamm- und Mittelhirn zu schaffen und diese miteinander zu verbinden.

Methodisch geht es darum, Such- und Findeprozesse für Geschichten anzuregen und sie erzählen zu lassen. Ob Storytelling als Methode erfolgreich ist, hängt unseres Erachtens stark von der Haltung ab, mit der sie eingesetzt wird. Es entfaltet seine größte Kraft dann, wenn vor dem Einsatz klar ist, was mit dem Erzählten bewirkt werden soll und wie in der Folge damit umgegangen wird.

Bei der Überlegung, wie wir diesen Artikel gestalten, haben wir uns entschieden zu beschreiben, wie wir Storytelling-Methoden in Coaching und Beratung mit Organisationen, bei Gruppen und Einzelpersonen eingesetzt haben. Wir glauben, dass so die Wirksamkeit und der Unterschied zum Fragenstellen am deutlichsten hervortritt. Fragen schränken die Option der Antworten immer ein. Hinzu kommt, dass Fragende Ausschau nach versteckten Antworten halten.

Marias Gefühl von »Draußen vor der Tür«[1]

In der fünften Coaching-Sitzung mit Maria (Name geändert) kristallisierte sich folgendes Teilziel heraus: Sie wollte sich im Umgang mit ihren Kollegen und Kolleginnen wohler fühlen und natürlicher einbringen. Für sie bedeutete das, nicht immer streng darauf zu achten, nur sachlich zu bleiben und ihre Gefühle »draußen« zu lassen. Sie

1 Erfahrungsbericht von Ingrid Kaltenstadler.

wollte natürlich sein und auch Gefühle zeigen können. Ich nahm intuitiv wahr, dass hier die Methode einer Erfahrungs- und darauf folgenden Veränderungsgeschichte passen könnte. Jetzt ging es darum, die Einladung zum Finden und Erzählen einer Erfahrungsgeschichte anschaulich zu rahmen.[2] Nachdem Maria sehr gut auf der sachlich-rationalen Ebene erreichbar war, erzählte ich über die neuesten Erkenntnisse der Neurowissenschaften (vgl. Hüther, 2004). In Bezug auf Geschichten bestand der Kern darin, dass wir Menschen dazu neigen, unsere Wahrnehmungen und Erlebnisse in Form von Bildern und Geschichten zu ordnen, sie mit Sinn zu versehen und so im Gedächtnis abzulegen. Von dort aus wirken sie in unser Denken, Werten und Handeln hinein und geben uns Orientierung.

Nach diesem kurzen Ausflug lud ich sie ein, eine Erfahrungsgeschichte zu erzählen, von der sie annehmen konnte, dass dieses Erlebnis mit ihrer Haltung »beruflich haben Gefühle draußen zu bleiben« zusammenhängt.

Maria schien einen Moment nachzudenken und erzählte dann folgende Geschichte: »Sie studierte BWL, war etwa im 3. Semester und besuchte ein Proseminar. Nach der vierten Veranstaltung kannten sich die etwa 20 Teilnehmer schon ein wenig. Eines Morgens betrat sie den Raum zum Proseminar, war herrlich gut gelaunt und wünschte allen schon Anwesenden einen wunderschönen guten Morgen. Lothar, einer der Studenten, erwiderte grimmig: ›Du strahlst ja nur so, weil du hier einen Partner abkriegen willst.‹ Maria gefror das Lächeln. Verletzt und stumm ging sie an ihren Platz.« Im Coaching beendete Maria ihre Geschichte klar und deutlich mit dem Satz: »Jetzt weiß ich, dass ich damals feierlich beschlossen habe, das passiert mir nie mehr!« An dieser Stelle ermutigte ich sie zu einer Veränderungsgeschichte. Sie erzählte die Geschichte noch einmal, mit einer veränderten Haltung und Reaktion auf den Satz von Lothar. Am wichtigsten an ihrer veränderten Haltung war, dass sie davon ausging, dass Lothar an diesem Morgen

2 Aus Teilnehmer-/Coachee- und aus Leitungs-/Coach-Erfahrung weiß ich, wie maßgeblich die Rahmung an der Bereitschaft, sich auf Neues einzulassen, beteiligt ist. Unter Umständen steht und fällt eine erfolgreiche Intervention mit der passenden Rahmung.

schlecht gelaunt war. So konnte sie ihm auf eine heiter launige Art erwidern und seine hingeworfene Antwort bei ihm lassen.

Nachdem Maria die alte Geschichte mit einem guten Ende neu erzählt hatte[3], strahlte sie. Die Geschichte entfaltete ihre Wirkung. Sechs Wochen später, beim nächsten Coaching-Termin, berichtete Maria freudig darüber, wie sie sich jetzt spürbar natürlicher in beruflichen Kontexten einbringt.

Worin sich eine gute Geschichte vom bloßen Erzählen eines Ereignisses unterscheidet:

- Es gibt einen Anfang und ein Ende.
- Es gibt handelnde reale oder fiktive Figuren.
- Es wird eine Botschaft vermittelt.
- Es dreht sich alles um ein zentrales Ereignis.
- Es gibt einen dramaturgischen Höhepunkt, der die überraschende Wendung bringt.

Sabines Haltung »alles ist Angriff, ich muss mich und hohe Werte verteidigen«[4]

Im Coaching-Prozess von Sabine (Name geändert) hatte ich mir im Vorfeld der dritten Sitzung überlegt, dass eine Kombination von Transaktionsanalyse und Storytelling gut passen könnte. Die Idee war, dass das Erzählen auf verschiedenen Stühlen (Kind-Ich-Stuhl, Erwachsenen-Ich-Stuhl[5]) geschieht. Ich erinnerte mich an einen Impuls, den ich von einem Buch über Impact-Techniken (Beaulieu, 2005, S. 93 ff.) erhalten hatte. So sollte in ähnlichen Settings ein zusätzlicher neutraler

3 Ein gelungenes Beispiel für die Umdeutung einer zugeschriebenen Bedeutung (Reframing).

4 Erfahrungsbericht von Ingrid Kaltenstadler.

5 Das Konzept stammt aus dem Strukturmodell der Transaktionsanalyse. Das Modell beschreibt, dass wir als Menschen aus den drei Ich-Zuständen (Kind-Ich, Eltern-Ich, Erwachsenen-Ich) heraus denken, fühlen und handeln; im Zustand des Kind-Ich zum Beispiel aus einer Haltung der Empfindung heraus, was in der Kindheit erfahren, erlebt und jetzt reproduziert wird; im Zustand des Erwachsenen-Ich als Antwort auf das Hier und Jetzt.

Stuhl wertvolle Dienste leisten. Für mich gab es drei Gründe, diese Methode vorzubereiten:

1. Mit einer kurzen Geschichte gelingt es auf einfache Art und Weise, den Sinn und damit verbundene Werte im Hinblick auf das, was den Erzählenden bewegt, aus einer tieferen Ebene innerer Wirklichkeitserfahrungen hervortreten zu lassen.
2. Die Geschichte bietet eine sehr gute Ausgangsbasis für neue Wege und weitere Interventionen.
3. Beim Finden und Erzählen einer Geschichte ergibt es sich häufig, dass der Erzählende plötzlich Zusammenhänge erkennt und klare Erkenntnisse gewinnt.

In der dritten Coaching-Sitzung sah ich eine gute Möglichkeit, einen von Sabines Wünschen zu erfüllen. Sie wollte einen Blick in die Vergangenheit werfen, um herauszufinden, warum sie sich so oft angegriffen fühlt und sich, genauso wie ihre Werte, mit aller Kraft verteidigen muss. In den letzten Sitzungen hatte ich mit Sabine sehr lösungsorientiert gearbeitet. Obwohl sie gerne wissen wollte, wie ihre innere Haltung in der Vergangenheit entstanden war, war sie einverstanden, dass wir lieber zusammen den Karren aus dem Dreck ziehen als danach zu suchen, wie er reingekommen ist.[6]

In ihrer Persönlichkeitsstruktur ist Sabine ausgeprägt rational, analytisch und ergebnisorientiert. Auch deshalb leidet sie darunter, wenn sie sich in gefühlten Angriffssituationen nicht mehr klar steuern kann. Ihr großer Wunsch war, Möglichkeiten zu entdecken, wie sie bei gefühlten Angriffen ihr Erleben und Reagieren ruhiger und bewusster steuern kann. Ich spürte, wie tief Sabine das Thema Kampf berührte, und packte die Gelegenheit beim Schopf, um ihr Folgendes anzubieten: »Erzählen Sie ein Erlebnis aus Ihrer Kindheit, bei dem es um Kampf ging.« Dabei sollte sie sich auf einen Stuhl setzen, der das Kind-Ich repräsentierte, und ihre Geschichte erzählen. Mit der Aussage »mir fällt keine Geschichte ein« nahm ich Sabines inneren Widerstand wahr und ermutigte sie, Ansprüche, eine tolle Geschichte zu finden, loszulassen. Und so fand sie ihre Geschichte und setzte sich auf den Stuhl, der das Kind-Ich repräsentierte.

6 Eine gern gebrauchte Metapher von Bernd Schmid, die für mich sehr deutlich die Lösungsorientierung der systemischen Haltung aufzeigt.

Im Stil eines kleinen Mädchens erzählte sie mit zaghafter Stimme ihre Geschichte in der ersten Person. Obwohl sie am Ende der Geschichte formal siegte, fühlte sie sich unverstanden, und das machte sie traurig. Nachdem sich Sabine von dieser Geschichte verabschiedet hatte, nahm ich intuitiv wahr, dass jetzt der richtige Zeitpunkt war, um sie auf den neutralen Stuhl einzuladen. Auf diesem Stuhl saß Sabine in aufrechter Haltung. Die Lautstärke und Modulation ihrer Stimme waren deutlich und klar und sie sprach von dem Kind in der dritten Person. Sie wirkte konzentriert und betrachtete distanziert das soeben Erzählte. Sabine berichtete über ihre Wahrnehmung und die gewonnene Klarheit und Erkenntnis, in welchem Übermaß sich das Kind mit dem Wert Gerechtigkeit identifizierte. Jetzt bat ich sie, auf dem Stuhl Platz zu nehmen, der das Erwachsenen-Ich repräsentierte. Dort sollte sie sich in einem ersten Schritt bewusst werden, was sie auf dem Weg zur Erwachsenen an Erfahrungen, Kenntnissen und Fähigkeiten und Steuerungsmöglichkeiten erworben hatte. Und ich lud sie ein, dem nachzuspüren. Aus der Erwachsenenperspektive sollte sie die gleiche Geschichte noch einmal erzählen. Doch statt zu erzählen, entlud sich ein heiteres befreites Lachen. Es gelang ihr nicht, die Geschichte noch einmal zu erzählen. Stattdessen sprach sie von der Freiheit, die sie jetzt wahrnahm, eine Freiheit, von der sie spürte, dass sie ihr viele Verhaltensmöglichkeiten bot. Ich nahm Sabine in ihrer aufrechten Sitzhaltung und ihrer entspannten Gesichtsmuskulatur wahr und verabschiedete mich von meinem Wunsch, die Geschichte aus der Perspektive des Erwachsenen-Ich zu hören. Sabines Fazit war: »Mir sind einige Zusammenhänge deutlich und klar geworden. Ich kann jetzt besser differenzieren und ich habe Einblick in meine zusammengesetzte Identität gefunden. Ich weiß jetzt auch, wie ich flexibler damit umgehen kann.«

Workshop für Freiberuflerinnen: Mit Abenteuergeschichten auf zu neuen Kunden[7]

Auf diesen Workshop freute ich mich richtig. Die besondere Herausforderung war, dass ich eine Doppelrolle hatte. Als Veranstalterin und

7 Erfahrungsbericht von Ingrid Kaltenstadler.

Moderatorin war ich verantwortlich für Inhalt und Ablauf und gleichzeitig wollte ich an bestimmten Stellen auch Teilnehmerin sein.

Was die fünf Teilnehmerinnen zusammenbrachte, war der Wunsch, am Thema Akquise zu arbeiten. Mein Angebot war ein Kurzworkshop mit der Methode Storytelling. Aus der Erfahrung eines vorangegangen Workshops entschied ich mich für die Abenteuerreise. Die Geschichte einer Abenteuerreise sollte der Dreh- und Angelpunkt dieses Workshops werden. Und so baute ich meine Agenda rund um die Abenteuerreise. Ziel war, zum Thema Akquise Klärung und Orientierung zu schaffen, Motivation zu stärken und erste Schritte zu finden.

Ist nicht die Realisierungschance bestimmter Vorsätze umso größer, je besser der Vorsatz zu unseren tiefsten Wünschen passt? Weil ich davon überzeugt bin, lud ich nach der Erläuterung der Agenda zum zensurfreien Schnellschreiben von Wünschen ein. An dieser Stelle bin ich das erste Mal in die Rolle der Teilnehmerin geschlüpft. Als ich nach drei Minuten mein Ergebnis betrachtete, vermischte sich Staunen mit tiefer Freude und einem kleinen Schreck. Plötzlich lagen Wünsche, aufgetaucht aus meinem inneren Wissen, offen vor mir. Intuitiv spürte ich, dass meine konkreten Entscheidungen und Schritte damit in Übereinstimmung zu bringen sind. Vorsätze können dann gut umgesetzt werden, wenn sie in der Komplexität unserer innersten widersprüchlichen Motive einen angemessen Platz haben. Sonst werden sie nicht akzeptiert und können nicht wirksam werden (Ernst, 2010).

Weil wir in »Rahmen«, das heißt erfahrungsgesättigten Bildern denken, brauchen wir eine gute Geschichte über uns, in die die guten Vorsätze samt ihren Gründen hineinpassen. Diese zukunftsorientierte Geschichte muss emotional positiv aufgeladen und kompatibel mit unserem vorhandenen Selbstbild und unseren Erfahrungen sein. Um den Zugang zu positiv aufgeladenen Bildern zu öffnen, leitete ich eine Phantasiereise an, die mit allen Sinnensorganen im inneren Erleben an einen freudvollen, Kraft schenkenden Ort der Kindheit einlud.

Jetzt konnte ich zum Finden und Schreiben der Abenteuergeschichte überleiten. Fokus der erzählerischen Absicht sollte die Akquise sein. Aus der Erfahrung des letzten Workshops visualisierte ich auf einem Flipchart den Unterschied von argumentativem und narrativem Denken (Frenzel et al., 2004b, S. 18). Mit der Abenteuerreise tauchten wir ins narrative Denken ein, in die Welt des Konkreten und der vielfältigen Möglichkeiten. Im Anschluss daran betraten wir die Welt der Tatsachen. Mit der Methode der Kollegialen Beratung wechselten wir wieder ins argumentative Denken.

Auf den ausgeteilten Handouts gab es viele hilfreiche Ergänzungen (z. B. welchem Minimalaufbau eine Geschichte folgt) und Fragen, die Türen öffneten zu vielfältigen und spannenden Perspektiven. Ich setzte wieder meinen »Teilnehmer-Hut« auf und wir alle schrieben unsere Abenteuergeschichte; bis auf eine Teilnehmerin, die zeichnete und malte. Nach etwa 40 Minuten hatte sie etwa zehn Bilder (in einem DIN-4-Heft, je zwei Zeichnungen auf einer Seite), anhand deren sie uns ihre Abenteuerreise erzählte.

Alle Geschichten waren in symbolischen Welten angesiedelt und in einigen davon spielten Schiffe auf dem Meer und am Himmel (Zeppelin, Heißluftballon) eine große Rolle. In einer Geschichte zogen heftige Stürme ein Schiff in einen Strudel. Es sank auf den Meeresboden und setze sich fest in einer goldenen Stadt. Die Protagonistin sah sich auf dem Schiff, sitzend festgebunden an einem riesigen Kompass des Steuerrads. Riesen angelten den Kompass und spannend kam die Geschichte zu einem offenen Ende. Für diese Geschichtenerzählerin war es das Abenteuer selbst, das ihr Energie und Zuversicht gab. In jeder der erzählten Geschichten stellte sich die Protagonistin großen Herausforderungen und es fand sich immer ein Weg, der häufig zu einem überraschenden, aber guten Ende führte.

Im Übergang zur Kollegialen Beratung (vgl. auch Schmid et al., 2010) wechselte ich wieder in meine Leitungsrolle und zeigte auf dem Flipchart, wie ich mir den Ablauf dachte. Wir tauschten Verständnisfragen aus und endlich hörten wir die erste Geschichte. Nachdem die vier Zuhörerinnen ihren ersten Eindruck über die Geschichte geschildert hatten, begann die Kollegiale Beratung. Sie brachte eine Vielfalt von Betrachtungen, Ideen und Lösungsmöglichkeiten von vier ganz unterschiedlichen Menschen. Da wir fünf Personen waren, dauerte es etwa 2,5 Stunden. Ideal dafür wäre ein Setting von drei Personen.

So sah das Feedback-Potpourri der Workshop-Teilnehmerinnen aus:

- »Mir gab es richtig Antrieb und ich sehe mein eigenes Problem lockerer, die Geschichtenmethode war einfach super. Mit der Ge-

schichte habe ich meine eigene Lösung entwickelt und ich erinnere mich bestimmt noch lange daran.«
- »Sehr anregend und inspirierend. Die Abenteuerreise entstand im Schreiben und der kollegiale Austausch war sehr bereichernd. Klasse war, dass man mit seiner Geschichte verstanden wird.«
- »Die große Bereicherung war für mich, weg vom Kopf und mehr ins Gefühl. Ich habe viele wertvolle Anregungen erhalten.«
- »Richtig hilfreich waren die klare Struktur und Hinweise zum Schreiben einer Geschichte. Ich konnte mich dem ganz anvertrauen. Meine wichtigste Erkenntnis ist, dass es wichtig ist, auf mehreren Ebenen zu arbeiten, und dass ich mich als Therapeutin immer wieder daran erinnere. Beim Schreiben meiner Geschichte war es bei mir so, als ob ›es‹ geschrieben hat. Da war auch ganz deutlich ein Körpergefühl dabei, das mir deutlich signalisierte: Jetzt ist es klar!«

Für mich selbst war es ein rundum gelungener Workshop. Nicht nur, weil meine Doppelrolle gut geklappt hat, sondern weil ich auch als Teilnehmerin vieles mitnahm. Als Verantwortliche für die Konzeption, Vorbereitung und Durchführung bin ich mit dem Ergebnis richtig zufrieden. Ich kann mir gut vorstellen, diesen Workshop, so oder ähnlich gestaltet, für unterschiedliche Fragen und Themenstellungen anzubieten und durchzuführen.

Standortbestimmung und individuelle Zukunftsgestaltung: Storyboard und ergänzende systemische Methoden[8]

Wo stehe ich? Was macht mich aus? Was will ich? Was tue ich dafür? Das waren die Kernfragen in einem zweitägigen Coaching-Workshop, der aus drei Coachees und mir als Coach bestand. Die Anliegen der Teilnehmer bezogen sich auf Selbsterfahrung, Reaktivierung eigener Stärken, Fokussierung auf das Wesentliche, Aufbau von Vertrauen in das eigene Tun und Impulse Außenstehender zur eigenen Situation.

8 Erfahrungsbericht von Kerstin Türkis.

Am ersten Tag drehte sich alles um den Lebensstrahl[9] und die Theatermetapher[10]. Beides sind wirksame Methoden, um Vergangenheit und Gegenwart zu betrachten. Mit dem Lebensstrahl ließen die Teilnehmer zunächst in Einzelarbeit ihr bisheriges Leben unter den Gesichtspunkten »wichtigste Phasen im Leben« und »Qualität des Lebensgefühls in diesen Phasen« Revue passieren, visualisierten alles auf einem Flipchart und stellten »ihr Leben« schließlich den anderen vor. Die Gruppe durfte danach in wertschätzender und respektvoller Form als Reflecting Team spiegeln, welche Muster, wiederkehrende Lebensthemen, Ressourcen und Potenziale sie im Lebensstrahl des anderen wahrgenommen hatte. Der »Lebensstrahl-Geber« nahm, was er davon nehmen wollte. Schon in der ersten Übung kamen viele Bilder und Geschichten zum Vorschein, die für jeden Einzelnen ein tiefes Eintauchen in sein bisheriges Leben ermöglichten und zu einem großen Vertrauen innerhalb der Gruppe führten.

Mit der Theatermetapher beschrieben die Teilnehmer ihre aktuelle Situation in Form eines Theaterstücks, das ihre aktuellen Themen, Erlebnisse, Rollen und Beziehungen sowie ihren geführten Lebensstil in einer bildhaften und spielerischen Art widerspiegelte. Das war spannend! Eine Teilnehmerin verglich ihre Situation mit zwei prägnanten, gegensätzlichen Rollen aus einer Oper, ein anderer kreierte ein Theaterstück, in dem er als Alleinunterhalter die Vorstellung »schmiss«, und der Dritte fand sich als visionärer Raumschiff-Enterprise-Pilot wieder. Nach Einzelarbeit und Präsentation bekam jeder das Feedback

---

9 Lebensstrahl, Joachim Karnath (Contract, Reifenhäuser & Karnath KG), Lehrmaterial des Instituts für Systemische Beratung Wiesloch, Curriculum »TA in Beratung, Coaching und Organisationsentwicklung«.

10 Die Theatermetapher eignet sich zur bildhaften Beschreibung der Persönlichkeit und zur Standortbestimmung sowie zur Analyse und Weiterentwicklung von beruflichen Situationen. Dabei werden verschiedene Ebenen beleuchtet: das Thema, das heißt die Überschrift, die man der eigenen Situation gibt; die Story, die unter dieser Überschrift erzählt wird; die Bühne, auf der das Stück aufgeführt wird; die jeweiligen Rollen, die in dem Stück gespielt werden (einschließlich der Beziehungen, die diesen Rollen entsprechen), sowie der Inszenierungsstil. Die Gesamtheit der Beschreibung der Situation und der Geschehnisse stellt das »Stück« dar. Vgl. Schmid und Messmer, 2005; s. a. den Beitrag von Ebert und Veith in diesem Buch, S. 13 ff.

der Gruppe zu seiner Theatermetapher in Form einer Kollegialen Beratung:

- Was sagt die Theatermetapher über die aktuelle Situation und Persönlichkeit aus?
- Was fällt auf? Welche Gedanken oder inneren Bilder sind entstanden?
- Was wäre eine weiterführende Ergänzung oder befreiende Fortsetzung für das so erzählte Theaterstück und damit für die Zukunftsgestaltung?

Die Methoden »Lebensstrahl« und »Theatermetapher« sind streng genommen nicht als Storytelling-Methoden zu verstehen. Sie gehören allerdings nach meinem Empfinden durch ihren narrativen Ansatz[11] und Metaphernarbeit im weitesten Sinne zu Storytelling.

Am zweiten Workshop-Tag ging es um die »Phantasiereise und das Storyboard«, das heißt um die Zukunftsgestaltung. Storyboard ist eine spezielle Storytelling-Methode, die hervorragend für Teams bzw. Projekte geeignet ist, um in ca. drei Stunden das implizite Wissen zu heben und für das Wissensmanagement nutzbar zu machen (vgl. Frenzel et al., 2004a). Zur Einstimmung darauf begann ich mit einer zehnminütigen Phantasiereise in die Zukunft. Dazu führte ich die Teilnehmer nach einer kurzen Phase der Entspannung gedanklich zu einem Ort ihrer Wahl, ihrem Lieblingsort. Ich lud sie ein, sich in das Folgejahr zu versetzen, in dem sie sich in einer erfolgreichen und zufriedenen Situation befinden. Ich fragte sie: Was ist 2011 anders im Vergleich zu Ihrer Situation in 2010? Welche Hindernisse haben Sie dazu überwunden? Wer hat Sie unterstützt? Welche Ihrer Stärken haben Sie eingesetzt, um das zu erreichen?

Die inneren Bilder der Phantasiereise waren ein gelungener Übergang zur weiteren Zukunftsgestaltung in Form des Storyboards.

---

11 Narrativer Ansatz und die Arbeit mit Bildern und Metaphern schaffen Zugänge zu unterschiedlichen Ebenen der Wirklichkeitsbetrachtung und tragen zur Sinnvermittlung vom Erlebten bei.

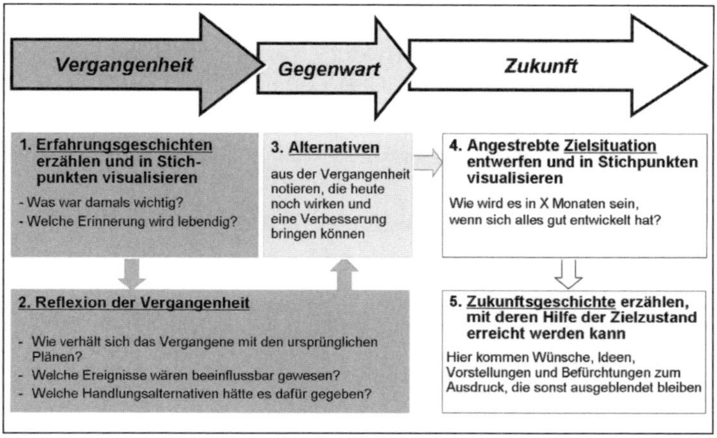

Abbildung 1: Storyboard (Frenzel et al., 2004b, S. 309 f.)

Wie in Abbildung 1 dargestellt, wird das Storyboard in der Verbindung von Vergangenheit, Gegenwart und Zukunft angewendet. Es eignet sich sowohl für Einzelcoaching als auch für Teamcoaching, wenn es um Veränderungsvorhaben geht, Erfahrungswissen gefragt ist und eine individuelle oder gemeinsame Zukunftsgestaltung zu entwerfen ist. Die Vergangenheits- und Gegenwartsbetrachtung war am Vortrag bereits mit anderen Methoden geschehen. So konzentrierte sich unsere Arbeit mit dem Storyboard nur auf die Zukunft.[12] Als Rahmung erläuterte ich den Coachees zunächst den Begriff Storytelling. Die Teilnehmer entwarfen und präsentierten danach anhand folgender Fragen ihr Storyboard:

- »Nach den Eindrücken der Vergangenheit/Gegenwart wird jetzt ein Zukunftsbild entworfen. Wie wird es in einem Jahr für Sie sein, wenn sich alles gut entwickelt hat?«
- Welche Ereignisse, die Sie aktiv mitgestaltet haben, haben das bewirkt? Beschreiben Sie die Ereignisse als kleine Geschichte(n) und finden Sie aussagekräftige Titel dazu.

12 Das Storyboard nicht auf alle Themenbereiche des Workshops anzuwenden, habe ich so entschieden, weil ich eine vielfältige Methodenauswahl einfließen lassen wollte.

Die anschließende Kollegiale Beratung befasste sich mit der Hypothesenbildung anhand folgender Struktur: (B und C unterhielten sich über das Storyboard von A, der nur dabei zuhörte und erst am Ende sagte, was er davon mitnehmen wird/möchte).

- Welche Geschichten/innere Bilder fallen Ihnen zum Storyboard von A ein?
- Was erscheint stimmig? Was könnte schwierig werden?
- Welche Umsetzungsschritte sehen Sie für A? Worauf sollte A besonders achten?
- Welche der Ressourcen von A werden hilfreich sein, um die Ziele zu erreichen?

So sah das Teilnehmer-Resümee am Ende des Workshops aus:

- »Wirkungsvolle Selbsterfahrung durch die Fremdreflexion der Vergangenheit und Gegenwart sowie das Wertschätzen und Nutzen meiner bisher ungeliebten ›inneren Stimmen‹.«
- »Durch das Arbeiten mit Geschichten und Metaphern gelang es mir, meine aktuelle Situation auf emotionaler Ebene zu bearbeiten, der ich bisher zu wenig Raum gab.«
- »Viele Impulse zu anderen Wirklichkeitsbezügen und Handlungsalternativen durch die Arbeit mit Geschichten/Metaphern und der Kollegialen Beratung. Sie stärken mich in meiner Zukunftsgestaltung.«

Zeitbedarf

Jede der eingesetzten Methoden (Vergangenheit mit Lebensstrahl, Gegenwart mit Theatermetapher und Zukunft mit Storyboard) benötigt jeweils insgesamt ca. 2,5 Stunden.
Einzelarbeit = 30–45 Minuten; Gruppenarbeit = 2 Stunden (Kollegiale Beratung inklusive vorangegangener Präsentation bei drei Teilnehmern)

Material

Unbedingt Brownpaper für das Präsentieren zu Verfügung stellen, um die Ergebnisse auch in visueller Form »mitnehmen« zu können.

Basis- und Entwicklungsgeschichte eines Maschinenbauunternehmens: Storytelling im Rahmen einer Organisationsentwicklung[13]

Warum wollte ich in einem zweitägigen Workshop mit scheinbar analytisch-rational orientierten Teilnehmern unbedingt Storytelling anwenden? Weil ich gezielt auf der narrativen, unbewussten und emotionalen Ebene arbeiten wollte: genau das, was der Kunde im Umgang mit Problemlösungen bisher nicht kannte. In diesem Sinne war die Art der Methode schon die erste Intervention – Dinge einmal anders anzugehen als bisher. Ziel des Workshops war es, Erkenntnisse zur Unternehmensidentität und zu Stärken und Schwächen zu erhalten sowie die Ziele der angestrebten Veränderung zu definieren. Teilnehmer des Workshops waren neben meiner Kollegin und mir 20 Führungskräfte der ersten und zweiten Führungsebene.

Am ersten Tag des Workshops erzählten die Teilnehmer die Basisgeschichte ihres Unternehmens. Ziel der Übung war es herauszufinden, was die Mitarbeiter über ihr Unternehmen erzählen, für das die meisten von ihnen mehr als zehn Jahre arbeiten, wenn sie ihr Herz und Hirn einschalten. Es ging darum, ein Bild zu bekommen, was dieses Unternehmen ausmacht und worin es einzigartig ist. Die Teilnehmer arbeiteten nach dieser Vorgabe:

Stellen Sie sich vor, Ihr Unternehmen wäre ein Mensch. Was ist das für ein Mensch? Beschreiben Sie diese Person in der Form einer Geschichte mit dem Start »Es war einmal ...«.

Neben dieser Kernfrage haben wir den Teilnehmern in Anlehnung an die Transaktionsanalyse, insbesondere dem Organisationsskript[14], einige Fragestellungen als Rahmung mitgegeben: Ist die Person weiblich oder männlich? Ist sie im früheren Erwachsenalter oder hat sie bereits erste Lebenskrisen hinter sich? Welche Erfolge hat die Person vorzuweisen? Welche Krisen hat sie gemeistert? Was mag sie gar nicht im Umgang mit anderen Menschen? Was kann Sie besonders gut? Wo

---

13 Erfahrungsbericht von Kerstin Türkis.

14 Organisationsskript, Joachim Karnath (Contract, Reifenhäuser & Karnath KG), Lehrmaterial des Instituts für Systemische Beratung Wiesloch, Curriculum »TA in Beratung, Coaching und Organisationsentwicklung«.

liegen ihre Entwicklungsmöglichkeiten? Wie ist das Verhältnis – des Erzählers dieser Geschichte – zu dieser Person? Welche Elternfiguren hat die Person? Welche Elternbotschaften prägen diese Person? Welche Muster und Glaubensätze hat die Person? Welchen Charaktertyp (English u. Karnath, 2009, S. 80 ff.) und inneren Antreiber (Schmid, 2006, S. 14 ff.) prägen die Person?

In Einzelarbeit entstanden eindrückliche und kreative Geschichten, die trotz ihrer Unterschiedlichkeit in der Erzählung vieles gemeinsam hatten. So wurden die Ursprünge, Elternbotschaften durch die Muttergesellschaft in den USA, Erfolge, Krisen und Muster sehr ähnlich beschrieben. Jeder einzelne Teilnehmer stellte danach in Kleingruppen seine Geschichten vor. Die Kleingruppe diskutierte – unterstützt durch unsere Moderation – die Gemeinsamkeiten und Unterschiede der Geschichten und wählte danach eine Geschichte aus oder gestaltete eine neue Geschichte, die am besten die Unternehmensidentität ausdrückte. Im Plenum stellte jede Kleingruppe ihre ausgewählte Geschichte vor. Die Unterschiedlichkeiten wurden in der anschießenden Plenumsdiskussion wertschätzend diskutiert und damit auch akzeptiert, dass jeder seine Wahrnehmungen und Einstellungen in Bezug auf das Unternehmen haben und äußern darf. Die Diskussion zeigte auch die großartige Wirkung, die das Geschichtenerzählen bei den Teilnehmern erzielte. Denn wir alle sahen leuchtende Augen, die Neugier ausstrahlten, und spürten eine vertrauensvolle Atmosphäre, die Offenheit und Verständnis zuließ. Durch das Finden und Erzählen der Basisgeschichten wurde folgender Nutzen erzielt:

- Jeder Teilnehmer dachte einmal auf einer komplett anderen Ebene über sein Unternehmen nach und fand darüber neue Aspekte, deren er sich bisher in seiner Beziehung zum Unternehmen nicht bewusst war. Jeder Teilnehmer brachte seine große Verbundenheit mit dem Unternehmen zum Ausdruck.
- Die Teilnehmer selbst und wir Berater erlebten gemeinsame und unterschiedliche Wahrnehmungen und Einstellungen der Teilnehmer zum Unternehmen. Das führte bei den Teilnehmern zu gegenseitigem Verständnis und Vertrauen.
- Wir Berater verstanden besser, wie das Unternehmen tickt, welche Historie (Hochs und Tiefs) es hat, welche Verhaltensweisen die Menschen darin zeigen, was sich die Menschen im Unternehmen

erzählen, wie sie über das Unternehmen erzählen und wie die Menschen darin miteinander umgehen. Elementare Einzeleinheiten, um das Veränderungsvorhaben methodisch zu steuern und auf Prozessebene zu begleiten.

Der zweite Workshoptag drehte sich um das Ziel des Veränderungsvorhabens und die Motivation der einzelnen Führungskräfte, in die Veränderung zu gehen. Welches Ziel, welcher Zustand soll überhaupt durch die Veränderung erreicht werden? Welcher Sinn steht hinter der angestrebten Veränderung? Wozu soll das gut sein? Und wie sollen sich das Unternehmen und die Menschen darin in ihrem Verhalten ändern, damit das Gewünschte eintritt? Die Beantwortung dieser Fragen ist grundlegend, wenn die Beteiligung der Mitarbeiter und damit die angestrebte Veränderung gelingen wollen. Die Menschen im Unternehmen werden fragen, woran sie sich beteiligen sollen und wozu das gut sein soll. Erst wenn ihnen der Sinn der Veränderung klar wird, werden sie mit anpacken und sich einbringen.

Eine Entwicklungsgeschichte trägt unseres Erachtens maßgeblich zu diesen Antworten bei. Nach Michael Loebbert (2003) gehören planmäßige Veränderung und Entwicklung der Basisgeschichte zu den wirksamsten Instrumenten des Veränderungsmanagements. In zwei Untergruppen erstellten die Teilnehmer dann jeweils ihre Entwicklungsgeschichte. Die Aufgabenstellung lautete wie folgt:

Erzählen Sie die Geschichte Ihres Veränderungsvorhabens in Form eines Märchens, Science-Fiction oder Krimis oder eines anderen Genres anhand folgender Struktur:

- Wie ist die Ausgangssituation in Ihrem Unternehmen?
- Welche Ziele ergeben sich daraus für die Zukunft?
- Welche Akteure (Protagonisten/Antagonisten) spielen in der Geschichte?
- Welche Schwierigkeiten/Herausforderungen gilt es zu überwinden?
- Wie ist das gute und glaubwürdige Ende der Geschichte?

Jede Untergruppe präsentierte danach ihre Geschichte, die im ausgewählten Genre (neuzeitlicher Krimi und historisches Epos) und Erzählweise unterschiedlicher nicht hätten sein können. Trotzdem wurden Gemeinsamkeiten sichtbar, wie zum Beispiel die große Dringlichkeit des Veränderungsvorhabens und der wahrgenommene Konkurrenzdruck. Unterschiede zeigten sich in den Akteuren und im Zeitbedarf des anstehenden Projektes. In einer Geschichte war das Hauptaugenmerk auf zwei Personen aus der Unternehmensführung gerichtet. Sie waren die Helden und Leitfiguren der Veränderung. In der anderen Geschichte wurde eher von Gruppen als von handelnden Personen als Hauptakteure gesprochen. Einige im Führungsteam hatten demnach unterschiedliche Auffassungen zu ihren eigenen Rollen und zu denen ihrer Kollegen im anstehenden Veränderungsvorhaben. Der Unternehmensleiter sah alle Führungsteammitglieder in der Pflicht. Viele seiner Kollegen sahen eher ihn und den Personalleiter als maßgebliche Leitfiguren dieser Veränderung. Eine Gruppe erzählte von der Schnelligkeit als entscheidendem Faktor zum Gelingen der Veränderung. Die zweite Gruppe dagegen sprach sehr metaphorisch von einer Veränderung, die Jahre andauerte.

Das Führungsteam diskutierte im Plenum die Unterschiedlichkeiten, was sie in ihrer gemeinsamen Motivation und ihren Zielen näher zusammenbrachte. So komme ich auch schon zum Ergebnis und Nutzen der Entwicklungsgeschichte:

- Über die Geschichten wurden Motivation, Sinn und die Gestalt der Veränderung sowie das Motto transparent, unter dem die Veränderung steht.
- Unterschiede in Meinung und Motivation der einzelnen Führungskräfte wurden sichtbar und offen angesprochen, was zum weiteren gemeinsamen Verständnis füreinander im Führungsteam beitrug.
- Der gemeinsame Gedanke für das Veränderungsvorhaben, das heißt, das »an einem Strang ziehen« wurde weiterentwickelt und gestärkt.

Diese Geschichten werden für die Zukunft immer wieder nützlich sein:

- Für das Führungsteam in kommenden Sitzungen, wenn es um eine Rückschau der Ereignisse und die daraus abzuleitenden neuen Ziele und Maßnahmen geht.
- Zur internen Kommunikation und damit zur Beteiligung der Mitarbeiter.

Alle im Plenum erzählten Geschichten wurden in digitaler Form aufbereitet und den Teilnehmern zur Verfügung gestellt.

Zeitbedarf für

- Basisgeschichte = insgesamt 3,5 Stunden:
  - Geschichte verfassen in Einzelarbeit: 30 Minuten;
  - Geschichten vorstellen, diskutieren und Auswahl einer Geschichte in Kleingruppen: 60 Minuten;
  - Plenumsvorstellung und -diskussion: 60 Minuten;
  - Auswahl einer Basisgeschichte im Plenum: 60 Minuten.
- Entwicklungsgeschichte = insgesamt 3,5 Stunden:
  - Geschichte in Kleingruppen verfassen: 60 Minuten;
  - Plenumsvorstellung und -diskussion: 90 Minuten;
  - Auswahl einer Entwicklungsgeschichte im Plenum: 60 Minuten.

Schluss

Mit diesem Beitrag – unseren Praxisbeispielen, mit all den beschriebenen Erfolgen und auch Stolpersteinen – wollen wir Lust und Mut machen, mit narrativen Elementen und Methoden zu arbeiten. Wir hoffen, das ist uns gelungen!

Falls Sie Storytelling demnächst im Rahmen Ihrer Arbeit mit Organisationen, Teams oder Einzelnen anwenden, wünschen wir Ihnen viel Freude, wirkungsvolles Arbeiten und Erfolg.

Literatur

Beaulieu, D. (2005). Impact-Techniken für die Psychotherapie. Heidelberg: Carl-Auer.

English, F., Karnath, J. (2009). Lebenscoaching. Zum Umgang mit Menschen, die sich ungeliebt, abgelehnt und ohnmächtig fühlen. Salzhausen: Iskopress.

Ernst, H. (2010). Gute Vorsätze: »Ab morgen werde ich ...«. Psychologie Heute, Januar 2010.

Frenzel, K., Müller, M., Sottong, H. J. (2000). Das Unternehmen im Kopf. Schlüssel zum erfolgreichen Change-Management. München/Wien: Hanser Fachbuch.

Frenzel, K., Müller, M., Sottong, H. J. (2004a). Storytelling. Das Harun-al-Raschid-Prinzip. Die Kraft des Erzählens fürs Unternehmen nutzen. München/Wien: Hanser Fachbuch.

Frenzel, K., Müller, M., Sottong, H. J. (2004b). Storytelling. Das Praxisbuch. München/Wien: Hanser Fachbuch.
Hüther, G. (2004). Die Macht der inneren Bilder. Wie Visionen das Gehirn, den Menschen und die Welt verändern. Göttingen: Vandenhoeck & Ruprecht.
Loebbert, M. (2003). Storymanagement. Der narrative Ansatz für Management und Beratung. Stuttgart: Klett-Cotta.
Mellon, N. (1993). Der Phantasie eine Stimme geben. Die Kunst des kreativen Erzählens. Braunschweig: Aurum.
Schmid, B. (2006). Systemisches Coaching. Bergisch Gladbach: EHP.
Schmid, B., Messmer, A. (2005). Systemische Personal-, Organisations-und Kulturentwicklung. Konzepte und Perspektiven. Bergisch Gladbach: EHP.
Schmid, B., Veith, T., Weidner, I. (2010). Einführung in die kollegiale Beratung. Heidelberg: Carl-Auer-Systeme.
Stewart, I., Joines, V. (1990). Die Transaktionsanalyse. Freiburg i. Br.: Herder.

Die Autorinnen

Ingrid Kaltenstadler (Jg. 1952) ist seit 2007 selbständig als Trainerin, Beraterin und Coach für Einzelpersonen, Gruppen und Teams in Organisationen. Sie verfügt über eine mehr als 20-jährige Berufserfahrung in Stab- und Linienfunktionen in Finanzdienstleistungsunternehmen, der IT-Branche und in Non-Profit-Organisationen (u. a. als Ausbildungs- und Projektleiterin sowie als Trainerin).
Von der Ausrichtung her ist sie Wirtschaftsinformatikerin und Diplom-Politologin. Neben einer Ausbildung zum Business-Coach (IHK-Ulm) hat sie eine systemische Ausbildung mit anschließender Zertifizierung für Coaching und Teamentwicklung am Institut für Systemische Beratung Wiesloch absolviert.
Ihre Arbeitsschwerpunkte sind Klarsicht-, Orientierungs- und Stärkungs-Coaching und Zielen auf einen guten Umgang mit der persönlichen Energie in krisenreichen Zeiten.
E-Mail-Kontakt: ingrid@kaltenstadler.de

Kerstin Türkis (Jg. 1975) arbeitet seit 2008 als selbständige Beraterin und Coach für Einzelne, Teams und Organisationen. Vor ihrer Selbständigkeit war sie neun Jahre als angestellte Beraterin im internationalen IT-Umfeld tätig. Ihre Kunden unterstützt sie in Form von Mitarbeiter- und Führungskräfte-Coaching sowie Organisations- und Teamentwicklung.
Sie ist Betriebswirtin, zertifizierte Projektmanagerin und absolvierte eine dreijährige Ausbildung zum systemischen Coach.
E-Mail-Kontakt: info@kerstin-tuerkis.com
Homepage: www.kerstin-tuerkis.com

Doris Fülle und Christian Philippi

Der Einsatz von Filmen im Training

Wie sind wir zu diesem Thema gekommen?

Filme im Training – bei diesem Stichwort denken viele an die meist ungeliebten bis verhassten traditionellen Rollenübungen vor der Videokamera mit anschließender Reflexion im Plenum. Auch für uns selbst war genau das die erste Begegnung mit dem Medium Film im Training. Es war – zuerst als Teilnehmer, später dann als Trainer – eine nicht immer angenehme Erfahrung.

In unserer eigenen Trainerausbildung machten wir frühzeitig Bekanntschaft mit der Suggestopädie – einem lustvollen Lehren und Lernen mit allen Sinnen, spielerischen Methoden und unterschiedlichsten Medien. Die Suggestopädie und die eigene Lehrtrainertätigkeit für Suggestopädie waren für uns dann auch der Ausgangspunkt, das Medium Film über den herkömmlichen Gebrauch hinaus zu nutzen – und das mit erhöhtem Lernerfolg und jeder Menge Spaß für Teilnehmer und Trainer.

»Das psycho-physiologische System der Zuschauer wird angeregt, sprich, die Aufmerksamkeit und Gedächtnisleistung werden gesteigert« (Professor Dr. Rüdiger Funiok, Leiter des Instituts für Kommunikationswissenschaft und Erwachsenenpädagogik an der Hochschule für Philosophie in München).

Im Lauf der Jahre wurde für uns eine weitere Ausbildung richtungsweisend – die Systemik. Je mehr wir eine systemische Arbeitsweise in Training und Beratung anstrebten und lebten, umso mehr erkannten wir, wie wunderbar sich die suggestopädischen Methoden im Allgemeinen und der Einsatz von Filmen im Besonderen mit systemischem Denken und Arbeiten verknüpfen lassen.

»Die Methode (Film) zielt vor allem darauf ab, kreative Potenziale wachzurufen und zu aktivieren, Assoziationen in Gang zu setzen und eigene Gedanken anzustoßen« (Kamp, 2008).

Im Nachfolgenden finden Sie wesentliche Aspekte zur Arbeit mit Filmen im Training, basierend auf unseren eigenen Erfahrungen.

Eine erste Annäherung ...

Lassen wir zunächst einmal Fachleute in einer – zugegebenermaßen erfundenen – Talkshow zu Wort kommen:

Es ist ein ausgewiesener Expertenkreis, den sich Sonja Schlau, die bekannte Moderatorin, heute in ihre Sendung »Vertrau auf Schlau« eingeladen hat, um mit ihm über das Thema »Filmreif – der Einsatz von Filmen im Training« zu diskutieren. Der Produzent und Regisseur Armin Ansage sowie die Schauspielerin Nora Niedlich und ihr Kollege Michael Mime werden da sein. Der scharfzüngige Filmkritiker Volker Verriss steht ebenfalls auf der Gästeliste. Moni Tor und Kai Kiste, die bereits in vielen Produktionen für die Technik bzw. die Requisite verantwortlich waren, haben ihr Kommen zugesagt. Vervollständigt wird die Runde durch den erfahrenen Filmjuristen Dr. U.R. Heber.

Die Sendung hat gerade begonnen, schalten wir uns einfach zu ...

Sonja Schlau: Herr Ansage, der Einsatz von Filmen im Training, kann das mehr sein als das Zeigen einiger Filmausschnitte, um an eine Thematik heranzuführen, sie zu vertiefen oder abzuschließen?

Armin Ansage: Filmausschnitte zu zeigen, ist nur eine von mehreren Einsatzmöglichkeiten, es ...

Dr. U.R. Heber: Vergessen Sie mir dabei auf keinen Fall die Urheberrechte!

Armin Ansage: ... gibt aber noch weitere.

Sonja Schlau: Bleiben wir doch bei den Filmausschnitten. Wie komme ich zu brauchbaren Filmen oder Szenen?

Armin Ansage: Zuerst: Nicht nur ins Kino gehen, um sich den Bauch mit Popcorn vollzuschlagen, sich Cola reinzuschütten, bis einem schlecht wird, und sich nebenbei einen Film reinziehen! Dann: Sein Gehirn nicht gleichzeitig mit dem Handy ausschalten! So besteht eine gute Chance, in fast jedem Film für seine Trainingsthemen fündig werden. Zum Beispiel bietet »Der Club der toten Dichter« hervorragende Beispiele zu Führung, Pädagogik und Persönlichkeitsentwicklung. Julia Roberts Auftritt im Prostituierten-Outfit in »Pretty Woman« ist ein toller Beitrag zum Thema »Erster Eindruck« und »Schubladendenken«, »Der Rosenkrieg« vermittelt alles zum Thema »Konflikte« und die meisten Filme von Loriot liefern amüsante Beispiele für »Kommunikation«.

Moni Tor: Dazu kommt, dass der technische Aufwand für das Vorführen von Filmsequenzen relativ gering ist. Für kleinere Gruppen reichen ein DVD-Player und ein Fernsehgerät, bei größeren Gruppen empfiehlt sich der Einsatz eines Beamers.

Dr. U.R. Heber: Vergessen Sie mir dabei auf keinen Fall die Urheberrechte!

Sonja Schlau: Herr Ansage, Sie haben von weiteren Einsatzmöglichkeiten gesprochen. Woran denken Sie?

Armin Ansage: Lassen Sie mich zuerst noch auf zwei andere Aspekte hinweisen. Zum einen können Filmausschnitte nicht nur in Veranstaltungen mit vielen Teilnehmern eingesetzt werden, sondern auch in einer Beratungssituation, in der sich lediglich ein Berater und sein Klient gegenübersitzen. Zum anderen gelingt es mit dieser Methode, dass die Betrachter sich mit den handelnden Personen vergleichen und oft gedanklich selbst in deren Rollen schlüpfen. Das sorgt für einen wertvollen Perspektivwechsel, der viele Möglichkeiten des Arbeitens mit den Teilnehmern eröffnet.

Nun aber zu Ihrer Frage: Ich kann einen Filmausschnitt zeigen, um damit ein Thema zu erarbeiten oder zu verdeutlichen, aber auch Sequenzen nachspielen oder fortsetzen lassen.

Sonja Schlau: Wie dürfen wir uns das vorstellen?

Nora Niedlich: Lassen Sie mich das beantworten, Armin. In meiner Schauspielausbildung bekamen wir Filmausschnitte gezeigt, die wir dann zu einem bestimmten Thema neu inszenieren sollten. Oder wir bekamen ein Thema und einen Filmausschnitt ohne Ton und mussten einen Dialog entwickeln, dabei aber Mimik und Gestik der Darsteller beibehalten.

Volker Verriss: Frau Niedlich, ich bitte Sie. Für unser Thema hier ist das doch völlig übertrieben. Teilnehmer an einem Seminar sind doch nicht in der Lage, wie professionelle Schauspieler zu agieren.

Michael Mime: Darum geht es auch gar nicht. Wenn sich Teilnehmer mit Trainingsthemen in dieser ungewöhnlichen Form beschäftigen, dann bleiben ihnen die Inhalte garantiert länger im Gedächtnis als bei herkömmlichen Methoden. Zusätzlich macht das den Beteiligten einen Riesenspaß. Und das sind schon genügend Gründe, um Filmausschnitte zu diesem Zweck einzusetzen.

Dr. U.R. Heber: Vergessen Sie mir dabei auf keinen Fall die Urheberrechte!

Sonja Schlau: Herr Ansage, Sie sprachen gerade davon, eine Filmsequenz auch fortsetzen zu lassen.

Armin Ansage: Genau. Sie zeigen einen kurzen Filmausschnitt, ...

Dr. U.R. Heber: Vergessen Sie mir dabei auf keinen Fall die Urheberrechte!

Michael Mime: ... die Seminarteilnehmer sollen sich in die handelnden Personen versetzen und den Film in Eigenregie mit ihren Ideen fortführen. Bei dieser Arbeit müssen die Teilnehmer ihre eigenen Gedanken und Handlungsoptionen mit den vorher besprochenen Themen abgleichen und verknüpfen. Somit werden Inhalte noch einmal reflektiert, erweitert und vertieft.

Armin Ansage: Sie können die Gruppe zuvor sogar ein Drehbuch schreiben lassen. Hier genügen allerdings Stichpunkte zur Handlung und zu den Dialogen. Schließlich stehen die Lernerfolge und nicht die Produktion eines Hollywoodfilms im Mittelpunkt.

Moni Tor: Sie können noch einen Schritt weitergehen und die Ergebnisse der Gruppenarbeiten mit einer Videokamera aufzeichnen. Da der Film nur für die Beteiligten bestimmt ist, genügt hier eine ganz einfache Digicam, wie sie viele von uns im Urlaub benutzen.

Sonja Schlau: Ich verstehe, und wenn die Gruppe dann ihre eigenen Produktionen auch noch gemeinsam anschaut, setzt sie sich mit den behandelten Themen noch ein weiteres Mal auseinander.

Armin Ansage: Genau so ist es. Und wenn mehrere Gruppen die gleichen Inhalte umsetzen sollen, dann kann sogar noch der beste Film prämiert werden – mit einem »Oscar« sozusagen.

Kai Kiste: Noch intensiver wird die Arbeit, wenn den Gruppen Requisiten zur Verfügung gestellt werden.

Volker Verriss: Jetzt übertreiben Sie aber wirklich. Es geht hier um kurze Szenen. Dafür können doch Trainer nicht auch noch Unmengen an Requisiten und Kostümen mit sich schleppen!

Kai Kiste: Von Unmengen ist nicht die Rede. Es genügt vollkommen, ein paar Gegenstände aus dem Alltag dafür bereitzustellen.

Sonja Schlau: Was, Herr Kiste, eignet sich denn dazu?

Kai Kiste: Das könnten zum Beispiel Küchenutensilien, Gegenstände aus der Natur, Spiel- oder Werkzeuge sein. Eine Aussage wie »Das ist ja der Hammer!« kann so noch viel plastischer dargestellt werden. Ich setze auf die Kreativität der Beteiligten. Und außerdem: Trainer, die suggestopädisch arbeiten, haben ohnehin genügend Materialien dabei, die als Requisiten taugen – bis hin zu Dingen, die Teilnehmer mit sich tragen oder kurzerhand selbst herstellen müssen.

Michael Mime: Und hier bekommen die Schauspieler ... äh Teilnehmer wiederum den Auftrag, dass die Gegenstände einen Bezug zu den besprochenen Inhalten haben müssen. Besser kann ich Inhalte nicht verankern.

Sonja Schlau: Herr Ansage, wie lang dürfen denn solche nachgestellten oder selbstgedrehten Filmsequenzen sein?

Armin Ansage: Das hängt natürlich stark davon ab, wie viele Inhalte darin verarbeitet werden müssen. Natürliche Grenzen werden vor allem durch die Seminarzeit gesetzt. Ich gehe davon aus, dass das fertige Produkt ...

Dr. U.R. Heber: Wenigstens haben wir bei diesen Eigenproduktionen kein Problem mit Urheberrechten!

Armin Ansage: ... nicht länger als drei bis fünf Minuten sein sollte. Und bei den Drehzeiten sind oftmals schon 10 bis 15 Minuten ausreichend.

Nora Niedlich: Für den Einsatz von Filmen habe ich noch ein Beispiel, von dem mir ein Freund erzählt hat. Da hat ein Unternehmen erfolgreiche Mitarbeiter für drei Tage in einen Vergnügungspark eingeladen. Diese durften dort einen Film zu einem Produkt des Unternehmens drehen.

Volker Verriss: Einen Marketingfilm? Das sollte man doch wohl besser Profis überlassen. Selbst die produzieren ja schon jede Menge Schrott.

Nora Niedlich: Nein, keinen Marketingfilm. Es ging darum, dass die Mitarbeiter sich losgelöst vom Alltag in einer völlig anderen Form mit einem Produkt beschäftigen. Die einzige Vorgabe bestand darin, dass sich bestimmte Kernaussagen zu dem Produkt im Film wiederfinden.

Am ersten Tag hat sich das Team kennengelernt, sich noch einmal mit dem Produkt beschäftigt, das Drehbuch erstellt und schon einmal Drehorte ausgesucht. Der zweite Tag diente ausschließlich dazu, den Film zu drehen.

Dr. U.R. Heber: Urheberrechte sind in diesem Fall ja nicht berührt, aber mit der Leitung des Vergnügungsparks muss natürlich genau geklärt werden, was dort erlaubt ist und was nicht.

Nora Niedlich: Das ist auch geschehen. Am dritten Tag haben die Teilnehmer noch die Szenen für den endgültigen Film und die musikalische Untermalung festgelegt. Schnitt und Zusammenstellung der Szenen zum fertigen Film sind dann von einem Profi gemacht worden. Den Film haben alle Teilnehmer als DVD zugesandt bekommen.

Michael Mime: Das war für die Teilnehmer sicher nicht nur ein Incentive mit einem unvergesslichen Erlebnis. Die Firma hat auf diese Weise auch deren Identifikation mit dem Produkt und dem Unternehmen gestärkt.

Moni Tor: Und durch die professionelle Endbearbeitung kann das Unternehmen den fertigen Film vielleicht sogar vielfältig einsetzen.

Sonja Schlau: Leider geht unsere Sendezeit schon wieder zu Ende. Ich bedanke mich ganz herzlich bei meinen Gästen. Sie haben uns einen sehr umfangreichen Einblick über die Einsatzmöglichkeiten des Mediums Film im Training verschafft. Wir, liebe Zuschauer, sehen uns hoffentlich wieder, wenn es nächsten Dienstag um 22:30 Uhr heißt: Willkommen zu »Vertrau auf Schlau« ...

Konkrete Einsatzmöglichkeiten von Filmen im Training

Es gibt am Markt eine Anzahl von Lehrfilmen zu unterschiedlichen Themen. Beim Einsatz solcher Filme ist zu beachten, dass diese meist mit einem »erhobenen Zeigefinger« zum entsprechenden Thema konzipiert wurden.

Wir nutzen für unsere Arbeit bewusst Kino- und Fernsehfilme unterschiedlicher Art und gehen immer wieder auf Entdeckungstour, um unser Repertoire zu erweitern. Diese Art von Filmen wurde nicht vorrangig für den Zweck der Weiterbildung erstellt, und Teilnehmer verknüpfen sie viel enger mit dem »wahren« Leben. Sie können sich oft sehr leicht in die Rollen der Darsteller versetzen und so andere Perspektiven einnehmen. Die Teilnehmer bekommen einen Abstand zur eigenen Wahrnehmung und hinterfragen diese kritischer. Sie werden zu einem gedanklichen Probehandeln eingeladen. Im Nachhinein gilt es, dies mit dem eigenen Tun in Verbindung zu bringen, abzugleichen und Schlussfolgerungen zu ziehen.

Vom entsprechenden Kontext hängt es ab, ob es sinnvoll ist, einen ganzen Film zu sehen, oder ob es ausreichend ist, einzelne Szenen eines Filmes zu zeigen, um den Lernerfolg in Weiterbildungen zu unterstützen. Zur Verfügung gestellte Requisiten jeder Art können die Arbeit mit dem Medium Film noch effektiver und lustvoller gestalten. Des Weiteren ist zu überlegen, ob die Teilnehmer ihre Arbeiten mit einer Videokamera aufzeichnen. Zu einem späteren Zeitpunkt können die Aufnahmen für weitere Wiederholungsschleifen oder zu Reflexionszwecken herangezogen werden, um Lerninhalte noch besser zu verankern.

Für unsere Trainingsarbeit zu den Themen »Vertrieb«, »Führung«, »Methoden« und »Trainerausbildung« haben wir viele Filme angeschaut und auf ihre Eignung hin getestet. Tabelle 1 mit einer Filmliste enthält eine Auswahl an Beispielen.

Beim Einsatz von Filmen im Training unterscheiden wir zwischen *passivem* und *aktivem Umgang* mit dem Medium. Im passiven Einsatz dienen Filme oder Filmsequenzen als Anschauungsmaterial, das heißt zur Untermauerung eines Themas. Der aktive Einsatz bedeutet, dass das Medium Film unmittelbar zum Ausgangspunkt von Aktivitäten im Training wird, bis hin zur Erstellung eigener Filme.

Passiver Umgang mit dem Medium Film

Der Trainer bereitet einen Film oder Filmsequenzen zum vermittelnden Thema vor. Mit der entsprechenden Aufgabenstellung können diese in unterschiedlichen Kontexten gezeigt werden. Aufgabenstellungen können sein: Beobachten der Filmsituation und Auswertung im Nachgang, Austausch unterschiedlicher Standpunkte zur Geschichte, Überlegung von Handlungsalternativen, Auffinden von Positiv- und Negativbeispielen, Übertragen von konkreten Punkten in die eigene Praxis etc. Nachfolgend finden Sie Beispiele, mit denen wir in unseren Trainings konkret gearbeitet haben.

Beispiel zur Einführung eines Themas

Thema: Preisverhandlung (Einführung in Methoden der Preisverhandlung)

Film: »Pappa ante Portas«

Szenen: Lieferung von Kopierpapier und Radiergummis, Einkauf von Senf

Aufgabenstellung: Bitte achten Sie in den nachfolgenden kurzen Szenen darauf, welche Möglichkeiten Herr Lohse nutzt, um Preise zu verhandeln bzw. einen Rabatt zu bekommen.

Nutzen: Die Teilnehmer werden auf humorvolle Weise an eine erste Methode der Preisverhandlung herangeführt. Diese wird später genutzt, um weitere Methoden zu erarbeiten. Gleichzeitig dienen die lustigen Szenen als »Eisbrecher«, da hier bereits ein gemeinsames positives Erlebnis (Lachen, Austausch) generiert wird.

Beispiel zur Erarbeitung, Verdeutlichung oder Vertiefung eines Themas oder bestimmter Inhalte des Trainings

Thema: Führungsstile (hier nach Daniel Golemann)

Film: »Sister Act«

Szenen: Übernahme des Chores durch Schwester Mary Clarence

Aufgabenstellung: Bitte schauen Sie sich im Fokus der erarbeiteten Führungsstile die folgenden Szenen des Filmes an. – Steuerung einer Diskussion im Nachhinein zu folgenden Fragen: Welche Führungsstile haben Sie erkannt? Wie haben sie sich in der jeweiligen Situation konkret ausgewirkt? Hätte sich in der jeweiligen

Situation die Anwendung alternativer Führungsstile angeboten? Welcher? Mit welcher Begründung?

Nutzen: Die Teilnehmer erleben die zuvor erarbeiteten Inhalte in Lebenssituationen anderer Menschen. Sie erkennen, dass in einer konkreten Führungssituation der Einsatz mehrerer Führungsstile sinnvoll sein kann, weil nur so situativ, individuell und angemessen auf die zu Führenden eingegangen werden kann. Sie versetzen sich in die Rolle der Führenden und gleichen eigene Vorstellungen und Vorgehensweisen mit denen der handelnden Personen ab. Die Teilnehmer wägen im Gespräch mit anderen ab, was ein alternatives Vorgehen bewirken würde.

Beispiel zum Abschließen/Transfer eines Themas

Thema: Emotional intelligente Führung (Selbstwahrnehmung, Selbstmanagement, soziales Bewusstsein und Beziehungsmanagement – nach Daniel Golemann)

Film: »Die Legende von Bagger Vance«

Szenen: Gespräche zwischen dem Golfer Rannulph Junuh und seinem Caddie Bagger Vance

Aufgabenstellung: Schauen Sie die Szenen unter Berücksichtigung der vorher behandelten Inhalte an. – Danach Gruppendiskussion: Was hat Bagger Vance konkret getan, um Junuh zu sich selbst zurückzuführen? Was hat er unterlassen? Wie hat sich das Gespräch zwischen den beiden konkret entwickelt? Mit welchen Konsequenzen?

Nutzen: Die Teilnehmer analysieren unterschiedliche Wirkungsweisen von Kommunikation anhand eines Films. Sie gleichen Ergebnisse mit vorher behandelten Modellen ab. Die Teilnehmer versetzen sich bewusst in die Rollen der handelnden Personen und spüren nach, wie es ihnen an deren Stelle ergangen wäre. Sie übersetzen erlebte Gesprächstechniken in ihre eigene Praxis als Führungskräfte und überlegen, in welchen konkreten Fällen welche Vorgehensweisen sinnvoll sind. Sie erleben nachvollziehbare Beispiele für ihre Rolle als Coach ihrer Mitarbeiter.

Aktiver Umgang mit dem Medium Film – Wenn ein Film als Ausgangspunkt genutzt wird

Eine Filmszene wird nachgespielt/neu inszeniert

Thema: Lerntransfer zur Einführung eines neuen Produktes in einem Unternehmen
Film: »Die Schatzinsel« (Sonderedition)
Szene: Piraten gehen an Land, um den Schatz zu heben
Aufgabenstellung: Schauen Sie sich den Filmausschnitt an. Im Nachhinein stellen Sie bitte diese Szene unter Einbeziehung aller gewonnenen Kenntnisse zum neuen Produkt nach. Nutzen Sie auch die zur Verfügung stehenden Requisiten. Jede Gruppe präsentiert ihre neu gestaltete Szene im Plenum. Die beste Szene wird prämiert.
Nutzen: Die Teilnehmer setzen sich noch einmal spielerisch mit dem neuen Produkt und dessen Eigenschaften und Nutzen auseinander. Sie stellen nicht nur ihre eigene Neuinszenierung vor, sondern erleben auch die der anderen Gruppen. Die Inhalte des Workshops und die Merkmale des neuen Produktes werden mit viel Spaß und Kreativität mehrmals wiederholt, verankert und mit positivem Gefühl in den Praxisalltag übernommen.

Eine Filmszene wird fortgesetzt oder verändert

Thema: Verkauf (erster Eindruck, Vorurteile, Verkäuferverhalten)
Film: »Pretty Woman«
Szene: Einkauf im Designerladen
Aufgabenstellung: Bitte schauen Sie sich die Szene zwischen der Kundin und der ersten Verkäuferin an. Welche Fehler macht die Verkäuferin? Aufgabenstellung nach dem Austausch: Eine zweite Verkäuferin kommt hinzu und wird gefragt, wie viel das Modellkleid kostet. Wie könnte sie das Verkaufsgespräch positiv gestalten? Bereiten Sie bitte in Kleingruppen die Fortsetzung dieser Filmszene vor.
Nutzen: Die Teilnehmer setzen die Filmhandlung mit eigenen Ideen zu vorher besprochenen Vorgehensweisen fort. So werden Inhalte weiter verarbeitet und vertieft. Sie versetzen sich bewusst in die Rollen des Verkäufers und des Kunden und erleben, was sich gut anfühlt,

was eher nicht. Das erste – negative – Beispiel unterstützt die Bereitschaft zu zeigen, wie »es besser geht«.

Ein Filmausschnitt wird ohne Ton gezeigt

Thema: Rhetorik (Förderung des Sprechdenkens – während ich rede, schon zu überlegen, was ich als Nächstes sage – in der Trainerausbildung)

Filme: Diverse Loriot-Filme, zum Beispiel »Das Ei ist hart«, »Die Nudel«, »Herren im Bad«

Aufgabenstellung: Finden Sie mit Ihrem Arbeitspartner zuerst ein Thema und dazugehörige Stichpunkte, zu denen Sie sich austauschen. Im Anschluss sehen Sie eine Szene ohne Ton. Während Sie die Handlungen der Schauspieler oder Figuren verfolgen, entwickeln und sprechen Sie bitte spontan einen gemeinsamen Dialog zum gewählten Thema.

Nutzen: Die Teilnehmer arbeiten an ihrer Reaktionsschnelligkeit und schulen ihr Sprechdenken. Gleichzeitig kann diese Übung eine lustige Auflockerung zwischen erarbeitungsintensiven Teilen der Ausbildung sein.

Aktiver Umgang mit dem Medium Film – Wenn von Teilnehmern ein Film zu einem bestimmten Thema gedreht wird

Beispiel zur Einleitung eines Themas

Thema: Konfliktmanagement (Einstieg ins Thema)

Aufgabenstellung: Tauschen Sie sich in der Gruppe aus, was Sie bereits zum »Umgehen mit Konflikten« wissen. Stellen Sie Ihr gemeinsames Wissen in einer Filmszene dar. Drehen Sie unter Nutzung der zur Verfügung stehenden Requisiten einen Film von max. fünf Minuten Länge. Präsentieren Sie diesen im Nachhinein den anderen Teilnehmern.

Nutzen: Das vorhandene Wissen kann als Basis für die Weiterarbeit im Workshop genutzt werden. Es wird schon zu Beginn ein breiter und intensiver Austausch zum Thema initiiert. Eigene Vorgehensweisen werden offengelegt und sofort in der Gruppe hinterfragt. Der Einstieg in ein Thema erfolgt in einer kreativen Übung und fördert so die Bereitschaft, sich dem Thema selbst zu öffnen.

Beispiel zum Abschließen eines Inhaltes

Thema: Abschluss eines Seminars (z. B. Arbeitsmethodik)
Aufgabenstellung: Reflektieren Sie die wichtigsten Inhalte des Seminars, indem Sie einen Film von max. fünf Minuten Länge drehen. Nutzen Sie dazu den bereitgestellten Requisitenkorb. Stellen Sie Ihren Film im Nachhinein den anderen Teilnehmern vor.
Nutzen: Die Teilnehmer setzen sich noch einmal spielerisch mit den Inhalten des Seminars auseinander. Sie tragen zusammen, was alles erarbeitet wurde, wertschätzen ihre eigene Arbeit und Energie, die sie in das Seminar eingebracht haben. Durch das Erleben der Filme anderer Gruppen wiederholen sie die Inhalte mehrfach. Eine Verankerung der Inhalte im Gehirn mit positivem Gefühl ist wahrscheinlich. Ein erster Lernerfolg wird direkt sichtbar.

Beispiel »Erlebnislernen«

Eine Drei-Tage-Veranstaltung wurde bewusst als Kombination aus Lernen und Incentive in einem Erlebnispark für besonders erfolgreiche Mitarbeiter eines Unternehmens und deren Partnerunternehmen konzipiert und durchgeführt.
Thema: Auseinandersetzung mit dem Hauptprodukt des Unternehmens
Aufgabenstellung: Sie erhalten zum Einstieg noch einmal alle relevanten Informationen rund um das Produkt (Marke, Markt, potenzielle Kunden, besondere Produktmerkmale etc.). Anschließend ist es Ihre Aufgabe, hier im Erlebnispark einen Film zu Ihrem Produkt zu drehen. Nutzen Sie die zur Verfügung gestellte Technik.

Folgende Schritte sind zu gehen:

- Entwicklung einer Filmidee und Erstellung eines Stichwort-Drehbuchs. Das Genre ist frei wählbar, zum Beispiel Abenteuerfilm, Krimi, Beziehungsgeschichte, Drama, Komödie etc.;

- Festlegung der Rollen und Aufgaben: Schauspieler, Regisseur, Kameramann, Ton, Drehbuchautor etc.;
- Auswahl der Drehorte (orientiert am Drehbuch) im Erlebnispark;
- Drehen des Films;
- Festlegung der Schnittstellen und -folgen. (Der Schnitt selbst und eine eventuelle Nachvertonung bzw. Unterlegung mit Musik werden auf der Basis der Teilnehmerangaben von einem Profi vorgenommen. Dieser stellt auch eine semiprofessionelle Kamera- und Tonausrüstung zur Verfügung.)

Auflagen für den Film sind:
- Einhaltung der Vorgaben des Erlebnisparks (z. B. kein Dreh innerhalb der Attraktionen).
- Keine (gefährlichen) Stunts, kein Einsatz von Fahrzeugen.
- Der fertige Film soll folgende Punkte in irgendeiner Form beinhalten:
  - Markt und Marktumfeld für das Produkt,
  - das Zusammenbringen von Produkt und Kunde,
  - Nutzen bestimmter (außergewöhnlicher) Produktmerkmale,
  - eventuell Berücksichtigung von Abwicklungsschritten.
- Der zeitliche Ablauf:
  - Tag 1: Ankommen, Kennenlernen, Produktpräsentation, Besichtigung des Erlebnisparks, Festlegung der Rollen und Aufgaben, Erstellung des Drehbuchs,
  - Tag 2: Dreharbeiten,
  - Tag 3: Festlegung von Schnitt und eventuell zusätzlicher Vertonung, Abreise (bzw. noch weiterer Aufenthalt im Park).

Nutzen: Die Teilnehmer beschäftigen sich auf eine außergewöhnliche Art und Weise mit dem Produkt des Unternehmens. Dazu versetzen sie sich spielerisch in unterschiedliche Personen (z. B. Produktentwickler, Verkäufer etc.) sowie in mannigfache Situationen (z. B. Produktpräsentation, Verkaufsgespräch etc.). Mit der intensiven Verknüpfung von Erlebnis und Lernen werden ein hohes Maß an Motivation und eine hochgradige Identifikation mit dem Produkt erreicht. Die erarbeiteten Inhalte werden aufgrund der intensiven Arbeit nachhaltig im Gehirn verankert. Darüber hinaus wird eine erfolgreiche Tätigkeit in der Vergangenheit auf eine ungewöhnliche Art und Weise gewürdigt und die Netzwerkbildung von Mitarbeitern des Unternehmens gefördert.

Der fertige Film wurde den Beteiligten als DVD zur Verfügung gestellt (zusammen mit der Produktpräsentation, Fotos der Veranstaltung und Filmausschnitten vom Making-of, die mit einer Amateurkamera erstellt wurden).

Tabelle 1: Auszug aus unserer Filmliste für den Einsatz im Training

Thema	**Film**	**Hinweis** S – einzelne Szenen F – ganzer Film
Erster Eindruck, Vorurteile, Verkäuferverhalten	Pretty Woman	S: Einkauf im Designerladen und Ärger im Hotel
Erster Eindruck, Vorurteile	Chocolat	S: Zigeuner tauchen auf
Konflikt	Der Rosenkrieg	F: Konfliktverlauf/Stufen eines Konflikts
Konflikt	Der Club der toten Dichter	S: Gespräch zwischen Vater und Sohn
Arbeitsmethodik, Zeit- und Selbstmanagement	Und täglich grüßt das Murmeltier	F: Veränderung der Struktur des Tages
Arbeitsmethodik, Zeit- und Selbstmanagement	Sliding Doors – Sie liebt ihn, sie liebt ihn nicht	F: Veränderung des Lebens aufgrund von Sekunden
Systemik	Sliding Doors – Sie liebt ihn, sie liebt ihn nicht	F: Zeitlicher Perspektivwechsel – Veränderung des Lebens aufgrund von Sekunden
Arbeitsmethodik, Zeit- und Selbstmanagement	Lola rennt	F: Jeden Tag, jede Sekunde werden Entscheidungen getroffen, die das Leben verändern
(Preis-)Verhandlung	Pappa ante Portas	S: Lieferung Kopierpapier, Radiergummis, Einkauf von Senf
Verhandlung	Der Pate	F: Klassische Fehler in der Verhandlung durch Corleone
Emotionale Intelligenz	Sister Act	S: Übernahme des Kirchenchores

Thema	Film	Hinweis S – einzelne Szenen F – ganzer Film
Emotionale Intelligenz	Die Legende von Bagger Vance	F: Szenen mit Caddie, der den Golfer durch Fragen auf eigene Ideen bringt
Emotionale Intelligenz	Der Club der toten Dichter	S: Verabschiedung von Lehrer Keating
Emotionale Intelligenz	Ausschnitt aus Sportübertragung	S: Negativbeispiel Kopfstoß Zidane im WM-Finale 2006 (»Amygdala-Putsch«)
Systemik	Patch Adams	S: »Wie viel Finger?«
Systemik	Der Club der toten Dichter	S: Keating steigt aufs Pult und lädt zum Perspektivwechsel ein
Rhetorik	Die zwölf Geschworenen	F: Überzeugungskraft, Gesprächsführung des Geschworenen Nr. 8
Teamentwicklung	Comedian Harmonists	S: Alle an einem Tisch bei der Akquisition
Teamentwicklung	Schwere Jungs	F: Aus den Konkurrenten wird eine Mannschaft
Teamentwicklung	Wie im Himmel	F: Entwicklung und Fortschritt des Chores
Führung	Sister Act	S: Übernahme des Kirchencho-res
Führung/ Trainerausbildung/ Coaching	Die Legende von Bagger Vance	F: Durch Fragen führen und den anderen Lösungen finden lassen
Kommunikation	Der gezähmte Widerspenstige	S: Fernsehsketch und Treppen-sturz
Kommunikation	Loriot: Das Frühstücksei	F: Gefahr des intuitiven Hörens
Knigge	Pretty Woman	S: Arbeitsessen

Vorgehen bei der Auswahl von Filmen

Im Lauf der Zeit haben wir uns eine umfangreiche Ideensammlung angelegt, welche Filme zu welchen Themen eingesetzt werden können (siehe Beispielliste und Liste von Links im Internet am Ende dieses Beitrags). Darüber hinaus ist es sinnvoll, beim Anschauen von neuen Filmen zu überlegen, für welches Trainingsthema diese oder einzelne Sequenzen daraus geeignet sein können. Wichtig ist, einen Film oder Filmsequenzen vor dem Einsatz im Training mehrfach gesehen zu haben. Ein Austausch unter Kollegen zum Einsatz des Filmes kann hilfreich sein, um weitere Aspekte und Perspektiven zu erkennen.

Folgende Fragen helfen bei der Beurteilung von Filmen:

- Welche Botschaft(en) vermittelt der Film/die Filmsequenz?
- Welches Thema/Ziel kann ich mit dem Film/einer Filmsequenz unterstützen?
- Für welche Zielgruppe ist der Film/die Filmsequenz geeignet?
- Für welche Phase im Training eignet sich der Film/die Filmsequenz (Einführen, Erarbeiten, Verdeutlichen oder Vertiefen, Abschließen eines Inhalts)?
- Wie kann ich die Gruppe damit arbeiten lassen (passiver oder aktiver Einsatz)?
- Wie sieht eine konkrete Aufgabenstellung für die Arbeit mit dem Film/der Filmsequenz aus?
- Wie viel Zeit benötige ich für den Einsatz des Filmes und der weiterführenden Methoden?
- Wie binde ich die Arbeit mit dem Film in das Training insgesamt ein?
- ...

Wie beeinflusst und verändert die Arbeit mit Filmen unser Training?

Der Einsatz von Filmen revolutioniert sicher nicht jedes unserer Trainings, aber er macht ihre Gestaltung interessanter und erweitert unsere Methodenvielfalt. Dazu beschert er allen Beteiligten, Trainern und Teilnehmern, neben den unbestrittenen Lernerfolgen eine ungeheure Menge Spaß und Aktivität. Durch die unterschiedlichen Varianten des Einsatzes ist für nahezu jeden Trainingsinhalt und für jeden Zeitrahmen »etwas dabei«.

Unsere Erfahrungen sind also bisher durchweg positiv. Teilnehmer, die Medium und Methoden erleben, sind – auch nach anfänglicher

Skepsis – überwiegend angenehm überrascht und mit viel Eifer dabei. Sie verknüpfen mit der Tätigkeit »Filme schauen« eher die erfreulichen Seiten einer schönen Freizeitbeschäftigung. So wird über den Einsatz dieses Mediums auch ein Wohlgefühl ins Training, in dessen Zielverfolgung und entsprechende Aufgabenstellungen übertragen.

Wir können und wollen allen Trainern Mut machen, dem Medium Film in der einen oder anderen Art in ihren Trainings einen Platz einzuräumen. Nach unseren Erfahrungen im Training streben wir weitere Erfahrungen mit dem Einsatz von Filmen in Einzelberatungen und Coachings an. Wir freuen uns dazu auf einen angeregten Austausch mit den Lesern dieses Beitrags.

Übrigens: Trotz intensiver Beschäftigung mit dem Einsatz von Filmen in Training und Beratung können auch wir heute noch »einfach so« ins Kino gehen, uns Cola und Popcorn schmecken lassen und »nur« einen Film genießen.

Hinweise und Tipps

Anschließend finden Sie noch

- rechtliche Hinweise,
- technische Hinweise,
- eine Literaturliste und
- eine Übersicht hilfreicher Links im Internet.

Hinweise zur rechtlichen Regelungen beim Einsatz von Filmen

Die Vorführung von Filmen oder Filmausschnitten in Seminaren bzw. im Schulunterricht unterliegt dem Urheberrecht, das im Urhebergesetz geregelt ist.[1] Hier ein Ausschnitt:

1 S. a. Leitfaden zum ordnungsgemäßen Einsatz von Film-, Bild-, Ton- und Textmedien im Schulunterricht, erstellt durch das NiLS, Abt. 2, Medienerziehung, November 2005, Kontakt: Paul R. Hilpert, hilpert@nils.nibis.de, Tel. 05121-708150. – Rechtliche Aspekte des Einsatzes von AV-Medien in der Schule: Fachstelle Medien, Diözese Rottenburg-Stuttgart, Jahnstr. 32, 70597 Stuttgart, Tel. 0711-9791-2720, E-Mail-Kontakt: fm@bo.drs.de

»UrhG § 15 Allgemeines

(1) Der Urheber hat das ausschließliche Recht, sein Werk in körperlicher Form zu verwerten; das Recht umfasst insbesondere
1. das Vervielfältigungsrecht (§ 16),
2. das Verbreitungsrecht (§ 17),
3. das Ausstellungsrecht (§ 18).

(2) Der Urheber hat ferner das ausschließliche Recht, sein Werk in unkörperlicher Form öffentlich wiederzugeben (Recht der öffentlichen Wiedergabe). Das Recht der öffentlichen Wiedergabe umfasst insbesondere
1. das Vortrags-, Aufführungs- und Vorführungsrecht (§ 19),
2. das Recht der öffentlichen Zugänglichmachung (§ 19a),
3. das Senderecht (§ 20),
4. das Recht der Wiedergabe durch Bild- oder Tonträger (§ 21),
5. das Recht der Wiedergabe von Funksendungen und von öffentlicher Zugänglichmachung (§ 22).

(3) Die Wiedergabe ist öffentlich, wenn sie für eine Mehrzahl von Mitgliedern der Öffentlichkeit bestimmt ist. Zur Öffentlichkeit gehört jeder, der nicht mit demjenigen, der das Werk verwertet, oder mit den anderen Personen, denen das Werk in unkörperlicher Form wahrnehmbar oder zugänglich gemacht wird, durch persönliche Beziehungen verbunden ist.«

Entscheidend dafür, ob eine Vorführung erlaubt ist, ist der Begriff der *Öffentlichkeit*. In den Beratungen zur Urheberrechtsnovelle ging der Deutsche Bundestag davon aus, dass die *Verbundenheit durch persönliche Beziehungen* zwischen Lehrern und Schülern gegeben ist, so dass in Schulklassen und -kursen keine Öffentlichkeit besteht. Für firmeninterne bzw. geschlossene Seminare müsste demnach das Gleiche gelten. Medienvertriebe, die Filme gegen Gebühr ausleihen, vertreten allerdings teilweise eine andere Auffassung.

Wird jedoch ein Filmnachmittag für alle Schüler einer Schule, über verschiedene Klassen und Klassenstufen hinweg, organisiert, fehlt in der Regel das Bewusstsein, miteinander verbunden zu sein, und somit liegt Öffentlichkeit vor. Privat angefertigte Vervielfältigungen dürfen im Unterricht bzw. in Seminaren nicht verwendet werden.

Die genannten Beispiele stammen von der Universität Saarbrücken (http://remus.jura.unisb.de/faelle/filmvorfuehrung.html) und wurden durch eigene Anmerkungen ergänzt.

Eher unbedenklich erscheint dagegen der Einsatz eines Films oder Filmausschnittes in einer Eins-zu-eins-Beratungs- oder -Coaching-Situation, da hier zwischen den beiden Beteiligten von einer persönlich engen Verbundenheit ausgegangen werden darf.

Allerdings: Nach § 52, Abs. 1, S. 1 UrhG wird eine Erlaubnis für die Wiedergabe nicht benötigt, wenn Sie keinem Erwerbszweck des Veranstalters dient. Ein Erwerbszweck liegt vor, wenn durch die Veranstaltung der eigene Erwerb unmittelbar oder mittelbar gefördert wird. Das heißt, beim Einsatz von Filmen oder Filmsequenzen als Bestandteil einer Fortbildungsveranstaltung ohne Genehmigung bleibt eine gewisse Rechtsunsicherheit. Die unerlaubte Verwertung urheberrechtlich geschützter Werke kann Freiheitsstrafen, Geldstrafen und Schadensersatzforderungen nach sich ziehen.

Lizenzen für Filmvorführungen sind über die MPLC Filmlizenzierung GmbH zu bekommen. MPLC bietet Schirmlizenzen an, die einer speziellen Einrichtung, also zum Beispiel einer Schule oder einem Trainer, die unbegrenzte Nutzung aller Filme von Studios bzw. Produzenten gewähren, die mit MPLC zusammenarbeiten (i. d. R. alle großen Hollywoodstudios).

Vor dem Einsatz von Filmen oder Filmsequenzen sind eigene Recherchen unerlässlich.

Hinweise zur Technik beim Einsatz von Filmen

Grundsätzlich gibt es für das Vorführen von Filmen bzw. Filmsequenzen in Training und Unterricht zwei technische Möglichkeiten: DVD-Player oder Notebook/PC und Bildschirm bzw. Notebook/PC und Beamer. Für größere Gruppen bietet sich auf jeden Fall ein Beamer an, weil Sie durch den Abstand zur Projektionsfläche die Bildgröße individuell gestalten können.

In der Regel genügen Geräte, wie Sie sie auch im Alltag benutzen. Wir selbst arbeiten meist mit einem Notebook, das alle wesentlichen

Abspielformate leisten kann, sowie mit einem transportablen Beamer mit hoher Lichtstärke.

Grenzen nach unten werden durch die erwartete Qualität, nach oben in der Regel durch die Kosten gesetzt. Bei Neuanschaffungen ist daher eine Beratung im Fachhandel oder zumindest eine Recherche im Internet unbedingt zu empfehlen. So ist bei Notebook oder PC auf die unterschiedlichsten Abspielformate und bei Beamern auf eine ausreichende Lichtstärke (sinnvoll 1500 ANSI-Lumen) zu achten. Darüber hinaus spielen häufig auch Transportmöglichkeiten eine wesentliche Rolle.

Für das Drehen eigener Filmsequenzen genügt in der Regel eine einfache Digicam, wie sie viele für private Aufnahmen zu Hause haben. Hier kommt es weniger auf eine hohe technische Qualität an, sondern vielmehr auf die Verarbeitung von Themen und Inhalten.

Wegen der Vielzahl der technischen Möglichkeiten und der Gerätekonfigurationen verzichten wir auf konkrete Empfehlungen zur technischen Ausstattung.

Literatur

Abraham, U. (2009). Filme im Deutschunterricht. Seelze-Velber: Kallmeyer.

Kamp, B. (2008). Werkzeugkiste. Methode Film. Organisationsentwicklung 3, 82–88.

Kittelberger, R., Freisleben, I. (1991). Lernen mit Video und Film. Weinheim: Beltz.

Kunkel, A., Bräutigam, P., Hatzelmann, E. (2006). Verhandeln nach Drehbuch. Heidelberg: Redline Wirtschaft.

Martens, A. (2006). Lehren aus der Traumfabrik. Echtfilme im Training. managerSeminare 100, 60–66.

Niemiec, R., Wedding, D. (2008). Positive psychology at the movies. Cambridge, Mass. et al.: Hofgrefe.

Solomon, G. (2001). Reel therapy – How movies inspire you to overcome life's problems. New York: Lebhar-Friedman.

Hilfreiche Links im Internet

www.methode-film.de
www.shortfilm.com
www.filmwirkungsanalyse.de
www.cybernetic-cinema.de
www.interfilm.de
www.imdb.com
www.filmwerk.de
www.bildungsmedien.org
www.filmakademie.de/filmgalerie
www.deutsche-filmakademie.de
www.kinofenster.de (Filme und Themen/Material und Fortbildung)
www.mplc-gmbh.de (Spielfilmliste und Lizenzierung)
www.m-u-k.de (Merkblatt zur öffentlichen Filmvorführung)
www.school-scout.de/themen/filmanalysen (Filme und Filmanalysen für den Schulunterricht)

Die Autoren

Doris Fülle (Jg. 1968) ist seit 2008 selbständige Trainerin und Beraterin. Als ausgebildete Bankkauffrau, Betriebswirtin, zertifizierter Coach sowie systemische Beraterin und Organisationsentwicklerin hat sie sich auf die Erstellung und Begleitung multiplikatorenfähiger Konzepte in Banken und Einzelhandel spezialisiert.
Weitere Schwerpunkte ihrer Tätigkeit liegen in der Ausbildung von Trainern, Moderatoren und Multiplikatoren, speziell im Bereich Suggestopädie sowie im Training für Service, Kundenorientierung und Vertrieb.
E-Mail-Kontakt: d.fuelle@fuelle-training.de

Christian Philippi (Jg. 1948) ist seit 2007 selbständiger Berater, Trainer und Coach. Er ist systemischer Berater und Organisationsentwickler und ausgebildeter Suggestopäde.
Seine Arbeitsschwerpunkte hat er in der Begleitung von Veränderungsprozessen, in der Führungskräfte- und Teamentwicklung, im Vertriebstraining sowie in Spezialtrainings wie Akquisition und Verhandlungstechnik.
E-Mail-Kontakt: cp@btc-philippi.com

Peter Buhl

Effizienz, die bewegt

Aikido-Elemente in der systemischen Beratung

Beratung und Aikido – das ist für die meisten nicht gerade eine selbstverständliche Kombination. Einige wissen vielleicht noch, dass es sich bei Aikido um eine japanische Budo-Art handelt, aber das war es dann auch schon. Deswegen werde ich im Folgenden zunächst kurz etwas zu Aikido sagen, bevor ich auf die Einsatzmöglichkeiten in der Beratung zu sprechen komme. Dabei werde ich auch meine zugrundeliegenden Ideen und Absichten erläutern, vielleicht regt das einige Coaches dazu an, eigene Erfahrungen aus anderen Sportbereichen einzusetzen.

Die Tatsache, dass Aikido die Wirkung einiger systemischer Beraterwerkzeuge deutlich steigern kann, hat mich veranlasst, auch die Gemeinsamkeiten und die Unterschiede von Aikido und systemischem Denken etwas näher zu beleuchten. Dabei war es mir im Hinblick darauf, dass Aikido in den letzten Jahren von einigen Adepten als Wundermittel für und gegen alles Mögliche gepriesen wird, auch wichtig, die Bedingungen und die Grenzen eines Einsatzes von Aikido-Elementen aufzuzeigen. Mein Fazit: Wenn es um Anliegen im Bereich Interaktion geht, also um Führung, Konflikt, Verhandlung, Vertrieb, bringt Aikido einen deutlichen Effizienzgewinn in der systemischen Beratung.

Prolog: Über Aikido

Es gibt Hunderte von Büchern über Aikido, aber das Wesentliche kann nur auf der Matte, also beim Üben vermittelt werden. Insofern soll der folgende Abschnitt nur den kleinen Teilaspekt von Aikido subjektiv beschreiben, der meines Erachtens für die Verwendung im Beratungskontext relevant ist.

Aikido zählt zu den Budo-Künsten, ist also eine Kampfsportart japanischen Ursprungs. Es ist eine defensive Budo-Kunst, in der es keine Angriffstechniken gibt. Damit ist Aikido dem Ideal des Budo sehr nahe: Nicht das Gewinnen ist Ziel des Budo, sondern das Nicht-Verlieren! Ziel ist es, das Gleichgewicht des Angreifers zu brechen, oft mit Unterstützung von Gelenkhebeln, die den Angreifer im Interesse der Schmerzvermeidung dazu »motivieren«, die Energie für seinen Abwurf selbst beizusteuern. Das Brechen des Gleichgewichts erfolgt jedoch meist nicht abrupt, vielmehr wird der Angriff aufgenommen und dann allmählich umgeleitet. Das ist auch der wesentliche Unterschied zu anderen Budo-Arten, der für die Nutzung im Beratungskontext elementar ist. Während es in anderen Kampfsportarten darum geht, einen Impuls zu neutralisieren bzw. mit einem eigenen Impuls zuvorzukommen, wird im Aikido der Impuls des Angreifers bewusst aufgenommen und für die Technik verwendet. Ohne Angriffsenergie gibt es keine Aikido-Technik.

Das Aufnehmen und Einbeziehen der Angriffsenergie setzt voraus, dass der Angriff mit seinen individuellen Unterschieden erkannt wird: Geschwindigkeit, Kraft, Richtung müssen sensorisch erfasst und in die Technik integriert werden, aber auch Veränderungen während des Angriffs sind wichtig. Nur dann ist es möglich, den Angreifer sozusagen am Rand seiner Aufmerksamkeit bis zu einem Punkt zu führen, an dem er dem Hebel nicht mehr entkommen kann. Wenn er vorher merkt, was auf ihn zukommt, wird er den Angriff abbrechen und versuchen, sein Ziel auf anderem Weg zu erreichen. Dieses Wechselspiel von Erspüren und Umlenken, quasi ein Dialog auf körperlicher Ebene zwischen Angreifer und Verteidiger, gibt den typischen Aikido-Bewegungen einen runden, fließenden Charakter.

Aikido führt dazu, dass die Energie des Angreifers fast vollständig auf ihn selbst zurückgeführt wird. Man braucht nicht viel Phantasie, um sich vorzustellen was passiert, wenn die Bewegungsenergie eines 70 Kilogramm schweren, vorwärts stürmenden Angreifers auf dessen Schulter- oder Handgelenk einwirkt. Die damit verbundenen Verletzungsrisiken und die fehlenden Angriffsformen sind wesentliche körperliche Argumente dagegen, Aikido in Wettkampfform auszuüben. Aber Aikido ist nicht nur ein System körperlicher Bewegungsformen. Es steht auch für eine Philosophie (»Zen in motion«, Shimizu

u. Kamata, 1992) und vermittelt über die den Bewegungsabläufen zugrundeliegenden Prinzipien auch eine Haltung. Das langjährige Aikido-Training soll dazu führen, dass die Neigung, sich in Auseinandersetzungen verwickeln zu lassen, mit zunehmender Entwicklung zurückgeht.

Bei Aikido muss der Körper lernen, Reflexe durch andere, antrainierte Bewegungsmuster zu ersetzen. Dies und die Komplexität der Aikido-Techniken führen dazu, dass es jahrelanges, regelmäßiges Training braucht, bis die Aikido-Bewegungsmuster verinnerlicht sind. Damit dieses Training Früchte tragen kann, ist es notwendig, dass beide Übungspartner mit »Anfängergeist« (Shoshin) trainieren. Der Verteidiger darf seine Aikidotechnik also auch beim tausendsten Mal nicht zur Routine werden lassen, weil sonst keine Verbesserung, kein Dazulernen mehr möglich ist. Und der Angreifer muss seinen Angriff so durchführen, als ob er keine Ahnung hätte, mit welcher Aikido-Technik darauf reagiert wird. Sonst nimmt er unbewusst den Bewegungsablauf kooperierend oder konterkarierend vorweg und verhindert so, dass der Trainingspartner etwas lernen kann.

Zielgruppe und Anwendungsgebiet

Aikido ist

- eine Interaktion auf körperlicher Ebene
- mit (mindestens) zwei Beteiligten, die unterschiedliche Absichten haben,
- wobei mindestens einer der beiden Beteiligten den anderen in die Erreichung seiner Ziele teilweise integrieren möchte.

Das heißt, der Einsatz von Aikido ist für alle Beratungssituationen geeignet, in denen die Interessenunterschiede (mindestens) zweier Beteiligter eine wesentliche Rolle spielen. Das sind im Organisationskontext

- Führungssituationen (auch ohne Positionsmacht, also z. B. Projektleiter, interne Berater),
- Konflikte und Selbstbehauptung,
- Verhandlungen und
- Vertrieb.

Dabei gibt es drei Teilaspekte in Beratung und Coaching, die vom Aikido-Einsatz sehr profitieren:

Verdeutlichen: Im Coaching taucht zum Beispiel das Thema »Kontakt halten« oder »an einem Ziel dran bleiben« auf. Auch wenn ich diesen Begriff hinterfrage und der Coachee ihn bereitwillig erläutert, können immer noch große inhaltliche Unterschiede in der Bedeutung des Begriffs zwischen dem Coachee und mir verborgen bleiben. Wesentlich plastischer wird es, wenn ich den Coachee bitte, mit meinem Arm »Kontakt zu halten«, an einem von mir gehaltenen Gegenstand, den ich bewege, »dran zu bleiben«. Das zeigt mir (und ihm) sehr direkt, was er darunter versteht.

Perspektivenwechsel: Die subjektiven Überzeugungen, die das individuelle Verhalten steuern, basieren meist auf vielfach wiederholten Erfahrungen. Das macht es sehr schwierig, Verhalten nachhaltig zu verändern. Verstärkend kommt dann noch das Beharrungsvermögen des persönlichen Umfelds dazu. Da braucht es schon einen starken Impuls, um ein Verhaltensmuster nachhaltig in Frage zu stellen. Im entspannten Zustand gelingt das oft noch ganz gut – Coachees und Ratsuchende zeichnen sich aber gerade dadurch aus, dass sie angespannt sind, unter starkem Stress stehen, weil ihnen keine Lösung mehr zugänglich ist. Das hat zur Folge, dass kognitiv erarbeitete Lösungen sich schnell wieder verflüchtigen. Aikido-Übungen können die bisherigen Erfahrungen, die bisher gepflegte Weltsicht von Grund auf erschüttern und dadurch eine Öffnung für neue Verhaltensoptionen einleiten. Wenn beispielsweise ein Coachee in der Überzeugung gefangen ist, dass äußere Umstände, die Erwartungen anderer seinen Bewegungsspielraum einengen, kann ihm mit einer Aikido-Übung sehr eindrucksvoll vermittelt werden, dass äußere Kräfte nicht imstande sind, den Bewegungsspielraum nachhaltig einzuengen.

Lösungsalternativen: Vorausgesetzt, der Transfer der Problemsituation in einen körperlichen Kontext ist für den Coachee nachvollziehbar gelungen, dann regt die Erarbeitung, das Aufzeigen einer körperlichen Lösung die Phantasie beim Finden einer Problemlösung unglaublich stark an. Das war zugegebenermaßen der Effekt, der mich beim Einsatz von Aikido-Elementen im Beratungskontext am meisten überrascht hat. Ich hatte erwartet, dass der Transfer, das Übersetzen in den Problemkontext eher mühsam sein würde. Weit gefehlt. Das Erlebnis einer körperlichen Lösung, oft schon die Verdeutlichung des problematischen Status quo durch eine körperliche Übung brachten regelmäßig einen reichhaltigen Ideenfluss hervor. Das ist auch die Erfahrung von Peter Schettgen, der Aikido schon seit vielen Jahren erfolgreich in Seminaren anwendet (insbesondere beim Konfliktmanagement-Training für Führungskräfte; Schettgen, 2003).

Das Setting ist dabei zweitrangig. Ob Einzelcoaching oder Gruppenveranstaltung, wenn durch eine Aikido-Demonstration feste Überzeugungen oder Glaubenssätze spürbar ausgehebelt werden, beeindruckt das nicht nur den direkt in die Übung Involvierten, sondern auch alle, die das direkt und hautnah mit erleben.

Vorgehensweise

Wenn ich einzelne Aikido- oder sonstige körperliche Elemente in ein Coaching integriere, dann ändert das nicht den grundsätzlichen Ablauf des Coachings. Es dient allein dazu, punktuell eine Optimierung vorzunehmen. Das kann eine bessere Veranschaulichung für mich und/oder für den Coachee sein, aber auch einen nachhaltigeren Impuls zur »Erschütterung« des weniger nützlichen Verhaltens bzw. zur Festigung des erfolgversprechenden Verhaltens.

Anfassen, körperliche Berührung im Coaching – geht denn das? Im Regelfall nicht, zumindest nicht, ohne vorher die Zustimmung dazu einzuholen. Aber es ist sinnvoll, noch einen Schritt davorzuschalten. Wenn ich glaube, dass eine körperliche Übung sinnvoll sein könnte, stelle ich zunächst die Frage, ob der Klient Lust hat, mal etwas Ungewöhnliches zu probieren. Ich berichte kurz von den überraschenden Erfolgen, die sich dabei einstellen können (nicht müssen), und habe noch nie erlebt, dass sich ein Klient desinteressiert gezeigt hätte. Im Gegenteil. Bevor ich dann etwas zur Übung sage, erzähle ich kurz etwas über Aikido, um mein Gegenüber sozusagen mental aufzuwärmen. Erst danach fange ich mit der Übung an. Dabei ist es von Vorteil, dass im Aikido-Training auch immer wieder mit Holzstock, -schwert und -messer (Jo, Bokken, Tanto) geübt wird. Im Beratungskontext geben mir diese oder ähnliche Gegenstände die Möglichkeit, sie als verbindendes Medium zwischen dem Coachee und mir zu nutzen und so eine mögliche Irritation (und damit Ablenkung) durch direktes Anfassen und Halten zu vermeiden. Für spontane Einsätze habe ich meistens ein ca. drei Handbreit langes Rundholz dabei, das bisher immer ausreichend war.

Der Einsatz von Aikido-Elementen im Beratungskontext unterscheidet sich vom Aikido-Training: Die Übungen werden in *Zeitlupe* gezeigt und durchgeführt. Das trägt dem Verletzungsrisiko Rechnung, ist aber vor allem auch für die spätere Rückübertragung in den Beratungskontext wichtig. Wenn eine Übung schnell durchgeführt wird, können die wichtigen sensorischen Eindrücke gar nicht richtig aufgenommen werden. Im Training werden Aikido-Techniken oft mit Würfen oder Hebeln abgeschlossen. Das geht im Beratungskontext natürlich nicht, man hat es ja nicht mit einem geübten Trainingspartner zu tun. Die Techniken werden allenfalls bis zum ersten Einsetzen eines Schmerzsignals ausgeübt (Zeitlupen-Tempo!), oft sind es nur Teiltechniken, also *Aikido-Elemente*.

Nach meiner Erfahrung ist es wichtig, vor und bei dem Einstieg in die Übung Übersetzungshilfe zu leisten. Ich erkläre, wo ich zwischen körperlicher Übung und realer Problemsituation Übereinstimmung sehe, worauf die Übung abzielt, und gleiche das mit dem Coachee ab. Es ist sehr wichtig, meine Hypothese so zu überprüfen. Denn nur, wenn der Coachee die Übung mit der Problemsituation verknüpfen kann, können Struktur und Dynamik des Anliegens durch die Übung bearbeitet werden.

Ganz anders sieht es bei der Rückübertragung nach der Übung aus. Während ich ursprünglich bemüht war, auch hier Übersetzungshilfe zu leisten, bin ich schnell davon abgekommen. Es war einfach faszinierend mitzuerleben, wie anregend die Übungserfahrung für die Coachees war. Ich nehme mich an der Stelle weitestgehend zurück, um die Gedanken in ihrer Fülle erst einmal aufsteigen zu lassen, bevor ich auf einzelne Ideen eingehe und den Transfer in den beruflichen Alltag thematisiere.

Anwendungsbeispiele

Bei den folgenden Beispielen aus unterschiedlichen Beratungsfeldern beschränke ich mich auf den Teil, in dem ein Aikido-Element oder

Ähnliches verwendet wurde. Das Problem dabei ist: Was in ein paar Sekunden, allenfalls Minuten gezeigt werden könnte, zieht sich in der schriftlichen Beschreibung in die Länge, ist schwer verständlich und bildet die Realität nur unzureichend ab. Wer einen visuellen Endruck bekommen möchte, sollte auf »YouTube« oder ähnlichen Medien mehrere Videos zu der jeweiligen *kursiv gesetzten Bezeichnung* des Aikido-Elements ansehen; mehrere deshalb, weil die Aikido-Schulen unterschiedlich sind und das für die Übung wesentliche Element eventuell in einigen Clips nicht gut zu erkennen ist.

Beispiel Verhandlungsführung

Ausgangssituation
Größeres Immobilienvermögen, international gestreut, auf zwei Brüder und die Mutter durch Erbvertrag prozentual aufgeteilt, aber in gemeinsam gehaltenen, nationalen Gesellschaften einheitlich verwaltet. Einer der Brüder, Herr Meier, kümmert sich um Verwaltung, braucht aber für alle wesentlichen Entscheidungen die Zustimmung der anderen Gesellschafter. Herr Meier empfindet dies als Gängelei, sieht sich oft zu Unrecht kritisiert und möchte deshalb seinen Vermögensanteil herauslösen, was gesellschaftsrechtlich nicht ohne weiteres möglich ist. Mein Auftrag ist es, Herrn Meier bei den Verhandlungen zur Herauslösung seines Anteils im Hintergrund zu beraten (ghost negotiation).

Aikido-relevante Fragestellung
Ich bekomme nach einiger Zeit den Eindruck, dass eigentlich gar keine Verhandlung stattfindet, sondern eher ein Schlagabtausch; die eingeschalteten Anwälte scheinen dies tendenziell noch zu fördern. Die Einlassung der einen Partei löst regelmäßig familiale »Trigger« bei der anderen Partei aus, es kommt zu Beziehungsabbruch (nur die Anwälte tauschen sich aus) oder zu Gegenschlägen, welche die erste Partei dann zum Beziehungsabbruch veranlassen. Auch wenn Verhandlungsabbruch in einigen Situationen ein geeignetes, allerdings sehr vorsichtig einzusetzendes Mittel sein kann, ist es das hier nicht. In der Beratung kann ich keine Weiterentwicklung in der Position erkennen und schlage ein Aikido-Coaching vor.

Aikido-Übung
Mein Ziel ist es, Herrn Meier mit einer einfachen Schwertübung ein Gefühl für »Kontakt halten« und auch für Timing zu vermitteln. Einer der Partner hat ein Schwert und greift mit einem vorher abgesprochenen Angriff an (Zeitlupe!), der Verteidiger geht aus der Angriffslinie und versucht das Schwert zu greifen und unter Kontrolle zu bringen. Dies gelingt nur, wenn er im richtigen Moment zugreift und den Kontakt nicht abreißen lässt. In dem Moment, wenn der Kontakt abreißt, wird das Schwert zur großen Gefahr – *bokken* (Schwert), *shomen uchi* (Schlag von oben), *Kokyu Nage* (Atem-Wurf).

Ergebnis
Das Gefühl für die Wichtigkeit von »Kontakt halten« wird tatsächlich vermittelt. Aber für den Fortgang des Coachings ist entscheidender, dass die Übung unglaublich viel Energie, Lebendigkeit in den Coachee bringt. Er ist sehr konzentriert bei der Übung und, während bei vorangegangenen Gesprächen lange Denkpausen die Regel waren, kommt diesmal ein bis dahin nicht da gewesener Gedankenfluss in Gang. Die Fortentwicklung eines der Gedanken führt zu einer aktuellen Nebenverhandlung über die Veräußerung eines einzelnen großen Objekts, die Herrn Meier bei zweitem Nachdenken einen entscheidenden Hebel für die Trennungsverhandlung bietet.

Interpretation
Der entscheidende Faktor für die Lösung war meines Erachtens die deutlich erhöhte Vitalität, die dem Coachee durch die körperliche Übung zur Verfügung stand. Die Streitereien im Zusammenhang mit den Trennungsverhandlungen waren für den Coachee mit starken emotionalen Belastungen, das heißt Stress verbunden. Stress ist zunächst mal ein körperliches Phänomen, das in der Folge die mentalen Fähigkeiten einschränkt. Ich vermute, dass deswegen körperliche Aktivitäten besonders geeignet sind, (körperlichen) Stress und die damit verbundenen mentalen Einschränkungen zu reduzieren.

Beispiel Führung

Ausgangssituation
Herr Müller ist Bereichsleiter in einem Expertenbereich eines Kreditinstituts, führt mehrere Teamleiter und parallel direkt ein Experten-

team, nimmt selbst zusätzlich zur Führung auch Expertenfunktion wahr. Die Zusammenarbeit mit einem direkt geführten Experten gestaltet sich schwierig: Dieser zeigt einerseits keine konstant gute Leistung, andererseits macht er immer wieder überzogene Gehaltsansprüche geltend. Herr Müller hat diese schon mehrfach erfüllt, weil er glaubt, nicht auf den Experten verzichten zu können. Ich thematisiere die Wirkung des ständigen Nachgebens auf die anderen Teammitglieder und auf Herrn Müller selbst. Auf kognitiver Ebene ist es Herrn Müller klar, dass sein Vorgehen (besser gesagt: Zurückweichen) keine Lösung ist, sondern die Situation sich mit jedem Mal eher verschlechtert. Und grundsätzlich sind für ihn auch andere Verhaltensweisen vorstellbar. Sobald das Gespräch dann aber auf die konkrete Interaktion mit dem Experten kommt, nehme ich deutliche Stresssymptome bei Herrn Müller wahr, die mich zweifeln lassen, dass der Transfer in den Führungsalltag funktionieren wird.

Aikido-relevante Fragestellung
Ich habe die Vermutung, dass es für Herrn Müller sehr nützlich sein könnte, das Zurückweichen und die Bedrängnis, die dadurch entstehen kann, auch einmal körperlich zu spüren – und in einem zweiten Schritt alternative Verhaltensweisen im Vergleich dazu zu erleben. Ich erhoffe mir dadurch eine bessere Verankerung.

Aikido-Übung
Die Übung, mit wechselnden Rollen, ist ganz einfach: Ein Übungspartner geht vorwärts und greift dabei nach einem zusammengerollten Papier (das verkörpert das geforderte »Mehr«) in der Hand des anderen; der andere geht gerade zurück. Es wird schnell klar, dass der Vorwärtsgehende immer die bessere, souveräne Position hat. Wir probieren dann Alternativen aus. Zunächst übertragen wir die kognitiv gefundene Lösung von Herrn Müller (standhaft bleiben) auf die Situation, das heißt, während der eine Übungspartner vorwärtsgeht, bleibt der andere stehen. Das bringt zwar den Angreifer ins Stocken, aber auch der Angegriffene verliert sein Gleichgewicht. Ich lade Herrn Müller ein, eine typische Aikido-Ausweichbewegung zu probieren (*Sabaki, Tenkan*). Dabei verlässt der Angegriffene die Angriffslinie mit zwei Schritten, macht dabei eine 180°-Drehung und kommt dadurch hinter dem An-

greifer zu stehen, der Angriff läuft sozusagen ins Leere. Ein Nebeneffekt dieses Ausweichens ist, dass der Angreifer sich selbst umso mehr aus dem Gleichgewicht bringt, je stärker er vorwärtsstürmt. Was bei einem zurückweichenden Verteidiger Vorteile bringt, wird hier zum Nachteil.

Das Ganze sieht natürlich nicht so kämpferisch und rund aus wie in einem Budo-Training, sondern eher etwas unbeholfen, für Außenstehende vielleicht sogar lustig: zwei Menschen in Business-Kleidung, in einem kleinen holzgetäfelten Konferenzraum, wo der eine auf den anderen zugeht, um ihm ein Stück Papier abzunehmen. Aber für uns, die Übenden, ist die Situation im Kontext durchaus Sinn-voll, auch wenn wir uns des ungewöhnlichen Tuns bewusst bleiben und dieses unterschwellige Unbehagen mit kleinen Scherzen ventilieren.

Ergebnis
Die Wirkung des Ausweichens (das ist nicht Zurückweichen!) im Vergleich zum Standhaftbleiben ist nicht nur körperlich vorteilhafter, auch bei der Rückübertragung in den Beratungskontext fühlt sich diese Alternative für den Coachee stimmiger an als der »So nicht!«-Ansatz: eine klare Ablehnung der nächsten Gehaltsforderung, die allerdings klar mit dem schwankenden Leistungsniveau verbunden wird, ist für Herrn Müller eine gute Lösung und eröffnet ihm auch gute Zugänge zum Problem der Leistungsschwankungen, das bisher von ihm nicht richtig adressiert wurde.

Interpretation
Ich habe den Eindruck, dass Herr Müller eine Tendenz hat, stark empathisch, das heißt, beim Gegenüber und weniger bei sich selbst zu sein. Eine Körperübung lenkt zwangsläufig den Fokus zum eigenen Köper, auf einen selbst, zumal wenn es sich um eine ungewohnte Übung handelt, deren Koordination allein schon sehr viel Aufmerksamkeit fordert. Diese Konzentration auf sich selbst war meines Erachtens der wesentliche Schlüssel für Herrn Müller, eine eigene Lösung zu finden, die sich stimmig anfühlt.

Beispiel Vertrieb

Ich muss vorausschicken, dass ausschließlich der Vertrieb komplexer, erklärungsbedürftiger Produkte mit dem Ziel, langfristige Kundenbeziehungen aufzubauen, zu meinem Beratungsgebiet gehört. Dabei vertrete ich inhaltlich das, was mittlerweile unter dem Begriff »consultative selling« bekannt ist, mit ein paar Ergänzungen (insbesondere gezielter Beziehungsaufbau und Rettungsanker für die »Haben wir schon«-Situation). Bei diesem Ansatz ist es wichtig, nicht nur den Kundenbedarf zu klären, sondern auch Klarheit darüber zu gewinnen, ob und auf welche Weise die Lösung, die man dem Kunden anbieten kann, vorteilhaft ist. Erst (und nur) dann wird das Gespräch zum (Verkaufs-)Abschluss gebracht.

Ausgangssituation
Herr Schulz ist Firmenkundenbetreuer bei einem Kreditinstitut. Verschiedene organisatorische Veränderungen haben dazu geführt, dass seine Kundenbasis stark erodiert ist (Wechsel zu anderen Betreuungsbereichen, zu Konkurrenzinstituten und risikopolitisch gewünschte Engagement-Auflösungen). Die aktuell hohen Vertriebsziele bedeuten, dass er massiven Druck hat, neue Kunden zu akquirieren, was nicht im gewünschten Umfang gelingt. Deshalb will Herr Schulz seinen Akquisitionsprozess durchleuchten und verbessern (Beratungsauftrag). Es zeigt sich, dass im Vergleich mit seinen Kollegen der Teilschritt »Kontaktaufbau« eher überdurchschnittlich gut läuft, während die Abschlussrate hinterherhinkt. Neben einer qualitativ unzureichend gefilterten Akquisitionsbasis könnte auch eine zu starke Abschlussfixierung (hard selling statt consultative selling) ursächlich dafür sein.

Aikido-relevante Fragestellung
Ich halte es für nützlich, wenn Herr Schulz einerseits die Wirkung einer zu starken Fixierung, eines zu hohen Krafteinsatzes spüren kann und andererseits erlebt, welchen Unterschied es macht, ob der Kunde/Trainingspartner bereit für den Abschluss(-hebel) ist.

Aikido-Übung
Ich schlage eine Übung vor, bei welcher der Angreifende (Kunde) versucht, ein mit einem Papier umrolltes Holzstück (Vertrag) zu greifen, das der Trainingspartner in der Hand hält. Der Trainingspartner dreht sich dabei weg, benutzt die Hand mit dem Papier quasi als Köder und greift seinerseits den Arm des Angreifers, um diesen dann nach einer weiteren halben Drehung mit einem Hebel zu fixieren – *ai hanmi* (Griff nach der Hand), *kote gaeshi* (ohne Abwurf). Man ahnt es schon

bei dieser verkürzten Beschreibung: Die Technik ist recht komplex, wir kommen gar nicht an den Punkt, bei dem die Bereitschaft des Angreifers zum Abwurf richtig zu spüren wäre. Als Alternative schlage ich nach ein paar Minuten interessanten, aber vergeblichen Mühens eine Übung vor, bei der zumindest der Unterschied »verkrampft (fixiert) – locker« deutlich wahrzunehmen ist: Man hält dabei das Gelenk des Partners und lässt die Hände nach unten fallen, sehr langsam und vorsichtig, denn die Wirkung dieses Hebels ist immens stark (*Nikkyo*) und setzt sehr plötzlich ein. Dieser Hebel verliert jedoch deutlich an Wirkung, wenn man versucht, ihn mit Kraft auszuführen.

Ergebnis
Die letzte Übung verblüfft Herrn Schulz tatsächlich. Er macht zum ersten Mal die spürbare Erfahrung, dass weniger (Kraft) mehr (Wirkung) sein kann. Aber es zeigt sich, dass auch die fehlgeschlagene erste Übung nicht ganz vergeblich war. Die ursprüngliche Absicht, den richtigen Zeitpunkt zu spüren, hat zwar nicht funktioniert. Aber bei den verschiedenen Übungsversuchen war es immer wieder zu Übungsabbrüchen gekommen, weil unser Tempo nicht ganz zueinander gepasst hat und der Kontakt verloren ging. Bei der Reflexion dieser Übung glaubt der Coachee, Parallelen zu einigen seiner Akquisitionsgespräche zu erkennen.

Interpretation
Die zweite Übung hat dazu geführt, dass Herr Schulz den Einfluss seiner Herangehensweise deutlich gespürt hat. Die erste Übung hingegen hat ein Thema an die Oberfläche gehoben, das bis dahin im Beratungsgespräch noch keine Rolle gespielt hat. Nach meinem Eindruck hat er zu diesem weniger einen rationalen, sondern vielmehr einen gefühlsmäßigen Zugang gefunden, am ehesten vergleichbar mit einer Aufstellung.

Aikido und Systemische Modelle

Systemdenken und Konstruktivismus sind die zwei zentralen Pfeiler der systemischen Beratung. Beide Ideen haben zur Entwicklung systemischer Beratungsinstrumente beigetragen. Ich werde mich im Folgenden auf die Instrumente konzentrieren, die durch Aikido in ihrer Wirkung deutlich verstärkt werden.

Systemdenken

Dieses Denken wird durch das Bild eines Mobile dargestellt: Alles hängt mit allem zusammen, ist vernetzt, beeinflusst sich wechselseitig. Dieses Denken in Beziehungen ist auch ein Kernelement des Aikido. Nur wenn ein Angriff erfolgt, kann man eine Aikido-Technik einsetzen. Sobald der Angriff endet, kann auch eine Aikido-Technik nicht mehr ausgeübt werden, weil dazu ja die Angriffsenergie benötigt wird. Das macht Aikido-Elemente besonders geeignet, Zusammenhänge, das Wechselspiel unterschiedlicher Kräfte plastisch zu veranschaulichen und damit zu arbeiten, wie zum Beispiel in der Vertriebssituation. Nur wenn ein Kaufinteresse (Angriffsenergie) vorhanden ist, kann ich ein erfolgreiches Verkaufsgespräch führen (Aikido-Technik einsetzen). Natürlich kann man ein vorhandenes Kaufinteresse verstärken, lenken oder auch blockieren, hemmen. Aber man kann es nicht durch »verkäuferische« Energie ersetzen. In der systemischen Beratung ist es ein wiederkehrendes Problem, Komplexität handhabbar zu machen. Metaphernarbeit und Aufstellung sind zwei wichtige Instrumente dafür.

Metaphernarbeit: mit Aikido direkt am Kern der Kommunikation
Komplexe, unübersichtliche Zusammenhänge können durch passende Bilder oder Metaphern verdichtet und damit erfassbar gemacht werden. Wenn man das Einsatzgebiet auf Interaktionen begrenzt, bieten Aikido-Elemente ebenfalls eine Möglichkeit, kognitiv überfordernde Situationen begreifbar zu machen. Hier sind sie der Metaphernarbeit sogar deutlich überlegen. Unser Körper ist das zentrale Kommunikationsmedium. Körpersignale, also Mimik, Gestik, Haltung, tragen in hohem Maße zur Wirkung der Interaktion bei, auch wenn sie oft nur unbewusst eingesetzt und wahrgenommen werden. Wenn also der Körper in einer Aikido-Übung als Kommunikationsmedium in den Mittelpunkt gerückt wird, ist man sehr nah am kommunikativen Kern des Menschen. Und vor allem: Wenn man sich auf die ungewohnte

Übung konzentrieren muss, fallen die Ablenkung und Selbsttäuschung durch den unablässigen inneren und äußeren Dialog weg. Man spürt sich selbst in seiner körperlichen Aussage besser und kann auch die Resonanz erfassen, die man auslöst.

Aikido als dynamische Aufstellung
Bei der Aufstellungsarbeit wird ein Beziehungsmuster räumlich dargestellt, so wie es sich für ein Mitglied dieses Beziehungssystem subjektiv darstellt. Das dient der Veranschaulichung und setzt per se manchmal schon einen Veränderungsimpuls. Aber nicht nur das vergangene und gegenwärtige, sondern auch das zukünftige (Ziel-)System kann aufgestellt werden. Aus dem Unterschied zwischen gegenwärtigem und zukünftigem System ergibt sich die Richtung für wünschenswerte Veränderungen.

Die Nutzung von Aikido-Elementen in der systemischen Beratung hat auch Aufstellungscharakter, auch hier wird ein Beziehungssystem (als Ausgangsbasis) aufgestellt. Dabei werden jedoch nicht unterschiedliche Interaktionsbilder nebeneinander gestellt, sondern die dynamische Veränderung steht im Vordergrund und ist Kern der Arbeit. Während bei der herkömmlichen Aufstellung das Ergebnis eine »innere Landkarte« ist, wird durch Aikido-Elemente der Weg herausgearbeitet, oder eher noch, die stimmige Art und Weise, diesen Weg zu beschreiten.

Konstruktivismus

Jeder lebt in seiner eigenen Welt, so könnte man die zentrale Erkenntnis des Konstruktivismus umschreiben. Individuell unterschiedliche Erfahrungen führen zu einer ebenso unterschiedlichen Weltsicht, eine daran angepasste Wahrnehmung sorgt dafür, dass dieses subjektive Konstrukt sich im Zeitverlauf sogar noch verstärkt. Diese subjektive Wirklichkeitskonstruktion, diese unterschiedliche Sichtweise dessen, was ist und was wünschenswert ist, ist ursächlich für viele Störungen in der Kommunikation. Damit diese Störungen im Beratungskontext bearbeitet werden können, wurde eine Reihe von Werkzeugen entwickelt, die den Ratsuchenden einladen, andere Sichtweisen auf die Realität zuzulassen: zirkuläre Fragen, Reframing und Tetralemma-Erweiterung sind die wichtigsten.

Aikido ist zirkuläres Handeln
Zirkuläre Fragen laden den Coachee ein, die Welt und auch sein eigenes Tun durch die Augen anderer zu betrachten. Aikido geht hier noch weiter: Die Wirksamkeit basiert sogar darauf, dass der Verteidiger das Geschehen durch die Brille des Angreifers sehen kann und dessen Aktionen antizipiert. Aikido ist zirkuläres Handeln! Der wiederholte Rollenwechsel bei Aikido-Übungen, auch im Coaching, ist die didaktische Basis dafür: Mal greift der Coachee an, mal wird er angegriffen; mal liefert er die Energie, mal wird ihm Energie zur Verfügung gestellt; mal wird ein Angriff variiert, mal die Abwehr. So entstehen zirkuläres Verständnis und Handeln beim Coachee.

Reframing? Mit Aikido zum Reversal
Nicht selten sind Ratsuchende in fast schon hypnotischer Weise auf ihr Problem fixiert. Dem wird in der systemischen Beratung dadurch begegnet, dass man ihre Aufmerksamkeit auf mögliche Lösungen aus anderen Lebensbereichen, auf bisher übersehene positive Aspekte und Ressourcen lenkt. Man verändert den Rahmen (frame), durch den das Problem betrachtet wird. Diese Vorgehensweise erfährt im Aikido noch eine Steigerung. Das Problem selbst, also der Angriff, die körperliche Überlegenheit des Angreifers, die Kraft des Angriffs wird zum unverzichtbaren Bestandteil der Lösung. Das Problem *ist* die Lösung. Diese Umkehrung (reversal), potenziell schädliche Energie wird zu nützlicher Energie, kann durch Aikido eindrucksvoll demonstriert und nachvollzogen werden. Denn die Energie des Angriffs liefert die Energie für die Lösung, ohne Angriff gibt es keine Aikido-Technik. Alles, was es dazu braucht, ist das Wissen, wie diese Energie im Sinne einer guten Lösung gelenkt werden kann.

Tetralemma wird durch Aikido begreifbar
Besonders schätze ich die Unterstützung des Aikido bei der Auflösung einer Dilemmasituation hin zum Tetralemma. Wenn das »entweder-oder« um ein »weder-noch« und »sowohl-als-auch« erweitert wird, läuft dieser kognitive Prozess oft recht zäh, weil die schwierige Entscheidungssituation sich ja gerade dadurch auszeichnet, dass dem Betroffenen die beiden Erweiterungen zunächst nicht zur Verfügung stehen. Sie sind außerhalb seines momentanen Vorstellungsvermögens.

Hier stellt uns Aikido mit *Irimi* und *Tenkan* zwei Prinzipien zur Verfügung, welche die Erweiterung des Handlungsraums nicht nur vorstellbar, sondern sogar begreif-bar machen. Deshalb sind sie es wert, in diesem Kontext etwas ausführlicher dargestellt zu werden.

Die üblichen Reaktionen auf eine Aggression lassen sich in zwei Gruppen einteilen: Widerstand (man schlägt zuerst oder stärker oder gezielter ...) oder kein Widerstand (man duckt sich, läuft weg, ...). Bei Aikido geschieht weder das eine noch das andere.

Bei *Irimi* wird der Impuls des Angreifers zum frühestmöglichen Zeitpunkt aufgenommen und auf ihn zurückgelenkt. Der Angreifer hebt beispielsweise den Arm, um zum Schlag mit einem Stock auszuholen. Noch während er den Arm hebt, greift der Verteidiger von unten an den Arm, verstärkt die Ausholbewegung auf einer Linie, die ins Zentrum des Angreifers führt, so dass dieser, durch seine eigene, vom Verteidiger unterstützte Kraft aus dem Gleichgewicht, aus seiner Position der vermeintlichen Stärke und zu Fall gebracht wird. Die Wirkung kommt unerwartet schnell, auf direktem Weg und ist für den Angreifer meist auch sehr heftig.

Irimi-Techniken erfordern nicht nur ein sicheres Beherrschen der Technik, sondern vor allem absolute Präsenz, man muss quasi zeitgleich mit dem Angreifer agieren. Jede Re-Aktion käme unweigerlich zu spät.

Bezogen auf das Tetralemma entspricht *Irimi* dem »Sowohl-als-auch«: Man agiert als Angegriffener selbst aktiv, offensiv, geht auf den Angreifer zu – gleichzeitig aber leistet man keinen Widerstand gegen den Angriff, sondern unterstützt sogar die Vorbereitung des Angriffs, so dass sich diese Vorbereitung gegen den Angreifer selbst richtet.

Bei *Tenkan* verlässt man die Angriffslinie, weicht aus und entzieht dadurch dem Angreifer den Widerstand, den er bei seinem Angriff erwartet (z. B. beim Auftreffen des Schlags). Dadurch allein schon verliert der Angreifer sein Gleichgewicht. Diese Bewegung des Angreifers wird dann je nach Technik verstärkt und/oder umgeleitet, bis man den Angreifer unter Kontrolle hat. Diese meist kreisförmigen Ausweichbewegungen, horizontal und vertikal, geben Aikido-Techniken den typischen, fließenden Charakter. Das *Tenkan*-Prinzip ist die Antwort auf einen kräftemäßig überlegenen Angreifer oder wenn sich die Kraft des Angriffs schon weit entwickelt hat. Die Wirkung wird dem Angreifer nur allmählich bewusst. Er darf erst dann merken, dass der Angriff endgültig fehlgeschlagen ist, wenn er soweit destabilisiert ist, dass der Angegriffene ihn fest unter Kontrolle hat.

Bezogen auf das Tetralemma entspricht *Tenkan* dem »weder-noch«: Widerstand wird nicht geleistet – aber gleichzeitig lässt man den Angriff nicht passiv geschehen, sondern beeinflusst die Richtung, in welche die Angriffsenergie fließt.

Andere nützliche Aikido-Strukturen in der systemischen Beratung

Es gibt in Aikido einen reichen Fundus weiterer Prinzipien und Strukturen, welche die systemische Beratung ergänzen und bereichern können.

Beispielsweise nutze ich in Coaching und Beratung auch gerne das Entwicklungsmodell des Aikido vom Anfänger (*Kohai*) über den Fortgeschrittenen (*Sempai*) hin zum Meister (*Sensei*). Auf jeder Stufe ist Entwicklung gewünscht und möglich, aber die Inhalte unterscheiden sich deutlich. Während beim *Kohai* die Koordination der Bewegung und das Einfühlen in die Bewegung des Angreifers zentraler Lerninhalt sind, kann man sich nach dem erfolgreichen Bewältigen dieser Stufe als *Sempai* der Verfeinerung dieser Bewegungen und vor allem dem Gegenüber (Trainingspartner) zuwenden. Der Fokus liegt jetzt auf dem Einbeziehen des Trainingspartners, das heißt dem gemeinsamen Bewegungsablauf, dem gemeinsamen Gleichgewicht. Als *Sensei* schließlich stehen die variable Verfügbarkeit der Aikido-Techniken und die spirituelle Entwicklung im Zentrum der Entwicklungsaufgabe (Wagner, 1999). Ich nutze dieses Modell als Gegenmittel für aufkommende Frustration (über das bisherige Nicht-Bewältigen der Problemsituation) oder um das Nebeneinander unterschiedlicher Kompetenzstufen in verschiedenen Lebensbereichen zu veranschaulichen.

Im Führungskräfte-Coaching übertrage ich dieses Entwicklungsmodell in die drei Stufen:

- *Management* (organisatorischer Aspekt einer Führungsposition; Umgang mit Verantwortung),
- *Leadership* (interpersonaler und gruppendynamischer Aspekt von Führung im Organisationskontext; Umgang mit dem divergierenden Ziele-Kanon) und
- *natürliche Autorität* (Führung losgelöst vom Organisationskontext und bezogen auf sich selbst; Wirkungshorizont und Ethik).

Jede Stufe setzt ein gewisses Entwicklungsniveau in der vorangegangenen voraus und bietet selbst wieder reichlich Entwicklungsmöglichkeit.

Gemeinsamkeiten und Unterschiede

Wie kommt es, dass Aikido so viele Gemeinsamkeiten mit dem systemischen Denken aufweist (wobei man diese Frage entwicklungsgeschichtlich besser andersherum formulieren sollte)?

Das Systemdenken, also das Denken in vernetzten Strukturen statt in linearen Ursache-Wirkung-Zusammenhängen, ist bei Aikido unmittelbarer Ausfluss des Budo-eigenen Perfektionsstrebens. So wurde zum Beispiel über Jahrhunderte der Schwertkampf weiterentwickelt und optimiert. Selbst in dem Zeitraum, als Feuerwaffen in Japan eingeführt wurden, gab es entscheidende Impulse für die Perfektionierung der Schwertkunst (Shimabukuro u. Pellman, 1995). Das führt nicht sehr weit, wenn man sich allein auf die Technik konzentriert. Form und Material, ihr Einfluss auf die Technik sind ebenso wichtig wie die körperlichen Merkmale und die Persönlichkeit des Schwertkämpfers. Und diese Informationen sind auch im Hinblick auf den potenziellen Gegner wichtig, aus ihnen lassen sich Stärken und Schwächen ableiten.

Hinsichtlich des Konstruktivismus ist die Parallele zum Aikido etwas schwerer zu fassen. In beiden Fällen lieferte das Vorhandensein mächtiger Gegner entscheidende Entwicklungsimpulse. So waren einige führende Vertreter des Konstruktivismus den einschränkenden Lebensumständen von Diktaturen ausgesetzt (Maturana u. Pörsken, 2002). Die konstruktivistische Vorstellung, dass Erfahrungen grundsätzlich individuell und nicht übertragbar sind, war sehr hilfreich dabei, angesichts unmenschlicher Vorkommnisse nicht an den Verhältnissen zu verzweifeln. Denn durch diese Vorstellung geht die Verantwortung weg vom einzelnen Menschen als autonom entscheidendem Subjekt und hin zu seiner nicht willentlich steuerbaren Verarbeitung der eigenen Biografie. Der unmenschlich handelnde Mensch kann immer noch als Mensch respektiert werden, sein Tun ist seiner Biografie, wenn man so will, einer höheren Gewalt geschuldet.

Den Begründer des Aikido, Morihei Ueshiba, führte sein Lebensweg in den intensiven Kontakt mit verschiedenen Budo-Kampfkünsten. Dafür hatte er mit einer Körpergröße von gerade einmal 154 cm sehr schlechte Voraussetzungen, praktisch jeder Gegner war ihm körperlich überlegen. Deshalb beschäftigte er sich intensiv mit den Möglichkeiten des Angreifers, um diesen Nachteil auszugleichen. Er musste sich soweit in den Angreifer einfühlen können, dass er dessen Aktionen antizipieren konnte, und sich dabei auf Techniken konzentrieren, bei denen seine Größe kein Nachteil war.

Die Parallelen zwischen Aikido einerseits und Systemdenken und Konstruktivismus andererseits bleiben nicht ohne praktische Folgen. So sind sich die Vorgehensweisen im typischen systemischen Coaching und im Aikido-Training auf den ersten Blick sehr ähnlich. Ein geduldiger Coach oder ein geduldiger Trainer bietet seinem Coachee oder Aikido-Schüler unterschiedliche Möglichkeiten für seinen Weg an, in beiden Fällen wissend, dass die Lösung nur von diesem selbst gefunden werden kann. Alles, was Coach oder Trainer tun können, ist, ihm zu helfen, diese Lösung in sich zu entdecken.

Aber es gibt auch entscheidende Unterschiede. Der Konstruktivismus ist nützlich dabei, sich mit der Koexistenz eines übermächtigen Gegners zu arrangieren. Aikido geht hier wesentlich weiter. Aikido will verhindern, dass die (aggressive) Überlegenheit des Gegners dazu führt, dass man diesem in einer Auseinandersetzung auch tatsächlich unterliegt. Aikido verbindet dies mit der Belehrung, dass Aggression nicht sinnvoll ist. Das setzt seinerseits Überlegenheit (in der defensiven Situation!) voraus, die nur durch ständiges Weiterentwickeln *und* ein Referenzsystem (überlegen im Verhältnis zu was?) erreicht werden kann: Die Struktur eines guten, wirkungsvollen Angriffs bestimmt, wie eine nützliche Reaktion darauf aussieht. Das wird nicht dogmatisch gehandhabt, auch im Aikido werden Techniken weiterentwickelt. Und die Erfahrung lehrt, dass der eine ein hyperflexibles Schultergelenk, die andere ein völlig schmerzunempfindliches Handgelenk hat und damit bestimmte Aikido-Techniken ins Leere laufen. Dann kommt eben die nächste Technik zum Einsatz.

Aber ein Aikido-Trainer wird dem Mühen seiner Schüler nur abwartend zusehen, solange diese dadurch sinnvolle, lehrreiche Erfahrungen machen. Wenn diese erkennbar Irrwege beschreiten, wird er ihnen das plastisch vor Augen führen und ihnen funktionierende Alternativen anbieten. Für mich als Coach heißt das, dass ich nur Coaching in Feldern anbiete, in denen ich selbst umfangreiche Funktions- oder Prozesskompetenz habe. Angesichts knapper Zeit- und Kostenbudgets ist es nicht zu rechtfertigen, in jedem Coaching das Rad neu erfinden zu wollen. Sinnvoller ist es, dem Coachee bei der Auswahl des für ihn richtigen (Fahr-)Rads kompetent zur Seite stehen zu können und ihn dabei zu unterstützen, seinen persönlichen Zugang dazu zu finden: Wie kommt er in den Sattel, wie bleibt er lange oben?

Auch zwischen Systemdenken und Aikido gibt es Unterschiede. Während in der Systemtheorie das (ex post-)Verstehen von Zusammenhängen im Vordergrund steht, ist Aikido handlungsbezogen, (ex ante-) Verstehen ist dabei nur eine von mehreren Voraussetzungen. Das bleibt nicht ohne Auswirkungen auf die Qualifizierung. Eine gute, nach heutigen Maßstäben umfangreiche Ausbildung zum systemischen Berater oder Coach hat einen Umfang von ca. 40 Tagen (eigene Internet-Recherche), das entspricht ca. 320 Stunden. Mit dem gleichen zeitlichen Einsatz hat man im Aikido als *Kohai* (Schüler) gerade einmal den Bewegungsablauf der wichtigsten Grundtechniken abrufbereit. Der drei- bis vierfache Zeiteinsatz ist mindestens notwendig, um an den Anfang der Entwicklungsstufe *Sensei* zu kommen. Systemische Beratung ist aber keineswegs einfacher als Aikido. Das heißt, wenn man Aikido-ähnliche Ansprüche an sich als Berater stellt, darf man die eigene Weiterentwicklung als Berater nie aus den Augen verlieren und muss sich beispielsweise durch kollegiale Supervision und/oder Qualitätsmanagement ständig mit dem notwendigen Feedback für Verbesserungen versorgen.

Der hohe Anspruch im Aikido ist Verlockung und Gefahr gleichermaßen für alle »Sei perfekt«-(An-)Getriebenen. Aber er bringt einen Aspekt wieder zur Geltung, der durch Rationalisierungsdruck und die Überfrachtung des Lebens zusehends verblasst: *Qualität*! Spätestens wenn man wieder einmal mit schlechtem Service oder fehlerhaften Produkten konfrontiert wird, weiß man Qualität zu schätzen.

Spezifischer Nutzen von Aikido-Elementen

Vitalisierung

Ich bin der Überzeugung, dass allein schon die Einbeziehung, die Aktivierung des Körpers einen positiven Effekt im Coaching hat. Das bringt Vitalität und regt den Gedankenfluss an. Das kann, muss aber nicht mit Aikido-Elementen erreicht werden. Der gemeinsame Gang zur Teeküche (fast immer möglich), aber auch ein Spaziergang (öfter, als man denkt, möglich) sind hierbei sehr nützlich. Wenn es keine Möglichkeit für Bewegung gibt, kann ersatzweise Bewegung imaginiert werden. Dies kann zum Beispiel durch plastische Schilderungen von sportlichen Aktionen induziert werden.

Stringenz

Der Nutzen einer körperlichen Aktivierung geht jedoch weit darüber hinaus. »Bewegung hat Beziehung zu uns selbst als Person, hat einen persönlichen Bezug. Sie ist der unmittelbarste Weg der Selbst- und Welterfahrung« (Wagner, 1999, S. 124). Damit bringt Winfried Wagner die Theorie Damasios über die Bedeutung des Köpers für die Steuerung unseres Handelns auf den Punkt. Nach Damasio (1995, 2000) werden körperliche Veränderungen nicht von Emotionen hervorgerufen, sondern die körperlichen Veränderungen rufen Emotionen hervor. Gleichzeitig haben Emotionen einen maßgeblichen Einfluss auf die Steuerung menschlichen Handelns, nur durch das Vorhandensein von Emotionen kann ein Mensch vernünftig handeln; Emotionen sind sozusagen verdichtete Abwägungs- und Entscheidungsmechanismen. Diese Theorie, in vielen Teilaussagen durch Versuche bestätigt, stellt das gängige Modell auf den Kopf, wonach Entscheidungen und Handeln von Vernunft geprägt sein sollten und mit körperlichen Vorgängen nichts zu tun haben. Selbst wenn man dieser Theorie nicht in ihrer extremen Aussage folgt, kann in Anbetracht jüngerer neurobiologischer Erkenntnisse ein starker Einfluss unseres Körpers auf unser Handeln nicht geleugnet werden.

Diese Unmittelbarkeit der erlebten Bewegung ist der Grund für die hohe Wirksamkeit von Aikido-Elementen in der Beratung. Wenn man unser Gehirn in seiner Gesamtheit mit einer Regierung gleichsetzt, dann hat das Großhirn die Funktion des Außenministeriums. Die eigentliche Exekutive sitzt in tieferen Bewusstseinsschichten. Im typischen Dialog-Setting beim Coaching haben wir Coaches es üblicherweise überwiegend mit dem Außenministerium des Coachee zu tun. Wir bekommen diplomatische Erklärungen, die oft wenig mit der Realität, aber viel mit idealisierten Vorstellungen zu tun haben. Und unsere Vorschläge werden freundlich zustimmend, aber unverbindlich zur Kenntnis genommen. In dem Moment aber, wo wir den Körper einbeziehen, kommunizieren wir direkt mit der Exekutive, auf einem sehr authentischen Kanal. Da lässt sich vieles besser, schneller und direkter klären. Einerseits bekommen wir keine diplomatischen Erklärungen, die wir erst einmal mühsam interpretieren müssen, und andererseits können wir sicher sein, dass unsere Inter-Aktionen nicht unnötig verwässert oder gar grob fehl interpretiert werden.

Das führt zu einer deutlich höheren Stringenz im Coaching-Prozess, wie sich anhand eines Beispiels leicht nachvollziehen lässt. Wenn uns jemand erzählt, dass das Weiche das Harte besiegen kann, werden wir vielleicht freundlich lächeln und zustimmend nicken, aber wir wissen natürlich, dass das nicht stimmt. Wenn wir sehen, wie ein schmaler, offenkundig unsportlicher Mensch einen muskelbepackten Gegner zu Boden gehen lässt, dann sind wir vielleicht bereit, unsere Überzeugung in Frage zu stellen; aber es kann sich natürlich auch um ein verabredetes Geschehen handeln und wir werden skeptisch bleiben. Wenn wir selbst jedoch den *Nikkyo*-Hebel anwenden, mal locker, mal mit Kraft, und wenn dies unser Trainingspartner umgekehrt auch bei uns macht, dann *wissen* wir, dass das Weiche das Harte besiegt, dass es funktioniert. Und wir werden mit Überzeugung und nicht nur mit Zuversicht oder gar nur Hoffnung darangehen, es an anderer Stelle zu wiederholen.

Verdeutlichung

Aber auch schon die Diagnose profitiert in hohem Maß von der körperlichen Umsetzung. Statt langer Beschreibungen wird durch eine körperliche Übung sehr schnell deutlich, was damit ausgedrückt werden soll. Ich habe schon häufiger erlebt, dass der Übende selbst überrascht war, welche Diskrepanz es gab zwischen dem, was er glaubte zu tun, und dem, was er dann tatsächlich in der Übung zeigte. So zum Beispiel Herr Mayer, ein Bereichsleiter, der bei einer Stellenbesetzung übergangen worden war, obwohl er im Vorfeld doch so sehr darum gekämpft hatte. Ich schlüpfe vorübergehend in die Rolle seines Vorstands, nehme einen kurzen Holzstab (als Symbol für die Stelle) in meine Hand und bitte Herrn Mayer, sich diesen Holzstab (die Stelle) zu nehmen. Er kann es selbst kaum fassen, wie schwach und kurzatmig seine Zugriffsversuche sind. Die bisher vorherrschenden Klagen über die Ungerechtigkeit der Welt, die damit verbundene Wut sind wie weggeweht, im weiteren Coaching geht es allein um Fragen der persönlichen Standortbestimmung und Orientierung.

Diese Verdeutlichung in der Diagnose zusammen mit der höheren Stringenz beim Transfer in den Alltag ist für eine umsetzungsorientierte systemische Beratung ein enormer Gewinn.

Zugang zur Persönlichkeitsentwicklung

Aikido potenziert jedoch nicht nur die Wirkung des systemischen Instrumentariums, sondern eröffnet auch den Zugang zu einem ansonsten schwer fassbaren Sujet, der Persönlichkeit. Das Besondere an Aikido ist die Verknüpfung mit den Aikido-Prinzipien, diese reflektieren sich in den Techniken. Die Aikido-Techniken transformieren nicht nur Interaktionsalternativen (z. B. Tetralemma), sondern auch Persönlichkeitsmerkmale, menschliche Qualitäten auf die körperliche Ebene (z. B. Unvoreingenommenheit – *Shoshin*, Aufmerksamkeit – *Sanshin*, Zugewandtheit – *Kamae*, frei schwebende Aufmerksamkeit – *Mushin* u. a. m.). Dadurch werden diese ansonsten eher schwammigen Konstrukte begreif-bar, nachvollziehbar und vor allem wird die Wirkung ihrer Ausprägung sehr eindrucksvoll praktisch vorgeführt. Abstrakte, blutleere Begriffe bekommen damit die Chance, mit emotionalen Eindrücken verknüpft und Teil des wahrgenommenen Selbst zu werden.

Grenzen für den Einsatz von Aikido-Elementen

Eine Beratung oder ein Coaching ist dann für den Einsatz von Aikido-Elementen geeignet, wenn es um Interaktionen, also Kommunikation unter Anwesenden geht. Ich habe in den letzten Jahren allerdings den Eindruck bekommen, dass Aikido für fast alle Lebensbereiche eine Bereicherung sein soll. Ein gutes Beispiel dafür ist die Aiki-Extensions-Bewegung, in der Aikido für Friedensarbeit, für pädagogische Arbeit, für Golf, Tennis, Musik, für die Arbeit am Computer u. v. m. eingesetzt wird. Dieser Allheilmittel-Gedanke kommt daher, dass viele unterschiedliche Inhalte unter dem Begriff »Aikido« subsumiert werden.

Aikido ist zunächst mal eine Sportart, die auf Selbstverteidigung gerichtet ist. Doch schon auf dieser körperlichen Ebene gibt es große Unterschiede. Manche Aikido-Stilrichtungen betreiben tatsächlich ein eher sportliches oder funktionales Aikido, bei anderen mutet es eher meditativ wie Tai-Chi an, der Bezug zur Selbstverteidigung ist nahezu vollständig verloren gegangen.

Darüber hinaus ist (körperliches) Aikido eng mit den Aikido-Prinzipien, dem philosophischen Überbau des Aikido verknüpft. Diese gehen weit über den Sport Aikido hinaus, haben aber einen direkten Bezug zu diesem. Damit ist Aikido durchaus geeignet, wesentliche Impulse zur Entwicklung der eigenen Persönlichkeit zu geben, wenn folgende Voraussetzungen gegeben sind:

- die praktizierte Aikido-Stilrichtung hat den Wesenskern des ursprünglichen Aikido bewahrt,
- man übt es über viele Jahre und
- man reflektiert, was man tut.

Auch der letzte Punkt, der Transfer ins Alltagsleben, ist wichtig. Oft wird behauptet, dass Aikido ein Harmoniestreben innewohnt, welches sich auch auf die Aikido-Übenden überträgt. Die Realität sieht etwas anders aus: Wahrscheinlich gibt es keine andere (Budo-)Sportart, die organisatorisch derart zerfasert ist wie Aikido. Ein erstaunlich großer Anteil höher graduierter Dan-Träger (Schwarzgurt) gründet eigene Stilrichtungen und bricht radikal mit ihrem bisherigen Sensei; von umfassender Harmonie keine Spur.

Aber selbst wenn jemand ernsthaft authentisches Aikido treibt und versucht, diese Erfahrung in seinen Lebensalltag zu integrieren, dauert es einige Jahre, bis sich die Effekte auf körperlicher Ebene (z. B. Reflexe) oder in der Persönlichkeit (z. B. Aufmerksamkeit, Zugewandtheit) zeigen. Da gibt es nichts, was man in eklektischer NLP-Manier als Quintessenz herausziehen und in Form eines Persönlichkeitsentwicklungs-Turbo einer breiten Öffentlichkeit zugänglich machen könnte.

Voraussetzungen und Rahmenbedingungen

Beraterin/Coach

Um Aikido-Elemente zur Verdeutlichung einsetzen zu können, reicht meines Erachtens die Kenntnis einzelner Aikido-Bewegungen. Wenn der Coachee das vorgeschlagene Aikido-Element als nicht repräsentativ für seine Situation ansieht, kann eine solche punktuelle Kenntnis jedoch zum Problem werden. Dann fehlt die Wissensbreite, um die Bewegung entsprechend variieren zu können. Im Bereich Diagnose ist es meines Erachtens dagegen unverzichtbar, über eine Vielzahl von körperliche Greif-, Druck- und ähnlichen Erfahrungen zu verfügen, um die sensorische Erfahrung der Übung einordnen zu können.

Wenn man als Berater über anderweitige Sporterfahrung verfügt, würde ich in jedem Fall dazu raten, Beispiele aus diesem Feld zu verwenden. Denn es geht zunächst einmal darum, den Coachee auf eine andere, nichtkognitive Ebene zu bringen. Dazu sind andere Sportarten ebenso geeignet, selbst wenn ein Coachee angesichts der üblichen Raumverhältnisse vielleicht nur mental in ein solches Setting geführt werden kann. Mit der Wurfbewegung beim Handball kann man zum Beispiel sehr gut ein Gefühl für das richtige Timing veranschaulichen, wenn man die Bewegung in »Ausholbewegung – Umkehrpunkt – Wurfbewegung« unterteilt. Mit etwas Phantasie finden sich anschauliche Beispiele für die unterschiedlichsten Situationen in vielen Sportarten.

Ratsuchender/Coachee

Körperliche Berührung niemals ohne vorherige Zustimmung! So lautet der wichtigste Punkt, den es zu beachten gilt. Aber selbst wenn man die Zustimmung hat, würde ich zu Beginn auf jeden Fall mit einem Berührungsmedium arbeiten (Stock o. Ä.). Zusätzlich muss man berücksichtigen, wen man vor sich hat. Ist es jemand, der selbst aktiv eine Sportart treibt, der Körperkontakt mit sich bringt? Ist es jemand, der ein Hobby hat, welches zumindest Beweglichkeit und Koordination schult? Oder ist es jemand, für den der eigene Körper nur ein Transportmittel für den Kopf ist? Je nachdem wird eine Übung selbst bei vergleichbarer Intention sehr unterschiedlich ausfallen.

Zeit und Raum

In der ersten Sitzung hat eine körperliche Übung üblicherweise keinen Platz, denn vorab muss ein Mindestmaß an Vertrauen zwischen Berater und Coachee aufgebaut worden sein. Aber bisher habe ich beim ersten Treffen auch noch nie eine Notwendigkeit für eine körperliche Übung gesehen. Wenn das Coaching nicht ohnehin in Bewegung stattfindet, also beispielsweise mit einem Spaziergang verbunden wird, ist es für eine Übung wünschenswert, dass der Raum vor Blicken geschützt ist. Aber nach meiner Erfahrung werden für Inhouse-Beratungs- oder Coaching-Gespräche ohnehin immer geschlossene Räume gebucht.

Fazit

Aikido ist nicht nur ein schöner Sport, sondern bietet eine Vielzahl von Entwicklungsanstößen für die Persönlichkeit. Es kann unabhängig vom Alter getrieben werden, und auch gesundheitliche Einschränkungen sind oft kein Hinderungsgrund. Ich hatte beispielsweise zu Beginn meines Aikido-Trainings eine Bandscheibenvorwölbung, die ich dann zunächst wegge-»kiesert« habe. Seitdem kann ich problemlos jede Fallschule mitmachen, im Gegenteil: Mittlerweile bekomme ich Rückenprobleme, wenn ich zu lange nicht trainieren kann. Interessierten gebe ich gerne Hinweise, wie sie eine passende Übungsgruppe finden (buhl@buhlcoaching.com).

Für Berater, Trainer und Coaches bietet Aikido eine Fülle von Anregungen, Metaphern und Übungen für die Arbeit. Es verstärkt die Wirkung des systemischen Instrumentariums und eröffnet neue Zugänge zum Thema Persönlichkeitsentwicklung. Aber nicht nur Beratungen profitieren davon. Ich nutze es ebenfalls in Seminaren und Trainings, wie auch Prof. Peter Schettgen seit Jahren. Wer sich dem Thema zunächst theoretisch nähern möchte (soweit das überhaupt möglich ist), dem empfehle ich die zitierte Literatur.

Wem Aikido überhaupt nicht liegt, den ermuntere ich gerne, eigene Erfahrungen aus anderen Sportarten in die Beratungsarbeit zu integrieren. Denn der Geist kommt viel leichter und nachhaltiger in Bewegung, wenn sich erst einmal der Körper in Bewegung gesetzt hat.

Literatur

Damasio, A. R. (1995). Descartes' Irrtum. Fühlen, Denken und das menschliche Gehirn. München/Leipzig: List.

Damasio, A. R. (2000). Ich fühle, also bin ich. Die Entschlüsselung des Bewusstseins. München/Leipzig: List.

Maturana, H. R., Pörksen, B. (2002). Vom Sein zum Tun. Die Ursprünge der Biologie des Erkennens. Heidelberg: Carl-Auer.

Schettgen, P. (2003). Freund oder Feind? Wie Wirklichkeitskonstruktion unseren Umgang mit Konflikten steuert. In P. Schettgen (Hrsg.), Kreativität statt Kampf – Aikido-Erweiterungen in Theorie und Praxis. Augsburg: ZIEL.

Shimabukuro, M., Pellman, L.e(1995). Flashing Steel –Mastering Eishin-Ryu Swordsmanship. Berkeley: Frog Ltd.

Shimizu, K., Kamata, S. (1992). Zen and Aikido. Tokio: Aiki News.

Wagner, W. (1999). Aikido und Wir – Atem, Bewegung und spirituelle Entwicklung. Petersberg: Via Nova.

Der Autor

Dr. Peter Buhl (Jg. 1960) leitet seit 2006 ein eigenes Beratungsunternehmen. Seine Arbeitsschwerpunkte liegen in der umfassenden Beratung mittelständischer Unternehmen (Nachfolge, Strategie, Gesellschafterinteressen), in der Persönlichkeitsentwicklung für Führungskräfte und der Verhandlungsführung.

Davor hat er über 15 Jahre (Geschäfts-)Führungs- und Projektleitungserfahrung in verschiedenen Unternehmen (In- und Ausland) gesammelt.

Peter Buhl ist Master am Institut für Systemische Beratung Wiesloch und Partner in der ISB Professional Group. Er trainiert seit neun Jahren Aikido und leitet die Abteilung Tendoryu-Aikido im TSV München-Großhadern mit ca. 220 Mitgliedern.

E-Mail-Kontakt: buhl@buhlberatung.com

Oskar Handow

Was man vom Spitzensport lernen kann

Seit 1999 bin ich als Berater, Coach und Trainer in der Wirtschaft, im Spitzensport und im universitären Umfeld tätig. Und seither beschäftigt mich – und viele Personen, die sich danach erkundigen – die Frage, welche Gemeinsamkeiten und Unterschiede es zwischen den einzelnen Tätigkeitsfeldern gibt. Eine umfassende Antwort auf diese Frage würde hier allerdings den Rahmen sprengen, deshalb beschränke ich mich auf den Teilaspekt, was andere Bereiche vom Spitzensport lernen können, und werde selbst hier nur eine Auswahl vorstellen können.

Warum kann ich zu dieser Thematik Auskunft geben? Ich bin mit einem Teil meiner Zeit als Sportpsychologe des Olympiastützpunktes Bayern in der Beratung und Betreuung von Einzelsportlern, Trainern und Nationalmannschaften tätig. In dieser Zeit habe ich etwa 30 Sportarten (olympisch und nichtolympisch) betreut. Dabei durfte ich Weltcups, Europameisterschaften, Weltmeisterschaften und Olympische Spiele vor Ort erleben. Aufgrund meiner (Haupt-)Tätigkeit im Unternehmenskontext bin ich der festen Überzeugung, dass zahlreiche Themen in identischer oder vergleichbarer Form auftreten, aber mit zum Teil unterschiedlichen Methoden und Techniken bearbeitet werden. Insofern ist es mir schon lange ein Anliegen, den Transfer zu fördern, und ich freue mich darüber, Sie an dieser Stelle für einige Minuten/Seiten mit in die Welt des Sports nehmen zu dürfen.

Psychologie beschäftigt sich mit dem Erleben und Verhalten von Menschen. Die Sportpsychologie untersucht die Interaktionen von Personen, Aufgaben und Umwelt in einem speziellen Tätigkeitsfeld. Einfach gesagt, erforscht die (Sport-)Psychologie, warum Menschen tun, was sie tun, und wie man dies gezielt verändern/optimieren kann. In der Praxis lässt sich die sportpsychologische Arbeit in vier Felder unterteilen:

- das Coaching von einzelnen Sportlern,
- die Arbeit mit kompletten Mannschaften/Nationalteams,

- die Arbeit mit einzelnen Trainern und
- der Einsatz in der Trainerfortbildung/-supervision.

Dabei wird man mit einer sehr großen Bandbreite an Themen konfrontiert wie Umgang mit Druck/Stress, Umsetzung und Erweiterung des Leistungspotenzials, individuelle Zielsetzung, Steigerung der Konzentrationsfähigkeit, Umgang mit Konflikten, Wettkampf-Coaching, Führungsthemen für Trainer, Karriereplanung etc. bis hin zu depressiven Verstimmungen, Burn-out oder Essstörungen. Der Auslöser für den Erstkontakt ist aber in der Regel eine nicht zufriedenstellende oder nicht konstante Umsetzung der Trainingsleistungen im Wettkampf (der Fachbegriff hierzu lautet »Trainingsweltmeister«).

Dieser Beitrag ist aus der Praxis für die Praxis. Er gibt wissenschaftlich fundierte Erkenntnisse und Methoden, kombiniert mit viel Erfahrung in der Beratung und Betreuung von Spitzensportlern, praxisnah wieder. So kann er für Sportler, Trainer, Berater oder Interessierte ein Handwerkszeug, eine Anleitung sein, mit dem eigene Themen oder jene von Anvertrauten angegangen werden können.

Bevor wir nun endlich inhaltlich starten, möchte ich Ihnen noch kurz den Aufbau erläutern. Ich werde mich im Folgenden auf drei zentrale Aufgaben eines Leistungssportlers konzentrieren:

- fokussiert und präsent sein (das Agieren im Hier und Jetzt),
- die Selbststeuerung /das Selbstmanagement und
- der aktiv gesteuerte Ausgleich von Belastung und Erholung (Aktivationsregulation).

Zunächst erfolgt eine kurze Hinführung zum jeweiligen Thema. Daran anschließend werden der theoretische Hintergrund (so weit notwendig) und mögliche diagnostische Maßnahmen benannt. Abschließend stehen die möglichen Interventionsmaßnahmen sowie Hinweise für die Umsetzung im Alltag.

Fokussiert und präsent sein

Das Umschalten zwischen Entspannung und Konzentration, das Fokussieren auf die jeweils anstehende Aufgabe und die Aufrechterhaltung der Aufmerksamkeit über eine längere Zeit sind zentrale Aufgaben in Sport und Wirtschaft. Nicht jedem sind sie von Haus aus gegeben – sie sind aber trainierbar.

Hintergrund

Aufmerksamkeit lässt sich unterteilen in Distribution und Konzentration. Während es bei der Distribution darum geht, möglichst viel mitzubekommen, fokussiert die Konzentration auf einen Aspekt. Beliebtes Beispiel für eine distributive Aufmerksamkeit ist der Fußballschiedsrichter, der während des Spiels den Ball und das Geschehen, seine Linienrichter, die Trainer in der Coaching-Zone und auch noch den Ellbogencheck in seinem Rücken wahrnehmen soll. Konzentration ist hingegen gefordert, wenn ich als Skispringer den Absprungpunkt exakt richtig treffen oder als Bogenschütze den Pfeil zur rechten Zeit von der Sehne schnellen lassen möchte. Es gibt aber auch Sportarten (und Aufgaben in anderen Tätigkeitsfeldern), in denen ein rascher Wechsel zwischen Distribution und Konzentration gefordert ist. So muss ich als Spieler in einem Mannschaftssport vor dem Anspiel bereits möglichst viele optionale Anspielstationen wahrgenommen haben, im Moment des eigenen Abspiels aber gänzlich fokussiert sein.

Diagnostik

In der Diagnostik der Aufmerksamkeitssteuerung benutze ich häufig eine simple, skizzierte Zeitachse (Abb. 1). Diese beinhaltet Vergangenheit, Gegenwart und Zukunft. Mit kurzer Erläuterung führe ich diese ein und frage den Klienten dann, wie er seine Aufmerksamkeit prozentual verteilt sieht (was man durchaus auch zu einem Abgleich von Selbst- und Fremdbild nutzen kann).

Zunächst wird dann oft eingewendet, dass dies ja von der jeweiligen Situation respektive Aufgabe abhänge. Bei einem Klassentreffen ist sicherlich die Vergangenheit stärker im Blick als bei einer Strategiesitzung. Das ist sicherlich richtig, doch hat jeder von uns einen Grundtypus, der in allen relevanten Momenten mehr oder minder durchschlägt. Insofern kann man die Frage allgemein oder auf bestimmte Situationen eingeschränkt stellen.

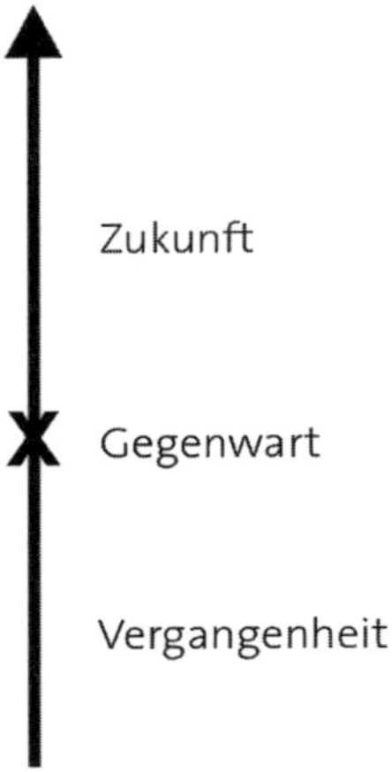

Abbildung 1: Zeitachse

Interessanterweise kommt immer mal wieder ein 60/40, 30/70 oder Ähnliches, das der Gegenwart gar keine Aufmerksamkeit attestiert. Selbst wenn diese einbezogen wird, ist sie häufig nicht die am höchsten bewertete Phase. Darauf kontere ich in der Regel, dass nach meinem Verständnis die Vergangenheit nicht mehr veränderbar ist – egal, wie viel ich daran denke! Selbstverständlich sollte ich aus Erfahrungen lernen, was dann unter Auswertung/Verarbeitung von Erfolg und Misserfolg fällt. Aber wenn ich mich in kritischen, relevanten Momenten schwerpunktmäßig mit unveränderlichen Aspekten beschäftige (wie ich als Skifahrer am zweiten Tor einen kleinen Fehler hatte), verschwende ich wertvolle Ressourcen. Genauso wenig hat es Sinn, zu weit in der Zukunft zu sein (am dritten Tor bereits an den Sieg und die Feier danach zu denken), sich zu intensiv mit den möglichen Folgen aktueller Handlungen zu beschäftigen – was der Einschränkung bedarf, dass natürlich kurz-, mittel- und langfristige Ziele ebenso wichtig sind wie eine Berücksichtigung der Folgen des eigenen Handelns; das sollte aber zu anderen Zeiten, etwa in der Handlungsplanung, stattfinden. Meines Erachtens sollte die Aufmerksamkeit in komplexen, erfolgsrelevanten Augenblicken hauptsächlich auf der Gegenwart liegen: beim nächsten Tor, dem nächsten Aspekt, den ich beeinflussen kann. Die Hauptfrage ist, was ich gerade jetzt und im nächsten Augenblick dafür tun kann, dass es zu einem guten/zufriedenstellenden Ergebnis führt. Dazu benötigt es konkrete Handlungspläne, die vorbereitet sein müssen.

Andere diagnostische Hilfsmittel sind klassische Konzentrationstests (wie etwa der d2-Test), die in ihrem Grundprinzip richtige Lösungen im Verhältnis zur Gesamtzeit bewerten. Diese sind aber nur dann wirklich sinnvoll, wenn es entsprechende Vergleichswerte gibt, die das eigene Ergebnis in Relation setzen.

Intervention

Der oft gehörte Satz »Jetzt konzentrier dich mal!« ist so ohne Wert. Erst durch den Zusatz, worauf sich jemand konzentrieren soll, kann er eine sinnvolle Hilfestellung sein. Da wir ständig auf etwas fokussiert sind – nur eventuell nicht auf das gerade Relevante –, braucht es zur Aufmerksamkeitslenkung klare Ansagen, worauf sich diese zu richten hat.

Damit die im Vorfeld eingeübten/vorbereiteten Aufmerksamkeitsschwerpunkte (man spricht hier auch von Handlungsknotenpunkten, an denen über den Erfolg von Handlungen entschieden wird) auch in schwierigen Situationen berücksichtigt werden (können), muss oftmals zuvor der mentale Arbeitsspeicher dafür freigeräumt werden. Hierfür kann es hilfreich sein, störende Gedanken schriftlich festzuhalten oder der Audiorekorderfunktion des Handys anzuvertrauen, da sie so am ehesten aus dem Kopf zu bekommen sind. Die Sicherheit, die wichtigen Punkte notiert/gespeichert zu haben, führt dazu, diese für eine bestimmte Zeit loslassen zu können. Diese kleine Hilfestellung lässt sich bei manchen Sportarten und vielen Alltagstätigkeiten durchaus auch während der Ausführung nutzen.

Eine andere oft genutzte Technik ist der Gedankenstopp. Hierbei werden störende Gedanken im Ansatz gestoppt, etwa durch ein imaginiertes Stoppschild, und durch vorbereitete, hilfreichere Gedanken ersetzt.

Damit ich störende Gedanken durch sinnvolle Fokussierung ersetzen kann, bedarf es sogenannter Handlungspläne. Der Sportler listet dabei alle Einzelschritte einer komplexen Handlung auf. Das Konzept dahinter ist, dass nur jene Handlungsschritte, die ich auch verbal schildern kann, der bewussten Ansteuerung zugänglich sind (und da, wo die Sprache ungenau wird, häufig auch die technischen Schwächen zu finden sind). In der Praxis benötigen Sportler hierbei relativ viel Zeit und Unterstützung, da zumeist zu Beginn nur drei bis vier Punkte genannt werden können (Anlaufnehmen, auf Torwart schauen, Schießen, Jubeln oder Ärgern), die tatsächliche Handlung aber viel komplexer ist. Um im Beispiel zu bleiben: Beim Elfmeter sollte nicht der Torwart, sondern das intendierte Ziel fixiert werden, da die Blickrichtung die Fußkoordination beeinflusst – übrigens auch einer der Gründe, warum Torhüter knallig-farbene Trikots bevorzugen.

Wenn ich schließlich einen adäquaten und ausführlichen Handlungsplan erstellt habe, geht es in einem nächsten Schritt darum, die bereits erwähnten relevanten Handlungsknotenpunkte herauszufiltern – jene Punkte, an denen sich entscheidet, ob die Handlung erfolgreich wird oder nicht. Das sind zumeist die aktuellen Lieblingsfehler. Wenn ich mich hier auf die positiv formulierte Variante dessen, was ich erreichen will, konzentriere, wird die Handlung mit großer Wahrscheinlichkeit erfolgreicher, als wenn ich an nichts denke oder mich mit der Vermeidung oftmals gemachter Fehler beschäftige. Die hier eingesetzte Technik heißt Selbstgesprächsregulation und wird im Folgenden ausführlicher erläutert:

Selbststeuerung/Selbstmanagement

Unsere Gedanken, unsere Einstellungen steuern unser Handeln maßgeblich. Insofern sind diese sogenannten Selbstinstruktionen (oder auch Selbstaffirmationen) ein zentraler Ansatzpunkt für mögliche Interventionen.

Hintergrund

Jeder von uns führt Selbstgespräche – umso mehr, umso bedeutsamer oder unbekannter eine Situation ist. Dabei geht es nicht nur um die hörbaren Selbstgespräche (bei denen man sich ja auch ab und an ertappt), sondern gerade um die stillen/subvokalen Sätze, die einem in wichtigen Situationen durch den Kopf schießen. In der Mehrzahl sind dies negative Gedanken (»Bitte nicht schon wieder ...«, »Hoffentlich wird das gelingen ...«, etc.). Das kann jeder selbst überprüfen: Fragen Sie sich, wann Sie sich zuletzt beschimpft haben (»Ich Trottel, jetzt hab ich schon wieder ...«) – und fragen Sie sich, wann Sie sich zuletzt in Gedanken gelobt haben. Bei den meisten dürfte Ersteres präsenter sein. Das ist ganz normal, zumindest in unserem Kulturkreis (hier sind deutliche interkulturelle Unterschiede feststellbar). Interessant und relevant ist allerdings der Aspekt, dass unser Unterbewusstsein keine Verneinungen kapiert. Wiederum der Selbsttest: Konzentrieren Sie sich die nächsten 20 Sekunden mal *nicht* auf Ihre Atmung. Oder denken Sie mal *nicht* an den rosaroten Elefanten. Verneinungen in Selbstinstruktionen sind für uns nicht verständlich und führen im Sinne einer selbsterfüllenden Prophezeiung zu eben dem, was wir eigentlich nicht wollen. Wenn ich mich also als Biathletin darauf konzentriere, dass der erste Schuss bitte nicht daneben sein soll, so erfüllt mir mein Unterbewusstsein diesen Wunsch – allerdings nur eben ohne die Verneinung (sprich, der erste Schuss wird daneben sein). Selbiges gilt, wenn ich vor wichtigen Vorträgen hoffe, nicht nervös zu sein, mich nicht zu versprechen etc.

Einstellungen, Standardsätze	Realitätsprüfung	Positive Umformulierung
		Regeln: ▫ Ich-Form ▫ Kurz & prägnant ▫ in der Gegenwart ▫ ohne Verneinungen ▫ handlungsorientiert

Abbildung 2: Übungsblatt zur Selbstgesprächsregulation

So weit so gut. Aber was nun mit diesem Wissen anfangen? Hier kommt mit der Selbstgesprächsregulation eine Technik ins Spiel, die einen etwas sperrigen Namen hat, aber hoch effektiv und praxisrelevant ist. Sie besteht aus drei Spalten/Schritten (s. Abb. 2), die im Nachfolgenden erläutert werden.

In der ersten Spalte werden wiederkehrende Gedanken, Einstellungen und Glaubenssätze gesammelt. Dies gebe ich gerne als eine »Hausaufgabe« zwischen zwei Terminen. Die gesammelten Sätze und Gedanken werden alsdann einer Realitätsprüfung unterzogen. Damit ist nicht gemeint, ob diese Gedanken denn berechtigt sind oder nicht – diese Bewertung steht meines Erachtens nicht zu. Vielmehr interessiert, ob sie durch Tatsachen begründet sind oder nicht. Wenn in zehn von zehn Fällen das Befürchtete tatsächlich eintritt, so handelt es sich in der Regel nicht um eine mentale Problematik. Vielmehr steckt dann zumeist eine technische oder fachliche Thematik dahinter. Wenn aber das Befürchtete/Antizipierte nur in einigen der zehn Fälle eintrifft, so kann durchaus eine mentale Komponente involviert sein. Bleiben wir bei dem Beispiel der Biathletin: Da bei ihr nur in drei von zehn Wettkämpfen der erste Schuss tatsächlich danebenging, dies aber leider bei den bedeutsameren Veranstaltungen, war es naheliegend, dass die Selbststeuerung hier durchaus Einfluss hat(te).

Sollte man zu dieser Erkenntnis gelangen, steht die dritte Stufe, die Umformulierung an. Hierbei geht es nicht um das in vielen Artikeln und Büchern gepredigte positive Denken (sich selbst zu erzählen, man könne alles, um es sich zugleich selbst nicht zu glauben, ist unsinnig). Vielmehr geht es darum, die störenden Gedanken/Einstellungen durch hilfreichere zu ersetzen. Diese sollten in der Ich-Form, kurz und prägnant sowie in der Gegenwart formuliert sein. Zudem sollten sie ohne Verneinungen auskommen (viele tendieren zunächst zur doppelten Verneinung – »Ich möchte nicht nicht …«, was die Sache nicht wirklich besser macht) und handlungs- statt ergebnisorientiert sein. Letzterer Punkt ist von zentraler Bedeutung: Wenn ich mich konstant mit dem gewünschten Ergebnis beschäftige, werde ich darüber die für den Erfolg notwendigen Handlungen vergessen/unterlassen. Wenn ich mich aber auf meine einzelnen relevanten Handlungsschritte konzentriere, wird am Ende häufig ein gutes Resultat stehen. Erneut unsere Biathletin: Bei ihr war die Lösung, die letzten 300 Meter vor dem Schießen etwas Tempo beim Laufen herauszunehmen, den Pulsbereich zu optimieren, das Einsetzen des Gewehrs sauber und bewusst anzugehen und eine technische Komponente am Abzugsfinger zu berücksichtigen.

Viele Menschen wünschen sich, in entscheidenden Situationen nichts zu denken. Das gelingt allerdings kaum jemandem und wenn, dann nur unbedarften Neulingen – ab den ersten Erfahrungen wird dies nahezu unmöglich. Insofern ist die Kernaufgabe, seine Gedanken zu steuern und sie nicht dem freien Fluss zu überlassen, der eher zu hinderlichen oder störenden Ideen führt. Da man in stressigen Situationen nicht viel mehr als zwei bis drei Aspekte bedenken kann (unser Arbeitsspeicher verfügt dann aufgrund der zugehörigen Nervosität über nicht mehr Kapazität), langen zwei bis drei Kernpunkte bereits, um für störende Einstellungen keinen oder kaum noch Raum zu lassen.

Häufig werde ich gefragt, was man denn wann am besten denkt. Hier gebe ich nie Sätze vor oder bringe auch nur Ideen ein, denn es ist meines Erachtens wichtig, dass der Sportler/der Klient für sich etwas findet, das er glauben kann. Wenn ich nicht Sven Hannawald bin, sagt mir »Isch mach mein Ding!« wahrscheinlich eher wenig. Und was Boris Becker mit Faust und »Come on!« verband, ist auch nur zu erahnen. Deshalb geht es hier nicht darum, gute Formulierungen anderer zu übernehmen – vielmehr ist die eigene und passende Aufforderung das Ziel (bei dem es allerdings meist der Unterstützung bedarf, gerade auch, um eben Verneinungen zu vermeiden).

Diagnostik

Nur wenige können sich in entspannter Gesprächsatmosphäre daran erinnern, was sie in stressigen Situationen gedacht haben respektive in der Regel denken. Ein Sammeln in sensu, so der Fachbegriff dazu, funktioniert also eher selten. Insofern bedarf es in der Regel des Wachrufens bedeutsamer (erfolgreicher oder traumatischer) Momente. Mit diesen kann man dann Besonderheiten im Vor- und Umfeld sowie die gewählte(n) Einstellung(en) herausarbeiten. Wenn auch das nicht zu ersten Ergebnissen führt, gebe ich das Sammeln von Sätzen, Gedanken und Einstellungen in kritischen Augenblicken als Hausaufgabe, dies stets mit dem Zusatz, Papier und Stift griffbereit zu haben, um in der Situation konkrete Notizen machen zu können. Man spricht dann von einem Sammeln in vivo, also direkt in dem oder zeitnah zu dem Moment, wo es geschieht.

Intervention

Im Gespräch mit dem Sportler oder Klienten wird es dann darum gehen, diese Sammlung nach Glaubenssätzen zu durchsuchen und diese gemeinsam zu prüfen. Dabei geht es Menschen immer wieder darum zu verstehen, woher denn ein bestimmter Glaubenssatz, ein bestimmtes Selbstbild stammt. Die Antwort dazu findet sich oftmals in der frühen Familiengeschichte oder bei besonderen Erlebnissen (traumatischen Wettkämpfen etc.). Als Freund lösungs- und ressourcenorientierter Beratung geht mein Blick normaler Weise nach vorne – in diesen Fällen ist aber zumeist ein kurzer Rückblick angesagt. Alsdann geht es darum, nach individuell passenden alternativen Selbstaffirmationen zu suchen, die vor allem handlungsorientiert sind. Hierbei benötigen viele Klienten eine deutliche Hilfestellung. Wichtig ist hierbei, dass die erarbeiteten Sätze und Bilder in der Sprache respektive dem Bezugssystem des Klienten formuliert sind.

Aktiver Ausgleich von Belastung und Erholung/ Aktivationsregulation

Ich vergleiche Hochleister aus Sport, Wirtschaft und anderen Bereichen gerne mit Rennwagen, die in ihrem beruflichen Hamsterrad die ganze Zeit Vollgas fahren. Der entscheidende Unterschied ist allerdings, dass die Rennwagen ab und zu an die Box dürfen, gewartet und aufgetankt werden. Das gönnen sich Leistungsträger selten – wundern sich aber durchaus, wenn die Maschine irgendwann nicht mehr rund läuft und an Leistungskraft verliert oder im Extremfall ausgebrannt ist.

Der Aspekt des Auftankens, des Sorgens für einen Ausgleich zu vorhandenen Beanspruchungen ist eines der am häufigsten und regelmäßigsten auftauchenden Themen, mit dem ich in der Arbeit mit Spitzensportlern und Führungskräften konfrontiert bin.

Hintergrund

Unter Aktivationsregulation versteht man vereinfacht gesagt Entspannung und Aktivierung. Ziel ist es, das individuell optimale und bestmöglich zur Aufgabe passende Aktivationsniveau zu erreichen und dieses dann über die notwendige Zeit zu halten.

Dass es einen Zusammenhang zwischen erlebtem Druck/empfundener Anspannung und dem abrufbaren Leistungsvermögen gibt, hat nahezu jeder schon mal (mehr oder minder schmerzhaft) erlebt. Dieser Zusammenhang ist allerdings nicht linear, sondern eine inverse U-Funktion (s. Abb. 3, die das sog. Yerkes-Dodson-Gesetz zeigt). Das heißt im Klartext, dass ohne jeglichen Druck/ohne Nervosität die Leistungsfähigkeit ebenso eingeschränkt ist, wie durch ein zu hohes Maß an Stress und Aufregung. Insofern geht es darum, das optimale (Mittel-)Maß zu erreichen. Dies ist aber nicht für alle Menschen identisch: Während der eine schon bei wenig Anspannung seine höchste Leistung abrufen kann, werden andere erst richtig gut, wenn der Druck steigt und ein höheres Maß an Stress herrscht. Aufgabe ist es, den eigenen Spitzenleistungskorridor zu kennen und über Techniken zu verfügen, die entweder aktivierend oder entspannend wirken.

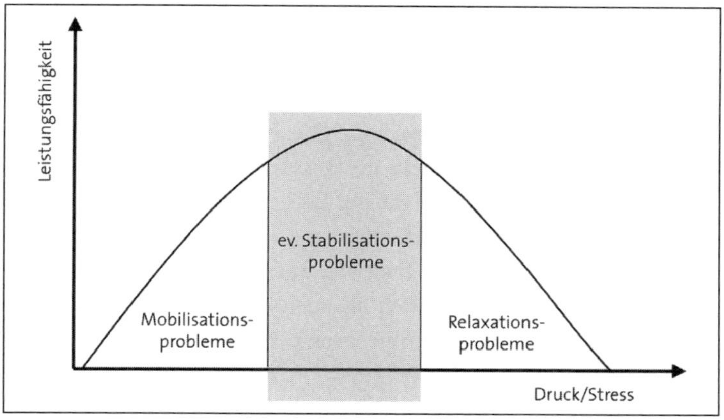

Abbildung 3: U-Funktion des Aktivationsniveaus

Mögliche Techniken, mit denen das Aktivationsniveau beeinflusst werden kann, setzen entweder auf der körperlichen Ebene (Entspannungstechniken etc.) oder auf der kognitiven Ebene an. Dahinter verbirgt sich die Frage, ob Emotionen prä- oder postkognitiv sind. Ersteres würde bedeuten, dass zuerst ein Gefühl existiert (etwa ein Kribbeln im Bauch) und dieses dann interpretiert wird (ist es Hunger, Verliebtsein oder doch Nervosität?). Die Gegenthese, die heute auch von der psychologischen Forschung präferiert wird, besagt, dass Gedanken entsprechende Gefühle (und somit auch körperliche Reaktionen) nach sich ziehen (s. Abb. 4).

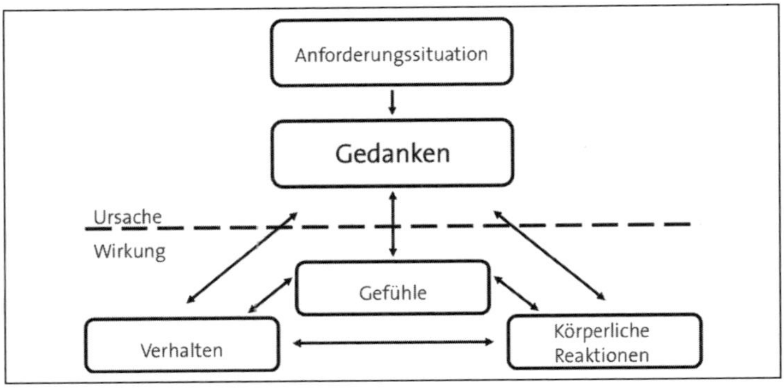

Abbildung 4: Zusammenhang von Gedanken, Gefühlen und Verhalten

Diese Frage ist deshalb von Interesse, da man entweder an den Symptomen oder an den Ursachen ansetzen kann. Nachhaltiger ist es, die Ursachen anzugehen. Deshalb sind kognitive Techniken in der Praxis die wirksameren.

Dennoch bleibt natürlich auch die Ebene der Entspannungstechniken ein zentrales Tätigkeitsfeld im Leistungssport: Es mag paradox klingen, doch häufig ist der Schlüssel zur beruflichen Leistungssteigerung in außerberuflichen Aktivitäten zu finden. Wenn der entsprechende Ausgleich da ist, der Tank voll und der Kopf frei sind, gehen sowohl banale Alltagstätigkeiten als auch komplizierte Handlungen deutlicher leichter (und fehlerfreier) von der Hand.

Diagnostik

In der Diagnostik interessiert mich zunächst einmal, woher erlebter Druck stammt: Was kommt aus externen Quellen (Trainer/Vorgesetzter, Presse/Öffentlichkeit, Umfeld/Familie etc.), was ist selbstverursacht? Vorteil des selbstverursachten Stresses ist es, dass man ihn unabhängig von anderen bearbeiten kann, dass man selbst die Steuerung hat. Nachteil des selbstverursachten Stresses ist es, dass man ihn unabhängig von anderen bearbeiten muss. Was ist vom erlebten Stress den Anforderungen der Situation zugeschrieben, was den eigenen (mangelnden, unzureichenden) Kompetenzen? Beide Bewertungen sind stets subjektiv und bieten Ansatzpunkte zur Veränderung.

In der Diagnostik der Work-Life-Balance respektive des individuellen Auftankverhaltens setze ich oft einen banalen Wochenplan ein (s. Abb. 5; alternativ gibt es den Erholungs-Belastungs-Fragebogen, EBF). Mit roter Farbe (hier mittelgrau dargestellt) sollen die Klienten jene Zeiten markieren, in denen sie beruflich in Arbeit oder Spitzensport gebunden sind. Mit blauer Farbe (hier dunkelgrau dargestellt) werden alle weiteren Pflichttermine eingetragen. Und zuletzt soll mit Grün (hier hellgrau dargestellt) angegeben werden, wann man etwas für sich macht. Dabei kann man entweder eine durchschnittliche Woche nehmen oder die letzten Wochen konkret erfragen.

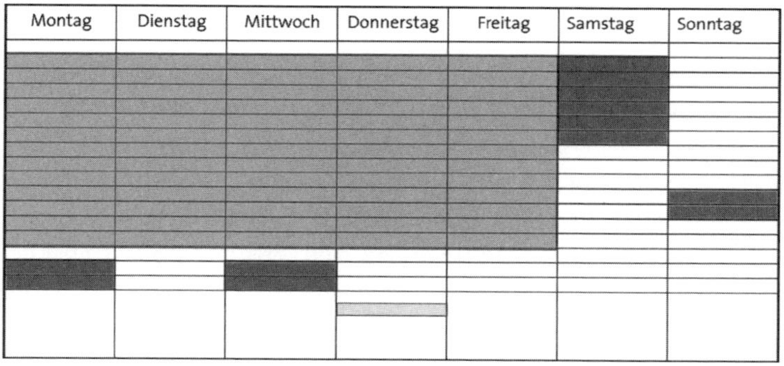

Abbildung 5: Wochenplan mit beispielhaften Markierungen

Häufig sieht das Resultat dann so aus: Die Woche ist voller Pflichttermine und es bleibt keine oder kaum Zeit für Aktivitäten, bei denen man auftankt. Die Frage, ob der Klient mit dieser Situation zufrieden und ausgeglichen ist, bringt selten ein deutliches Ja.

Intervention

Zunächst geht es in einem ersten Schritt darum, die eigene Nervosität/äußeren Druck in sinnvollen Dosen als leistungsfördernd zu akzeptieren und nicht nur dagegen anzukämpfen. Anschließend kann ich mit Interventionen an der auslösenden kognitiven Ebene ansetzen (hier wird etwa die oben vorgestellte Selbstgesprächsregulation eingesetzt, aber auch Techniken wie kognitive Umattribuierung oder der narrative

Ansatz) oder an den körperlichen Symptomen (hier werden die klassischen Entspannungstechniken wie Autogenes Training, Progressive Muskelrelaxation oder Atemtechniken verwendet).

Bleibt als letztes Thema noch das Auftanken. Um den inneren Schweinehund regelmäßig überwinden zu können, ist meines Erachtens ein Dreischritt zu empfehlen:

1. Finden Sie ein Hobby, eine Tätigkeit, die Ihnen Spaß macht.
2. Tragen Sie sich dafür feste Termine in den Kalender ein.
3. Haben Sie jemanden, der gemeinsam mit Ihnen aktiv ist.

Im Folgenden möchte ich die drei Aspekte kurz erläutern. Zunächst einmal bedarf es überhaupt einer Idee, was man mit seiner Freizeit anfangen kann – was für alle Work-Life-Balance-Themen relevant ist: Solange jemand keine Alternative zur Arbeit hat, gibt es keinen Grund, dort kürzer zu treten. Dabei ergibt es keinen Sinn, Laufen zu gehen, nur weil dies viele tun, wenn einem Laufen keinen Spaß bereitet. Hier wird jede Motivation in kürzester Zeit verloren gehen. Deshalb ist die erste Aufgabe, eine Tätigkeit zu finden, die langfristig Spaß bereitet, die man früher bereits gerne ausgeübt hat, die ein unerfüllter Kindheitstraum ist etc. Wenn man das gefunden hat, sollte es dafür feste Termine im Kalender geben. Hintergrund dazu ist, dass die meisten Menschen sich ihre Hobbys für die wirklich freie Zeit aufheben. Da kommt aber stets etwas dazwischen, die Aktivitäten für sich selbst werden als Erstes verschoben, wenn es zeitlich eng wird – und bei wem wird es das nicht immer wieder? Dafür braucht es die geblockte Zeit, die auch in stressigen Zeiten eine heilige Kuh sein sollte. Und zuletzt hilft es im Kampf gegen den Schweinehund, wenn es einen Partner/eine Partnerin für die Aktivität gibt. Das bringt mehr Spaß, verpflichtet zur Einhaltung der Termine und verursacht bei Verschiebung oder Absage das hilfreiche schlechte Gewissen!

Schwierigkeit bei den genannten Punkten ist, dass gerade jene Menschen, deren Alltag ständig verplant ist, ihre Freizeit nicht auch noch verplanen wollen. Wenn ich dies aber nicht tue, werde ich meine Zeit mit Dingen verbringen, die auf Dauer nicht wirklich erholsam sind (wie etwa zu viel Fernsehen).

Die drei hier ausgewählten Bereiche der Arbeit mit Leistungssportlern sind nicht isoliert zu betrachten, sondern haben diverse Wechselwirkungen und hängen wiederum mit dem einen oder anderen weiteren Thema zusammen. So ist Präsenz nur über Selbststeuerung zu erreichen sowie hohe Konzentration nur über den entsprechenden Ausgleich dauerhaft zu gewährleisten. Insofern ist es sinnvoll, sowohl in der Diagnostik als auch im praktischen Tun den breiteren, systemischen Blick zu haben.

Man kann viel aus dem Spitzensport lernen, nur nicht unbedingt die oftmals vermuteten Themen. So kommt oft die Frage, wie sich Athleten und Athletinnen motivieren und welche Tricks man hier übernehmen kann. Allerdings sind die meisten Sportler hoch intrinsisch motiviert und haben höchstens nach längeren Verletzungspausen oder sehr großen Erfolgen kürzere Motivationslöcher. Und auch die oft geäußerte Vermutung, der Hochleistungssport sei extrem professionell organisiert, ist selten zutreffend: Nach wie vor lebt der Sport von Ehrenamt und Engagement, das aber nicht immer mit Kompetenz gepaart ist; nur wenige Sportarten, die entsprechende Fernsehpräsenz haben, sind hier als Ausnahmen zu nennen. Insofern kann beim Thema Professionalität der Sport noch viel von der Wirtschaft lernen. Wo allerdings der Sport weit voraus ist, sind die oben ausgeführten Themen und viele weitere wie etwa gezielter Aufbau von Selbstbewusstsein, fairer und konstruktiver Umgang mit Rückschlägen/Niederlagen oder auch der Umgang mit hinderlichen Emotionen. Insofern hoffe ich, mit diesem ersten Einblick Ihr Interesse geweckt zu haben. Wer an weiteren Informationen oder Austausch interessiert ist: Ich freue mich über Kontaktaufnahme.

Der Autor

Dr. Oskar Handow (Jg. 1973) ist Geschäftsführer der *handowcompany* GmbH. Er ist seit 1999 für internationale Konzerne und den Spitzensport in folgenden Feldern tätig: Coaching von Führungskräften und Spitzensportlern (einen Teil seiner Zeit arbeitet er als Sportpsychologe des Olympiastützpunktes Bayern), Trainings und Seminare (Führung, Karriereberatung, Teambildung und Teamentwicklung, Konfliktmanagement, Kommunikation etc.), Personalauswahl (Konzeption und Moderation von Assessment/Development Centern) und Beratung zu den Themen Change Management sowie Personalauswahl und -entwicklung.

2007–2008 war er parallel als Head of Coaching & Training für das LMU Center for Leadership and People Management tätig, das im Rahmen der Exzellenz-Initiative Personalentwicklung für das wissenschaftliche Personal der Ludwig-Maximilians-Universität München betreibt. Aktuell bietet er zusammen mit drei Kollegen eine eigene Coaching-Ausbildung sowie weitere Ausbildungsgänge an (Informationen dazu unter www.handow company.com).

E-Mail-Kontakt:
oskar.handow@handowcompany.com

Susanne Richter

Leben, um zu arbeiten – Arbeiten, um zu leben

Systemische Methoden zur Begleitung von Klientinnen und Klienten in wichtigen beruflichen Lebensabschnitten

Der Wandel der Arbeitswelten und die Auswirkungen für das Coaching

> »Arbeit haben sichert in unserer Gesellschaft nicht nur die Existenz, sondern eröffnet dem Leben auch einen wichtigen Sinnhorizont.«
>
> Oskar Negt (2001)

Diese Feststellung, von Oskar Negt vor rund zehn Jahren getroffen, ist aktueller denn je. An die Stelle herkömmlicher Rollen- und Karrieremuster sind in den letzten Jahren der sogenannte »flexible Mensch« und die »Patchwork-Identität« getreten. Daraus folgt: Der Mensch muss sich in stärkerem Maße um seine individuelle Identität sorgen.

Was bedeutet diese Feststellung für das Coaching und den Coach? Mit welchen Fragen und Themenstellungen kommen Klientinnen und Klienten zu uns in die Beratung? Welche Aspekte sind für das Coaching von besonderer Bedeutung, je nachdem, in welcher Lebensphase sich die Klientin oder der Klient befindet? Welche Methoden haben sich in bestimmten Lebensabschnitten besonders bewährt?

Dieser Beitrag beschäftigt sich mit dem Wandel der Bedeutung von Arbeit innerhalb unserer individuellen Lebenszeit und den damit verbundenen Auswirkungen für das Coaching. Hierbei wird ausschließlich die Begleitung von Einzelklienten betrachtet.

Die Grundüberlegungen

- Arbeit gibt der Lebenszeit Struktur.
- Arbeit stiftet der Lebenszeit Sinn.

- Arbeit ist Teil der Selbstentwicklung und damit eine wichtige Grundlage für die Stabilisierung des Selbstwertgefühls.
- Arbeit dient der Stabilisierung von gesellschaftlichen Rollen.
- Die Arbeitswelt kann ein wichtiger Teil des individuellen sozialen Netzes sein.

Ferdinand Buer (2008) unterscheidet außerdem in seinen Ausführungen die extrinsische und intrinsische Motivation von Arbeit. Arbeit wird somit *extrinsisch* als sinnvoll angesehen, wenn

- ihr von den von ihr direkt Betroffenen Nützlichkeit bescheinigt wird,
- die jeweiligen Arbeitgeber sie angemessen bezahlen,
- die Gesellschaft den Ausführenden einen angemessenen Status zuweist.

Intrinsisch wird sie vom Arbeitenden selbst als sinnvoll angesehen, wenn sie mit Empfindungen niedriger (Spaß an der Arbeit) und höherer (Mission) Lust verbunden ist.

In meinem beruflichen Alltag begegnen mir in letzter Zeit besonders häufig Klientinnen und Klienten, die Fragen nach ihrer extrinsischen und intrinsischen Motivation im Zusammenhang mit ihrer professionellen Identität bearbeiten wollen. Dies erscheint mir nur dann sinnvoll möglich, wenn dies vor dem Hintergrund der einzelnen Lebens- und auch Arbeitsphase geschieht, in dem sich der oder die Ratsuchende zu dem Zeitpunkt befindet.

Das Lebensbalance-Modell als Basis für das Lebensphasen-Coaching

Als Lebens- und Arbeitsbalance bezeichnet man die Bedeutung des Stellenwertes beruflicher Arbeit im Lebensganzen, das heißt, wie weit eine Balance zwischen den verschiedenen Lebensbereichen besteht und vom Einzelnen empfunden wird.

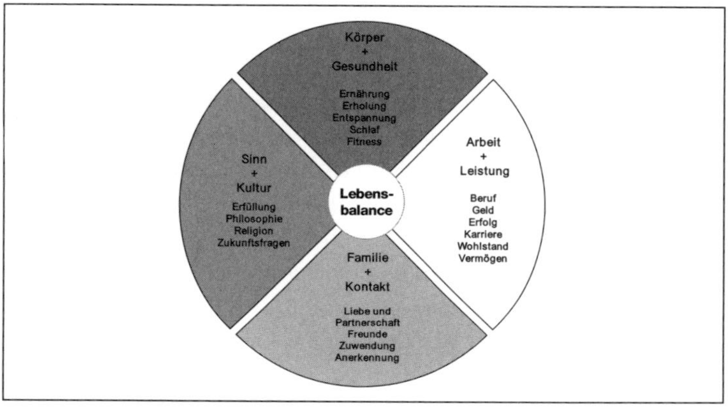

Abbildung 1: Lebensbalance-Modell nach N. Peseschkian

Diese ganzheitliche Betrachtung ist mir an dieser Stelle besonders wichtig, da sie sich in wesentlichen Aspekten von Betrachtungen unterscheidet, die sich lediglich mit der Balance zwischen Arbeits- und Privatleben beschäftigen. Insofern mache ich zu Beginn des Coachings häufig folgende Übung (Abb. 2):

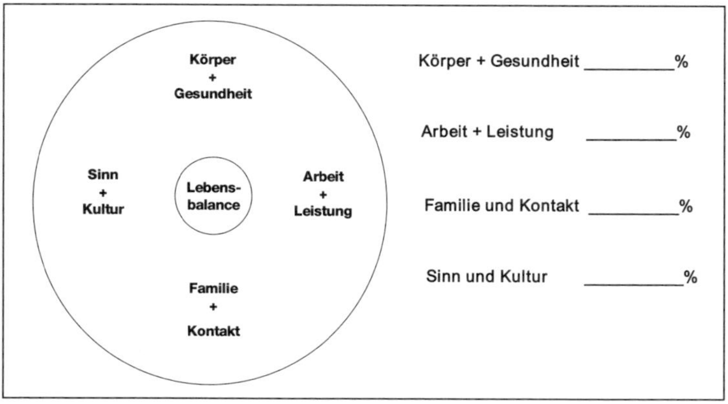

Abbildung 2: Diagnoseverfahren für Ist- und Soll-Zustand der Lebensbalance

Dabei geht es in einem ersten Schritt ausschließlich um die Betrachtung des Ist-Zustandes. Wie sieht meine augenblickliche Situation aus? Das Notieren der prozentualen Aufteilung erfolgt gleichzeitig mit dem Ausmalen des Kreises, gerne in bestimmten Farben, die die Klientin oder der Klient selber auswählt.

Wichtig: Ich lasse meinen Klientinnen und Klienten maximal fünf Minuten Zeit für diese Aufgabe, da sich sonst zu sehr der Kopf einschaltet und die Intuition in den Hintergrund gedrängt wird.

Anschließend lasse ich diese Übung wiederholen mit der Fragestellung: Wie wünschen Sie sich Ihre Lebensbalance (wahlweise, je nach Klientin und Klient und Fragestellung bezogen auf einen Zeitrahmen zwischen ein und fünf Jahren)?

Dieses Diagnoseverfahren und ein ausführliches Gespräch bilden für mich die Basis für das folgende Coaching vor dem Hintergrund der beruflichen Phase, in der sich der oder die Ratsuchende befindet.

Die Coaching-Themen in unterschiedlichen Lebensphasen und ihre Bedeutung für die berufliche Identität

Vorbemerkung: Im Folgenden betrachte ich vier grundlegende Phasen der Arbeits-Lebens-Zeit. Ich verzichte bewusst darauf, diesen Phasen eine bestimmte Spanne des biologischen Lebensalters zuzuordnen, da diese Spanne individuell sehr unterschiedlich sein kann.

Die dargestellten Methoden sind als Beispiele zu verstehen und nicht als einzig richtiger Umgang mit der jeweiligen Lebensphase. Es wäre sicher möglich, zu jeder Phase einen ganzen Katalog sinnvoller Interventionen aufzuzeigen.

Phase 1: Der Berufseinstieg

Was kennzeichnet diese Phase?
Der Berufseinstieg ist der Übergang von der Lernphase im Studium oder in der Ausbildung zur ersten selbstverantwortlichen Tätigkeit im Ganzen (außerhalb von Praktika etc.). Der Stellenwert der beruflichen Identität ist sehr ausgeprägt und bestimmt in der Regel einen großen Teil der Tages- und Lebenszeit.

Was sind die Coaching-Themen?
Beispiele für vorrangige Anliegen von Klientinnen und Klienten in dieser Phase sind: Wie sieht meine zukünftige berufliche Identität aus? Wie schaffe ich den Einstieg möglichst reibungslos? Wie flexibel bin

ich geografisch? Kommt eventuell das Ausland für mich als Station in Frage? Möchte ich ein eigenes Unternehmen gründen oder bevorzuge ich eine Angestelltentätigkeit?

Welche Methoden führen zum Ziel? – Beispiel: Arbeit mit Visionen und dem SMART-Modell

Visionen haben ganz viel Kraft und sind Wegweiser für unseren Lebensweg. Sie sind auch unmittelbar mit unseren Erfahrungen und unseren Ressourcen verknüpft. Um etwas zu verwirklichen, müssen wir aber auch Denken und Handeln können. Insofern ist die Visionsarbeit der erste Schritt auf dem Weg zum Denken und Handeln.

Die Visionsarbeit kann, je nach Anliegen der Klientin oder des Klienten, Kurzzeit- oder Langzeitvision oder beides sein. Auch die Art der Visionsarbeit kann unterschiedlich gestaltet sein. Eine Klientin erzählt mir zum Beispiel, dass sie ein sehr visueller Typ sei und gerne male. Also lasse ich sie ihre berufliche Vision für die nächsten fünf Jahre aufmalen. Ein weiterer Klient hat bereits sehr klare Vorstellungen von seiner beruflichen Situation in den nächsten ein bis zwei Jahren und wünscht sich eine Vision für die nächsten zehn Jahre. Hier arbeite ich mit einer imaginären Zeitlinie, auf der er seine eigene Zukunft gestaltet.

Der zweite Schritt ist dann die Umsetzung der Visionen in erreichbare Ziele. Dazu wende ich vielfach das SMART-Modell an:

- **S** Spezifisch: Ziele müssen eindeutig definiert sein (nicht vage, sondern so präzise wie möglich).
- **M** Messbar: Ziele müssen messbar sein (Messbarkeitskriterien).
- **A** Akzeptiert: Ziele müssen vom Empfänger akzeptiert werden.
- **R** Realisierbar: Ziele müssen realistisch erreichbar sein.
- **T** Terminierbar: Zu jedem Ziel gehört eine klare Terminvorgabe, bis wann das Ziel erreicht sein muss.

Zwischen Visionen, vagen Wünschen und präzisen Zielen liegen bekanntlich Welten. Mit der SMART-Methode lassen sich sowohl Ziele für die nächste Woche als auch für das nächste Jahr oder die nächsten fünf Jahre eindeutig beschreiben.

Insofern ist die Kombination aus Visionsarbeit und SMART-Methode gerade für Berufseinsteiger sehr sinnvoll, zumal diese Methoden auch für die Formulierung von Zielen aus dem persönlichen Bereich anwendbar sind.

Phase 2: Erste berufliche Phase mit (eventuell) erster Führungserfahrung

Was kennzeichnet diese Phase?
In dieser beruflichen Phase geht es um die Festigung der professionellen Positionierung. Berufliche und persönliche Identität stehen in einer starken Wechselwirkung. Private Themen wie Partnerschaft und Familiengründung werden meist als gleichwertig zur beruflichen Weiterentwicklung eingestuft und stehen vor allem bei Frauen in einem empfundenen Konkurrenzverhältnis zueinander.

Was sind die Coaching-Themen?
Beispiele für vorrangige Anliegen von Klientinnen und Klienten sind: Wo stehe ich zurzeit in meiner beruflichen Situation? Wo möchte ich in drei bis fünf Jahren sein? Was benötige ich dazu? Wie passt das zu meinem privaten Lebensentwurf? Ich möchte eine Familie gründen: Was heißt das für meine professionelle Weiterentwicklung?

Welche Methoden führen zum Ziel? – Beispiel aus der Praxis: Visualisierung
Anna F. ist zum Zeitpunkt des Coachings 34 Jahre alt und seit acht Jahren berufstätig. Sie ist Germanistin mit den Nebenfächern Betriebswirtschaftslehre und Medienwissenschaften und arbeitet zum Zeitpunkt des Coachings in einem Automobilzulieferbetrieb als PR-Referentin. Da eine Firmenfusion ansteht, bei der Anna F. die Sorge hat, sie könne »auf der Strecke bleiben«, will sie sehen, dass sie »das sinkende Schiff erhobenen Hauptes verlassen kann, bevor man mich vor die Tür setzt«.

Anna F. lebt in Augsburg seit langem in einer festen Partnerschaft. Auch hier stehen aus ihrer Sicht Veränderungen an. »Wir wollen heiraten und auch eine Familie gründen.«

Anna F. legt mir eine große Liste vor mit allen wesentlichen Aspekten, die ihr neuer Job beinhalten soll. Es stellt sich heraus, dass sie fachlich sehr genau weiß, was sie will, und viele Themen schon kognitiv beantwortet hat. Daher ist es mir an dieser Stelle wichtig, sie mit ihren Gefühlen in Kontakt zu bringen.

Ich lade sie also zu einer Form der Visualisierung ein. Im ersten Schritt bitte ich sie, zehn Punkte auf jeweils ein eigenes Blatt zu notieren. Ihre Ergebnisse:

- Job in der Automobilbranche,
- großer Arbeitgeber/Konzern,
- innovatives, aufgeschlossenes Unternehmen,
- Chefin eines Teams,
- flexible Arbeitszeit,
- Großraum Augsburg /München,
- Unternehmen hat eine eigene Marketingabteilung,
- Unternehmen hat eine eigene Presseabteilung,
- Identifikation mit dem Produkt,
- eigenes Büro mit Sekretärin.

In einem zweiten Schritt bitte ich sie, diese auf dem Fußboden zu verteilen und sie sich anzusehen. Ich bitte sie, aus diesen zehn Themen in einem ersten Schritt sechs zu benennen und danach aus diesen sechs ihre Top-Drei herauszufiltern. Ich biete ihr an, sich auf die sechs »Felder« zu stellen, um ein Gefühl dafür zu bekommen, was ihr wichtig sein könnte. Sie entscheidet sich danach für folgende drei:

- großer Arbeitgeber/Konzern
- Großraum Augsburg /München
- Chefin eines Teams

Ich bitte sie danach, ganz links untereinander die ersten drei anzuordnen, daneben die weiteren drei parallel dazu und in einer dritten Spalte sozusagen die letzten vier.

Als wir dann das »Werk« insgesamt betrachten, ist sie einerseits sehr zufrieden mit dem Ergebnis und andererseits relativ erstaunt darüber, dass es ihr doch so wichtig ist, den Großraum Augsburg/München für die Berufswahl nicht zu verlassen. Sie erkennt damit auch emotional, dass in ihrer jetzigen beruflichen Phase der Bereich Familie und Partnerschaft einen deutlich größeren Stellenwert einnimmt, als er noch zu Beginn ihrer Berufstätigkeit hatte.

Anna F. arbeitet inzwischen als Chefin der PR-Abteilung mit fünf Mitarbeitern bei einem großen Zulieferer der Automobilbranche und hat im letzten Jahr geheiratet.

Phase 3: Midlife-Crisis – die Frage nach dem Sinn des beruflichen Weges

Was kennzeichnet diese Phase?
In dieser Phase haben die meisten Klientinnen und Klienten eine etablierte berufliche Position, nicht selten als Führungskraft oder als Selbständige/r im eigenen Unternehmen. Wer eine Familie hat, hat häufig Kinder im Pubertätsalter oder im Übergang von der Schule ins Studium oder in den Beruf.

Es erfolgt langsam, aber sicher eine Verschiebung von Werten, die Frage nach Differenzierung oder Neuanfang stellt sich. Es kommen existenzielle berufliche und eventuell persönliche Identitätsfragen auf. War das alles? Was will ich im Leben noch beruflich wie persönlich erreichen? Habe ich ein berufliches oder persönliches Lebensziel, das bisher in meinem Leben noch nicht genügend Raum hatte? Ist vielleicht ein Ortswechsel angezeigt?

Diese Phase ist häufig gekennzeichnet durch berufliche und persönliche Identitätsumbrüche, Wertediskussionen und die Verlagerung von »Haben« zu mehr »Sein«.

Was sind die Coaching-Themen?
Folgende Anliegen von Klientinnen und Klienten kennzeichnen die Phase der Midlife-Crisis: Wie ist meine Work-Life-Balance? Welche berufliche und persönliche Identität soll meinen nächsten Lebensabschnitt prägen? Welcher Wertewandel geht gegebenenfalls damit einher? Was heißt das für meine Familie und meine soziale Umgebung?

Welche Methoden führen zum Ziel? –
Beispiel: Systemische Aufstellungsarbeit
Das Prinzip der Aufstellungen besteht darin, dass alle Mitglieder eines Systems eine Position im Raum einnehmen, die ihrer Position und Rolle innerhalb des Systems und im Verhältnis zu anderen Systemmitgliedern entspricht. Damit ist allen Aufstellungen gemein, dass es räumlich darstellbare Positionen und einen Austausch der Elemente oder Beteiligten gibt. Damit ist es möglich, dass nicht nur Menschen als Teil eines Systems betrachtet werden können, sondern auch Ideen, Konzepte, Gefühle, innere Anteile, Ziele, Ressourcen etc. Zum Beispiel Matthias Varga von

Kibéd und Insa Sparrer haben in ihrer Arbeit der Systemischen Strukturaufstellungen umfassende Möglichkeiten geschaffen, auch und gerade Anliegen zu bearbeiten, die sich in dieser Lebensphase zeigen.

Da in der Arbeit mit Einzelklienten selten lebende Stellvertreter zugegen sind, müssen hierbei »Bodenanker« in Form von Karten, Kissen oder sonstigen Materialien verwendet werden, die aber hervorragend dazu geeignet sind, als Stellvertreter zu fungieren. Sollte zusätzlich nicht genügend Raum vorhanden sein, um diese Möglichkeit des Systemstellens zu nutzen, ist auch die Arbeit am Tisch möglich. Hier bieten sich Familienbretter oder andere Materialien wie zum Beispiel einfache Holzklötze an. Ich habe diese Art der Aufstellungen zigfach in der Praxis angewendet und nach anfänglicher Skepsis bin ich heute davon überzeugt, dass die Wirksamkeit gleich hoch ist wie bei der Arbeit mit lebenden Stellvertretern.

Es würde jetzt zu weit führen, das ganze Spektrum der Möglichkeiten der Aufstellungsarbeit ausführlich darzustellen. An dieser Stelle sei daher auf die Literaturempfehlungen am Ende des Beitrags verwiesen.

Als Fazit lässt sich jedoch sagen, dass durch die große Tiefenwirkung die systemische Aufstellungsarbeit besonders geeignet ist, Anliegen in Phasen persönlicher und professioneller Identitätsumbrüche zu bearbeiten.

Phase 4: Vorbereitung des Ausstiegs: Aus dem Berufsleben in die Rente

Was kennzeichnet diese Phase?

Das Arbeitsleben geht auf das Ende zu, es geht um die Planung des Ausstiegs aus dem professionellen Kontext und die Frage der Gestaltung des Lebens ohne Erwerbsarbeit. Die persönliche Identität tritt mehr und mehr in den Vordergrund.

Was sind die Coaching-Themen?

Beispiel für vorrangige Anliegen von Klientinnen und Klienten: Wie gestalte ich den Übergang ganz konkret vom Arbeits- in das Rentenleben? Was nehme ich eventuell aus dem Arbeitsleben mit, was soll neu hinzukommen? Wie lange bereite ich mich auf diesen Schritt vor? Was bedeutet dieser Schritt für mich, für meine Familie, für meine Umgebung?

Welche Methoden führen zum Ziel? – Beispiel: Die physische Zeitlinie
Unser Leben ist ein Prozess, der uns sehr nahe »liegt«. Um diesen Prozess zu überblicken, bietet sich das Legen einer sogenannten Zeitlinie an, auf der wichtige Stationen der Vergangenheit, der Gegenwart und der Zukunft mit Bodenankern abgebildet werden können. Diese Methode bietet große Spielräume, je nach Erfordernis des Klienten/der Klientin kann diese Linie ausschließlich Aspekte der Zukunft behandeln, aber auch die gesamte Linie von der Vergangenheit bis zur Zukunft betrachten. Auch Weggabelungen, also zum Beispiel Entscheidungen für die Zukunft in verschiedene Richtungen, können abgebildet und somit erlebbar werden.

Hans A. ist 58, lebt seit über 30 Jahren in München in einer Wohnung mitten im Zentrum und arbeitet als Institutsleiter an einer Universität. Der öffentliche Dienst bietet ihm die Möglichkeit, über Teilzeitmodelle schon mit 62 Jahren aus dem Erwerbsleben auszusteigen. Hans A. liebt Musik, Kunst und die Nordsee (er ist dort aufgewachsen und hat seine ganze Schulzeit dort verbracht) und hat sich »immer schon vorgenommen«, bei Beginn der Rente von der Großstadt wieder aufs Land zu ziehen (natürlich ans Meer), um dort seine Leidenschaften des Malens und Musizierens leben zu können. Ihm schwebt zum Beispiel die Gründung einer Musikband und der Kauf eines Hauses vor, in dem er ein eigenes Atelier einrichten kann. Seine Partnerin ist bereits Rentnerin und lebt mit ihm in München (ebenfalls seit über 30 Jahren). Sie liebt die Großstadt und weiß nicht so recht, ob sie aufs Land ziehen möchte.

Für Hans A. geht es um grundlegende Lebensentscheidungen. Wir legen die Zeitlinie, Hans A. entscheidet sich dafür, dass der Beginn der Linie die Gegenwart sein soll, das Ende der Linie soll drei Jahre nach Eintritt in den Vorruhestand sein, also 65.

Es handelt sich also um eine Zeitspanne von ca. sieben Jahren. Einen bedeutenden Meilenstein legt Hans A. auf den Zeitpunkt, an dem er mit 62 in den vorzeitigen Ruhestand geht. Wir vereinbaren zusätzlich einen »neutralen« Platz außerhalb der Zeitlinie, der zusätzliche Sicherheit und Klarheit bieten soll.

Im Laufe der Arbeit wird für Hans A. sehr schnell deutlich, dass es für ihn ganz wichtig ist, diesen Umzug aufs Land vorzunehmen, und zwar spätestens mit Eintritt in den Vorruhestand. Die Möglichkeit, in München zu bleiben, bereitet ihm »Magenkrämpfe«. Gleichzeitig wird auch deutlich, dass es nicht so einfach werden wird, die Partnerin von dem Vorhaben zu überzeugen.

Am Ende der Zeitlinie (also mit 65) sieht sich Hans A. deutlich in seinem Haus im eigenen Atelier, mit der eigenen Band in einem kleinen Ort an der Nordsee, zusammen mit seiner Partnerin. Der Positionswechsel an den »neutralen Platz« bestätigt dieses Ergebnis nur noch und verstärkt es damit. Er empfindet es als sehr beruhigend, dass er noch gut drei Jahre Zeit für die Planung und Realisierung des Übergangs vom Berufs- ins Rentenleben hat.

Hans A. ist inzwischen 66, lebt seit vier Jahren mit seiner Partnerin in der Nähe von Sankt Peter-Ording und hat sowohl seine eigene Band gegründet als auch ein eigenes Atelier (die ehemalige Garage des Wohnhauses hat er sich als solches umgebaut).

Ich habe noch Kontakt zu ihm und bin immer wieder tief beeindruckt von diesem so vorbildlich geplanten und durchgeführten Übergang vom Berufs- in das Rentenleben. Es ist sowohl ihm als auch seiner Partnerin deutlich anzumerken, wie glücklich sie mit dieser Entscheidung bis heute sind.

Am Beispiel von Hans A. wird mir als Coach deutlich, wie wichtig die Vorbereitung gerade dieser Lebensphase vom Erwerbsleben in den Ruhestand ist. Ich kann mir vorstellen, dass diese Themen in Zukunft einen immer größeren Stellenwert im Coaching einnehmen werden.

Literatur

Antonovsky, A. (1997). Salutogenese. Zur Entmystifizierung von Gesundheit. Tübingen: dgvt.

Buer, F., Schmidt-Lellek, C. (2008). Life-Coaching. Über Sinn, Glück und Verantwortung in der Arbeit. Göttingen: Vandenhoeck & Ruprecht.

Fortgang, L. B. (2005). Wer nicht losgeht, wird nicht ankommen. Schritt für Schritt Ihre Lebensträume verwirklichen. Frankfurt a. M./New York: Campus.

Gulder, A. (2004). Finde den Job, der dich glücklich macht. Von der Berufung zum Beruf. Frankfurt a. M./New York: Campus.

Gussone, B., Schiepek, G. (2000). Die »Sorge um sich«. Burnout-Prävention und Lebenskunst in helfenden Berufen. Tübingen: dgvt.

Isert, B., Rentel, K. (2000). Wurzeln der Zukunft. Lebensweg-Arbeit, Aufstellungen und systemische Veränderung. Paderborn: Junfermann.

Kast, V. (2003). Lebenskrisen werden Lebenschancen. Wendepunkte des Lebens aktiv gestalten. Freiburg i. Br.: Herder.

Keupp, H. et al. (1999). Identitätskonstruktionen. Das Patchwork der Identitäten in der Spätmoderne. Reinbek: Rowohlt.
Lauterbach, M., Hilbig, S. (2006). So bleibe ich gesund. Was Sie für Ihre Gesundheit, Lebensenergie und Lebensbalance tun können. Heidelberg: Carl-Auer.
Lauterbach, M. (2005). Gesundheitscoaching. Strategien und Methoden für Fitness und Lebensbalance im Beruf. Heidelberg: Carl-Auer.
Migge, B. (2005). Handbuch Coaching und Beratung. Weinheim: Beltz.
Mörth, M., Söller, I. (2005). Handbuch für die Berufs- und Laufbahnplanung. Göttingen: Vandenhoeck & Ruprecht.
Negt, O. (2001). Arbeit und menschliche Würde. Göttingen: Steidl.
Müller, G. (2003). Systemisches Coaching im Management. Weinheim: Beltz.
Sennett, R. (1998). Der flexible Mensch. Die Kultur des neuen Kapitalismus. Berlin: Berlin-Verlag.
Sparrer, I., Varga von Kibéd, M. (1995). Ganz im Gegenteil, Querdenken als Quelle der Veränderung. Heidelberg: Carl-Auer.
Sparrer, I. (2001). Wunder, Lösung und System. Lösungsfokussierte Systemische Strukturaufstellungen für Therapie und Organisationsberatung. Heidelberg: Carl-Auer.

Die Autorin

Susanne Richter (Jg. 64), Diplom-Betriebswirtin, Coach und Supervisorin. Sie lebt und arbeitet in München als Führungskräfteentwicklerin und Career-Managerin für Universitäten.
Ihre Arbeitsschwerpunkte liegen im Management von Mentoring-Projekten und Coaching von Führungskräften in beruflichen Entwicklungsphasen.
Sie ist Mitgründerin des Dachverbandes der Career-Services an deutschen Hochschulen (csnd). Sie hat ihre Coaching- und Supervisorinnen-Ausbildung bei Progressio Consulting in Hannover nach den Standards der Europäischen Gesellschaft für Supervison und Coaching (EASC) absolviert.
E-Mail-Kontakt: post@susannerichter.com

Wenn Sie weiterlesen möchten ...

Markus Schwemmle / Bernd Schmid (Hg.)

Systemisch beraten und steuern live

Modelle und Best Practices in Organisationen

Das Institut für systemische Beratung in Wiesloch (ISB) ist in den letzten 25 Jahren zu einer Ausbildungsinstitution geworden, die mehrere Beratergenerationen durchlaufen haben. Charakteristisches Merkmal ist die dort vermittelte Lernkultur, die sich in der eingesetzten Didaktik niederschlägt. Das ISB steht für solides professionelles persönliches Lernen. Erstrebenswertes Ziel für systemische Berater ist es, sich mit ihren Perspektiven und Kompetenzen einzufügen in das Konzert aller Verantwortlichen, die gemeinsam ein Unternehmen, eine Organisation und letztlich die Gesellschaft voranbringen; dass sie sich selbst und mit anderen gemeinsam immer wieder reflektieren und neu ansetzen. Die in diesem Band versammelten Autoren schildern konkrete Projekte und Arbeitsprozesse und lassen sich dabei über die Schulter blicken. Die vielfältigen Tätigkeitsgebiete der systemischen Beratung reichen von Aktivitäten in Großkonzernen bis zu Interventionen in Kleinunternehmen.

Willy Christian Kriz / Brigitta Nöbauer

Teamkompetenz

Konzepte, Trainingsmethoden, Praxis. Mit einer Materialsammlung zu Teamübungen, Planspielen und Reflexionstechniken

Teamarbeit ist in den letzten Jahren in Mode gekommen und verspricht wahre Wunder zu wirken. Neben Erfolgsstorys in der Literatur sind in der betrieblichen Realität jedoch oft auch enttäuschte Erwartungen und unverhoffte Schwierigkeiten zu finden. Teamarbeit verlangt bei weitem mehr Voraussetzungen, als es Initiatoren und Teammitglieder wahrhaben wollen.

Willy Christian Kriz und Brigitta Nöbauer setzen sich mit Konzepten, Bedingungen und Kennzeichen erfolgreicher Teams und der damit verbundenen Teamkompetenz auseinander. Dabei verstehen sie Teamkompetenz als situationsadäquate Gestaltung von Rollen und Beziehungen eines jeweils spezifischen Teams. Im anwendungsbezogenen Teil des Buches wird in die Grundprinzipien des erfahrungsorientierten Lernens eingeführt. Die Aufarbeitung und Reflexion der gemachten Lernerfahrungen für den Transfer in die Praxis werden anhand einer Fülle konkreter Anleitungen und spezieller Methoden und Techniken dargestellt. Es folgt eine umfangreiche Sammlung illustrierter Warming-up- und Teamübungen sowie Plan- und Lernspielen, die in der beruflichen Aus- und Weiterbildung als auch in den Bereichen Schule und Jugendarbeit eingesetzt werden können. Sie sind von den Autoren erfolgreich erprobt worden.